Ogni pagina è la prima

La comunicazione tecnica al tempo del web: un nuovo approccio alla redazione modulare

Mark Baker

Ogni pagina è la prima

La comunicazione tecnica al tempo del web: un nuovo approccio alla redazione modulare

Copyright © 2018 Mark Baker

Titolo originale: *Every Page is Page One: Topic-based Writing for Technical Communication and the Web*

Copyright originale: Copyright © 2013 Mark Baker

Credits

Immagine di copertina:	Wall Assemblage – Copyright © 2006 Eric Lin (Flickr, CC BY-SA 2.0)
Immagine di sfondo della copertina:	Another Brick in the Wall – Copyright © 2009 Coun2rparts (Flickr, CC BY-SA 2.0)
Premessa:	Scott Abel, The Content Wrangler
Traduzione:	Gianni Angelini
Revisione redazionale:	Marco Balestri

Disclaimer

Marchi registrati

XML Press
Laguna Hills, California 92637
http://xmlpress.net

Prima Edizione
ISBN: 978-1-937434-60-1 (print)
ISBN: 978-1-937434-61-8 (ebook)

Indice

Lista degli esempi

Introduzione per il pubblico italiano

Ho letto questo libro per caso, poco dopo la sua uscita, e non per merito mio (non leggo molto, e sono molto pigro nella ricerca delle ultime novità). Me lo consigliò una collega di lavoro, mentre il team di documentazione di cui facevo parte cercava strade nuove per migliorare la qualità dell'imponente ed ingombrante massa di manuali di vario genere che costituivano la "documentazione", per adeguarla alle logiche di funzionamento del nuovo e sofisticato CMS da poco acquistato dall'azienda.

Per me, è stata un'illuminazione. Come si fa a non amare un testo che parla di documentazione tecnica, argomento solitamente arido ed intrappolato nei vicoli chiusi dei tecnicismi dell'ultimo software proposto dal mercato, cominciando con l'esempio di Skyfall, uno degli ultimi film di James Bond (vedi Prefazione)? O che, ad un certo punto, se ne esce con il conio di un termine geniale come *Frankenbook* (Frankenlibri, ovvero libri-Frankestein), per qualificare l'effetto straniante che tanta documentazione, trasposta artificiosamente da manuali tradizionali ad help online e pagine web, produce sul lettore medio abituato alla fluidità e libertà di Internet?

Non si può. Chi di noi ama "documentare", nel senso profondo di "comunicare", non può sfuggire al fascino di un libro che torna ad interrogarsi su come le persone cercano le informazioni, le leggono e le usano, e su come, di conseguenza, noi dovremmo produrle, a loro misura e consumo.

La documentazione tecnica è un campo in espansione sul mercato globale, come dicono da anni le statistiche delle opportunità di lavoro e degli stipendi. Più tecnologia ci circonda, più le cose si fanno da una parte semplici e dall'altra complicate, e più informazioni sono necessarie per spiegare, aiutare, magari incoraggiare chi si spaventa di fronte alla complessità e alle novità.

La reazione della categoria professionale di cui faccio parte è stata quella di passare dall'idea del "redattore tecnico" a quella, più ampia e piena di sfide implicite, del "comunicatore tecnico". Una nuova figura, che deve saper spaziare in ambiti molto più ampi del semplice scrivere e saper maneggiare tanti nuovi concetti e tecnologie per la gestione dei contenuti tecnici. Nel nostro vocabolario sono così entrati termini come CMS, DITA, *single sourcing*, pubblicazione multicanale, e poi 3D, *tag*, linguaggi controllati... e, naturalmente, una valanga di software che ci aiutano a gestire tutto questo, che vanno e vengono secondo la moda del momento, e richiedono anche a noi, che prima eravamo poco più di una specie particolare di "scrittori", di essere sempre più anche un poco informatici e programmatori.

Una valanga di novità, spesso difficile da gestire...

Ecco, questo libro ci invita a fermarci un attimo e a riprendere il filo delle nostre origini. La stessa nuova etichetta che ci siamo dati, di "comunicatori" tecnici, ci invita in realtà a farlo. L'invito è di tornare a riflettere su cosa intendiamo per "comunicare". E lo fa non con un approccio accademico e paludato, ma partendo dalla comune constatazione di come vanno le cose, oggi, nel mare sconfinato di Internet, che sta sconvolgendo non solo le nostre abitudini di acquisto, bensì anche, e soprattutto, il nostro modo di cercare e usare la conoscenza.

L'idea di tradurre questo libro per diffonderlo presso il pubblico italiano è nata perché, mentre lo leggevo, ho avuto l'occasione di lavorare ad un progetto di documentazione per software che sembrava fatto apposta per sperimentare le idee di Baker, e mi sono reso conto di quanto questo libro meriti di diventare un testo di riferimento per la nostra professione.

L'azienda per la quale lavoravo voleva portare la documentazione su Confluence, un diffuso CMS, ovvero un sistema di pubblicazione per il web. Non che non ce ne fosse già, di documentazione: il problema era che si trattava per lo più di file PDF non aggiornati. L'obiettivo era quindi cambiare il modo stesso di gestire la documentazione, centralizzandola in un unico punto, rielaborandola a misura di un accesso diretto in rete (non necessariamente sul web, ma almeno sulla rete interna dell'azienda) e assicurandone l'aggiornamento costante.

Avendo già lavorato in passato con sistemi di gestione modulare dei contenuti, ho quindi pensato di riorganizzare le informazioni da zero in base ai criteri ormai comunemente accettati per la documentazione del software: l'approccio *task-oriented* e la redazione di "moduli" di informazione svincolati da una struttura gerarchica classica (da manuale stampato, tanto per intenderci).

Di tutto questo, che suonerà poco familiare al lettore che non si occupi di documentazione tecnica, Baker parla diffusamente e con esempi molto chiari. Il punto è che questo libro mette il dito nella piaga del problema fondamentale che deriva da questa impostazione: se scriviamo documentazione in questo modo, servendo al lettore tanti "pezzi" di contenuto più o meno indipendenti, facciamo veramente il suo interesse?

Certamente l'approccio modulare è sulla strada giusta, ma Baker va oltre. Quello che manca in questo approccio è la restituzione al lettore dell'integrità delle informazioni che gli servono. Se è vero che, come andiamo ripetendoci noi comunicatori tecnici, "nessuno legge il manuale!", perché nessuno ha voglia di leggere decine e decine di pagine prima di cominciare ad usare un prodotto, è anche vero che dare al lettore solo bocconi di contenuto lo lascia spesso senza informazioni essenziali, presupposti erroneamente dati per scontati o spiegazioni aggiuntive necessarie per comprendere il contenuto.

Che fare, allora? La soluzione più immediata offerta dall'esperienza del web è l'uso dei collegamenti ipertestuali. Baker insiste molto su questo aspetto, prendendo ad esempio le pagine di Wikipedia, che forniscono esplicitamente le informazioni appropriate su un certo argomento ma, allo stesso tempo, usano moltissimo i collegamenti ipertestuali per permettere al lettore di ottenere velocemente informazioni addizionali, se necessario.

Se l'uso massiccio dei collegamenti ipertestuali sul web è un fatto acquisito, fino a che punto è corretto e utile nel caso della documentazione tecnica? Su questo punto si apre un dibattito, perché la gestione pratica dei collegamenti ipertestuali (aggiornamento ecc.) nel caso della documentazione può presentare molti problemi; inoltre spesso la preoccupazione per la completezza dell'informazione prevale, per cui tendiamo a scrivere documenti dove tutto è descritto e spiegato, anziché fornire le informazioni essenziali e indicare al lettore dove trovare il resto.

Nella mia esperienza con Confluence, le osservazioni di Baker mi hanno spinto a rivedere le mie idee sulla scrittura modulare e ad adottare nuove strategie. La sua trattazione dell'argomento offre molti spunti originali per esaminare criticamente i principali concetti correntemente adottati: valga per tutti l'interessante discussione dei limiti del concetto di *topic* come è inteso in DITA.

Ma c'è una seconda indicazione che Baker dà e che fornisce forse la giusta chiave per uscire dal dilemma. Il problema fondamentale della scrittura per moduli è quello di stabilire quali sono i confini di un modulo. In altre parole, quando si scrive su un argomento, fino a che punto dobbiamo arrivare? Quali informazioni dobbiamo inserire e quali escludere? Insomma, dove finisce il modulo?

La soluzione che Baker fornisce è allo stesso tempo un problema e un invito. Egli sostiene che, quando scriviamo un modulo di informazione, dobbiamo dare per scontato che il lettore sia "competente" (*qualified*). Questo significa che il modulo dovrebbe iniziare e finire in base a ciò che il lettore sa già e a ciò che di nuovo si aspetta di apprendere. Ma come facciamo a sapere cosa il lettore sa o non sa?

Qui torniamo al punto di partenza: cosa significa comunicare? Descrivere l'oggetto della documentazione o trasmettere informazioni utili per un determinato lettore?

Credo che la risposta giusta sia la seconda e che tocchi a noi comunicatori tecnici, tornati più "comunicatori" che "tecnici", il compito di capire anzitutto chi è il nostro lettore e cosa si aspetta. Questo, a mio parere, è il messaggio fondamentale del libro di Baker, che fornisce certo una miniera di indicazioni, anche pratiche, su come scrivere buona documentazione al tempo del web, ma soprattutto riporta la nostra attenzione sulla prima e fondamentale responsabilità di chiunque si occupi di comunicazione: essere al servizio del lettore, e non del contenuto.

Gianni Angelini

Gianni Angelini è un comunicatore tecnico nel campo della documentazione per software. È laureato in Lettere classiche ed è stato sviluppatore di siti web. Ha fatto parte del Direttivo di COM&TEC (Associazione italiana per la comunicazione tecnica). Ha pubblicato "Il comunicatore tecnico. Guida pratica alla professione" (FrancoAngeli, 2014).

Nota terminologica

Ho tentato di tradurre i termini tecnici quanto più possibile, in base a scelte spesso personali, quindi sicuramente opinabili. Laddove ho ritenuto fosse utile ho comunque citato il termine originale. Alcune annotazioni sulle scelte di traduzione sono riportate anche nel Glossario finale.

Mi limito qui ad evidenziare, per chiarezza, la mia traduzione del termine chiave del testo *topic*, che ho tradotto uniformemente con "unità d'informazione" in riferimento alla concezione proposta dall'autore di cosa dovremmo intendere per "modulo" di informazione, mentre ho mantenuto l'originale quando riferito all'uso che se ne fa in DITA e Information Mapping (vedi discussione nel Capitolo 6). Laddove il lettore troverà l'espressione "unità di contenuto" si tratta invece della traduzione letterale di *unit of content*, che ricorre più raramente ed assume qui un significato generico. Dato che il concetto di *topic* è fondamentale per le moderne tecniche di comunicazione tecnica, propongo questa distinzione terminologica ai colleghi italiani come modo per evitare l'indiscutibile ambiguità che il termine *topic* ha nella stessa lingua inglese e, a maggior ragione, quando usato nella nostra lingua.

Ringraziamenti

Ringrazio in modo particolare Marco Balestri, che ha pazientemente riletto e controllato la traduzione e il cui attento lavoro ha non solo eliminato un gran numero di (inevitabili) errori, ma ha soprattutto reso il testo più fluido e comprensibile. Un secondo grazie va ad Alessandro Stazi, collega esperto e ben noto alla piccola ma agguerrita comunità nazionale di comunicatori tecnici per il suo blog e il suo generoso impegno nell'Associazione Italiana per la Comunicazione

Tecnica (COM&TEC), per aver esaminato e discusso con competenza i punti chiave della traduzione.

Premessa

FLIGAPGNMGNLENFGSMDCSDC è probabilmente l'acronimo più lungo che avete mai letto. Per quanto non sia facile da pronunciare e sia difficile da memorizzare è l'acronimo che rappresenta al meglio lo scopo del moderno comunicatore tecnico:

> Fornire L'Informazione Giusta Alla Persona Giusta Nel Momento Giusto Nella Lingua E Nel Formato Giusti Sul Mezzo Di Comunicazione Scelto Dal Cliente.

Come riuscire a centrare questo obiettivo è stata la preoccupazione principale dei migliori esperti a livello mondiale nei campi della comunicazione tecnica e dell'organizzazione dei contenuti. Ann Rockley, Rahel Bailie, Sarah O'Keefe, Robert Glushko, JoAnn Hackos, Joe Gollner ed altri hanno passato molto tempo a riflettere sulle sfide che questo ambizioso traguardo comporta. Loro (e altri colleghi) hanno ideato, messo alla prova e adottato metodi, standard e strumenti specifici per affrontare la sfida. Non solo; hanno anche condiviso volentieri la loro esperienza e i risultati accumulati in questo percorso.

Da questo insieme di conoscenze sono derivate importanti innovazioni: il single sourcing, la pubblicazione multicanale, la gestione modulare dei contenuti e la redazione strutturata, tutti miglioramenti di processo che hanno portato all'eliminazione delle operazioni manuali superflue, all'automazione delle operazioni che è meglio far eseguire ad un computer e ad una enorme riduzione dei contenuti da tradurre.

Senza dubbio questi sforzi hanno portato grandissimi vantaggi ai nostri clienti; ma questi passi avanti ci hanno aiutato a migliorare la qualità dei contenuti?

In *Every Page Is Page One*, Mark Baker sostiene che i nostri sforzi per soddisfare le esigenze di efficienza non hanno migliorato granché l'utilità dei contenuti. Certo, i progetti di pubblicazione single-source, multicanale e basati su XML permettono alle aziende di risparmiare denaro (rispetto a metodi di lavoro meno efficienti), ma questi nuovi modi di lavorare non servono di per sé a migliorare il valore dei contenuti per coloro a cui importa di più: i destinatari.

Anche se non tutti saranno d'accordo con il suo punto di vista, Baker formula valide osservazioni che meritano di diventare parte del nostro background professionale. Per esempio, perché la documentazione continua ad essere strutturata secondo modelli di pubblicazione ormai datati? I *topic* di DITA vanno bene per il web? Sono davvero dei moduli di informazione autonomi?

Ammesso che lo siano, forniscono il contesto necessario a chi vi si imbatte mentre è alla ricerca di informazioni con un browser web, magari su un tablet o uno smartphone?

In parte manifesto, in parte manuale, *Every Page Is Page One* dovrebbe essere una lettura obbligatoria per tutti i professionisti della comunicazione tecnica. Questo libro è ricco non solo di idee stimolanti su come migliorare l'utilità dei contenuti che creiamo, ma anche di informazioni indispensabili per i fornitori di software e di servizi che vogliano creare strumenti per aiutare i comunicatori tecnici a… FLIGAPGNMGNLENFGSMDCSDC.

Il mio consiglio è: leggete questo libro e ricordatevi dei suoi insegnamenti, la prossima volta che lavorerete ad un progetto di documentazione tecnica. Se lo farete, ci sono buone probabilità di migliorare l'utilità dei vostri contenuti e di impressionare i vostri destinatari. Magari riuscirete persino a creare contenuti realmente utili per i vostri clienti, contenuti che "si fanno leggere"!

Scott Abel
The Content Wrangler
2 ottobre 2013

Prefazione: nel contesto del web

Nel film Skyfall dell'agente 007 c'è una scena nella quale James Bond approda al covo del cattivo, un'isola occupata da spettrali palazzi abbandonati. È una scena affascinante, così, mentre guardavo, ho tirato fuori il mio cellulare per controllare se quel posto esiste davvero. Sì, esiste. È l'isola giapponese di Hashima, una città mineraria abbandonata. E non sono il solo. Navigare su Internet mentre si guarda la televisione è una cosa che la maggior parte della gente fa, oggigiorno[1]. Inoltre io uso Google Maps per seguire il viaggio dell'eroe mentre leggo un romanzo, o per controllare affermazioni e seguire i miei pensieri mentre leggo un saggio. Anche se il contenuto che sto consumando non è sul web, io lo sono.

Questo è un punto importante: significa che non c'è più nessun contenuto che si possa considerare davvero offline. Anche se i contenuti non sono online, essi vengono consumati online perché online è il lettore. Quindi, qualsiasi contenuto viene consumato allo stesso modo dei contenuti online, perché i lettori sono sempre online. Tutti i contenuti sono consumati nel contesto del web.

Gerry McGovern pensa che l'idea stessa di "connettersi" sia superata. Siamo tutti già connessi, in ogni momento. "Internet è diventata così pervasiva che la gente non pensa di essere connessa, neanche quando lo è."[2] Al giorno d'oggi viviamo, lavoriamo e leggiamo nel contesto del web. Da ragazzo, avevo a disposizione la biblioteca pubblica, un negozio di libri nel centro commerciale e la biblioteca dell'Università. Pensavo di vivere in un'epoca in cui le informazioni erano abbondanti. Adesso penso che vivevo in un'epoca di scarsità di informazioni, un'epoca che, dal punto di vista della possibilità pratica di accesso alle informazioni, era più simile al Medioevo che all'età moderna. Noi viviamo in un'epoca di informazioni abbondanti e poco costose. Naturalmente, l'abbondanza non implica la qualità, ma un'abbondanza così grande comporta profondi cambiamenti nella cultura e nell'economia delle informazioni.

I comunicatori tecnici devono adeguarsi a questi cambiamenti nel loro modo di concepire, organizzare e fornire i contenuti. Non si può più produrre help online e manuali come si faceva in passato: le aspettative dei clienti sono cambiate troppo.

---

[1] http://www.huffingtonpost.com/2013/04/09/tv-multitasking_n_3040012.html

[2] http://www.gerrymcgovern.com/new-thinking/there-no-such-thing-internet-or-web-anymore

Persino nel caso della documentazione non disponibile sul web tutti i dati recenti relativi alle reazioni dei clienti che ho esaminato indicano che gli utenti non ragionano in termini di singoli manuali e documenti di consultazione. Hanno in mente solo l'idea della "documentazione" e si aspettano di poter fare ricerche e navigarla come un'unica risorsa. Anche se la documentazione non è sul web, i lettori si aspettano che ogni ricerca funzioni come Google e che ogni documentazione funzioni come il web.

Questo cambiamento nelle aspettative io lo chiamo: "ogni pagina è la prima" (N.d.T.: orig. *Every Page Is Page One*). Le persone hanno sempre a disposizione diverse fonti di informazione e passano senza problemi dall'una all'altra. L'ordine in cui si legge non è determinato dagli autori, ma dai lettori. E ad ogni passaggio i lettori arrivano ad una nuova pagina di partenza.

"Ogni pagina è la prima" è sia un modello di design dell'informazione sia un modello di navigazione del contenuto. Per i lettori che vivono e lavorano nel contesto del web, "ogni pagina è la prima" è il modo principale in cui si cercano e si utilizzano le informazioni. Anche se i vostri contenuti non sono (o non sono ancora) sul web, per voi e per i vostri lettori sono più utili i contenuti strutturati e scritti a misura di questa nuova realtà.

In questo libro tratto il tema di come il web ha cambiato il modo in cui la gente cerca e usa le informazioni, di come adeguarsi a questi cambiamenti e di come creare contenuti usabili e navigabili in un contesto in cui "ogni pagina è la prima".

Destinatari

Questo libro è destinato a redattori tecnici, architetti dell'informazione, pianificatori dei contenuti e a chiunque sia interessato a preparare informazioni destinate ad essere consumate sul web o nel contesto del web. Anche se create manuali e help online, i vostri utenti attuali consumano il vostro contenuto nel contesto del web ed hanno convinzioni e aspettative che si sono formate sul web. Questo libro fa anche al caso vostro.

"Ogni pagina è la prima" è un modello di design dell'informazione, non una tecnologia. Potete creare un contenuto di tipo "ogni pagina è la prima" in qualsiasi mezzo di comunicazione e con qualsiasi strumento di redazione. Sebbene ci siano strumenti che sicuramente possono essere d'aiuto, tuttavia "ogni pagina è la prima" non richiede che adottiate uno strumento nuovo. Che voi lavoriate con DITA, FrameMaker, Word, un wiki, un sistema di gestione dei contenuti per il web oppure carta e penna, questo libro fa al caso vostro.

Contributi

Già da tempo, ancor prima di pensare di scrivere questo libro, tengo un blog sul concetto di "ogni pagina è la prima" all'indirizzo everypageispageone.com[3]. Qualche idea l'ho ripresa dal blog, ma questo libro non è una raccolta di post del blog. In ogni caso, il blog rimane il posto migliore per discutere del libro e delle sue tesi, e vi invito a farlo. Nel blog ci sono anche indicazioni su dove trovare contenuti di tipo "ogni pagina è la prima".

Potete anche partecipare alle discussioni sul libro nel gruppo Every Page is Page One[4] su LinkedIn.

Ringraziamenti

Molte persone brillanti e disponibili, fra le quali anche esperti autorevoli, hanno influenzato questo libro, direttamente e indirettamente. Alcuni di loro hanno contribuito generosamente con commenti e suggerimenti che portavano in direzioni interessanti, che non sempre ho avuto tempo, o spazio, o prontezza di seguire. Perciò, i lettori siano avvisati: questo libro, per me, non è un punto di arrivo, ma una tappa. Il cammino è ancora molto, molto lungo.

I miei ringraziamenti vanno a:

Mia moglie, Anna, che mi ha detto "Basta parlarne, fallo e basta".

Il mio editore, che mi ha detto "Mi piacerebbe pubblicarlo" e un sacco di altre cose utili a seguire.

Tutti quelli che hanno postato commenti sul mio blog, soprattutto quelli che mi hanno messo sotto pressione e mi hanno costretto a mettere in ordine sul serio le mie idee e a giustificare quello che volevo dire. Ne cito alcuni: Scott Abel, Alan Brandon, Frank Buffum, Pamela Clark, Ray Gallon, Vinish Garg, Anne Gentle, Joe Gollner, Yuriy Guskov, Alan Houser, Steve Janoff, Tom Johnson, Marcia Johnston, Neal Kaplan, Alex Knappe, Larry Kunz, Jonatan Lundin, Gordon McLean, Paul Monk, Joe Pairman, Tim Penner, Myron Porter, Ellis Pratt, Ann Rockley, Barbara Saunders, Dan Schulte, David Singer, Val Swisher, Kai Weber, Leigh White e David Worsick.

I miei colleghi blogger che scrivono di comunicazione tecnica e di architettura dei contenuti, il cui lavoro mi ha ispirato, provocato e aggiornato mentre davo forma alle idee di questo libro: Laura Creekmore, David Farbey, Ray Gallon, Joe Gollner, Tom Johnson, Larry Kunz, Gordon

---

[3] http://everypageispageone.com/
[4] https://www.linkedin.com/groups/4671518/profile

McLean, Sarah O'Keefe, Ellis Pratt, Alan Pringle, Val Swisher, Julio Vazquez, Kai Weber e Leigh White.

Tutti quelli che, con grande generosità, hanno dedicato del tempo a revisionare la bozza del libro e a darmi suggerimenti sinceri e precisi. A loro sarà ben chiaro quanto sia stata profonda la loro influenza sulla struttura e sullo sviluppo logico del libro nella sua forma finale. Ecco i loro nomi: Helen Abbott, Pamela Clark, Ray Gallon, JoAnn Hackos, Alan Houser, Tom Johnson, Larry Kunz, Jonatan Lundin, Joe Pairman, Ellis Pratt, Val Swisher, Sara Wachter-Boettcher, Tina Klein Walsh, Kai Weber e David Weinberger.

I tanti colleghi e collaboratori che hanno contribuito a questo libro, ognuno a modo suo, con la loro influenza e incoraggiamento, in particolare: Roy Amodeo, Helen Arrowood, Christy Morton Bhatnagar, Pamela Clark, Carla Corcoran, Leona Gray, Jennifer Keene-More, Carol Miksik, Bill Petrie, Cindy Sprague, Tina Klein Walsh, Sam Wilmott, Norbert Winklareth, Ron Zwierzchowski e, specialmente, Christopher Gales per la sua fiducia.

CAPITOLO 1

Introduzione

Gli studi di Peter Pirolli, Stuart Card, Kim Chen e Ed H. Chi al PARC[9] mostrano che il comportamento delle persone sul web segue un modello simile alle strategie ottimali di ricerca del cibo degli animali selvatici. Il nome di questo comportamento è "foraggiamento delle informazioni". Proprio come gli animali selvatici adottano comportamenti che permettono di nutrirsi adeguatamente con il minimo dispendio di energia fisica, chi cerca informazioni adotta comportamenti che permettono di trovare informazioni adeguate con il minimo dispendio di energia mentale.

Il concetto chiave del foraggiamento delle informazioni è l'"odore di informazioni". Così come un animale segue il proprio naso, allo stesso modo chi cerca informazioni segue l'odore delle informazioni. E così come un animale si sposta su un'altra area di foraggiamento quando l'odore del cibo diminuisce, il cacciatore di informazioni si sposta verso una diversa fonte di informazioni quando il profumo di informazioni cala.[1] In altre parole, le persone non cercano informazioni con l'attitudine di un topo di biblioteca, ma con il naso di un predatore. Cerchiamo zone del contenuto che a naso ci sembrano essere le migliori per arrivare alle informazioni di cui siamo a caccia.

Nell'articolo della sua Alertbox intitolato "Information Foraging: Why Google Makes People Leave Your Site Faster" ("Il foraggiamento delle informazioni: perché Google fa scappare prima la gente dal vostro sito"[21]), Jakob Nielsen descrive il genere di comportamento che adottiamo quando seguiamo il nostro istinto di foraggiamento:

> In una foresta vive una volpe assieme a due tipi di coniglio: quelli grossi e quelli piccoli. Qual è meglio mangiare? La risposta non è sempre "quelli grossi".
>
> La scelta di mangiare conigli grossi o piccoli dipende da quanto è facile prenderne uno. Se è molto difficile catturare un coniglio grosso, per la volpe è meglio lasciarlo perdere e concentrarsi solo sulla caccia e sul consumo di quelli piccoli. Quando la volpe vede un coniglio grosso, lo lascerà andare: la probabilità di acchiapparlo è troppo bassa per giustificare il dispendio di energia richiesto dalla caccia.

---

[1] L'articolo di Wikipedia [https://en.wikipedia.org/wiki/Information_foraging] fornisce una buona panoramica e collegamenti ipertestuali alla ricerca, se vi interessa approfondire.

Naturalmente, il comportamento del foraggiamento non è tipico solo del web. John Carroll ha notato lo stesso comportamento nelle sue ricerche su persone alle prese con manuali cartacei:

> Durante l'apprendimento le persone spesso finiscono anche per saltare informazioni essenziali, se queste non rispondono adeguatamente alle immediate necessità operative, oppure saltano da un manuale all'altro per mettere assieme al volo le procedure personalizzate che gli servono.
>
> — *The Nurnberg Funnel*[8, p. 8]

Sebbene il foraggiamento delle informazioni non sia esclusivo del web, il web però sta cambiando profondamente il modo in cui avviene. Nel mondo della carta un libro rappresenta una zona che contiene informazioni. In questo caso cambiare zona è piuttosto costoso, per cui chi è a caccia di informazioni preferisce rimanere dov'è e sfruttare la zona a fondo, per trarne tutte le informazioni possibili prima di spostarsi. Nel contesto del web, spostarsi da una zona di informazioni ad un'altra ha un costo praticamente nullo. Perciò, la strategia migliore per chi è a caccia di informazioni non è sfruttare a fondo ogni zona, spendendo sempre più energie per prede sempre più scarse, ma spostarsi in una nuova zona ricca di prede più succulente.

Nielsen ci offre una spiegazione di come la potenza di Google e la connettività diffusa ovunque cambino il modo in cui si cercano le informazioni[21].

> Il foraggiamento delle informazioni prevede che più è facile trovare buone zone, più velocemente gli utenti abbandonano una certa zona. Perciò, più i motori di ricerca sono efficaci nel selezionare siti di qualità, meno durerà la permanenza degli utenti su ogni singolo sito.
>
> La disponibilità continua di una connessione incoraggia a fare spuntini di informazioni, cioè gli utenti si connettono per poco tempo, alla ricerca di risposte rapide. L'aspetto positivo è che gli utenti arriveranno con maggiore frequenza, dato che effettuano più sessioni di navigazione, vi troveranno più spesso e usciranno da altri siti più velocemente.

Più informazioni ci sono in giro, più ampio sarà il raggio d'azione del cacciatore di informazioni. Questo costringe a cambiare strategia, se volete che i vostri contenuti siano trovati e utilizzati. Secondo le parole di Nielsen:

Le due strategie principali sono far sembrare i vostri contenuti un pasto nutriente e rendere evidente che sono una facile preda. Queste strategie vanno usate assieme: gli utenti se ne vanno se il contenuto è buono ma difficile da trovare, o se è facile da trovare ma non ha consistenza[21].

E, poiché anche i contenuti offline sono consumati attualmente nel contesto del web, da parte di lettori che sono connessi anche se i contenuti non sono in rete, sono proprio le modalità di foraggiamento tipiche del web che decidono il tempo di permanenza di un lettore su un certo contenuto.

Il web è un ambiente di foraggiamento delle informazioni quasi perfetto. È pieno di piccoli assaggi facili da acchiappare e da sgranocchiare. Questo incoraggia il genere di veloci spuntini di informazioni secondo il comportamento descritto da Nielsen. È un incentivo alla cattura facile e veloce e cambia il modo di consumare informazioni al di là del web. I lettori si sono assuefatti agli spuntini di informazioni.

Ogni pagina è la prima

La conseguenza dell'abitudine di fare spuntini di informazioni è che ogni pagina che il lettore legge è come se fosse ogni volta la prima pagina. Quando cercate un'informazione sul web, sia che usiate un motore di ricerca sia che seguiate un collegamento ipertestuale, e finite in una dei miliardi di pagine del web, quella pagina, per voi, è la prima.

Così funziona il web, essenzialmente. Non c'è una "prima pagina" in assoluto sul web. Ovunque metti piede nel web, quella è la tua prima pagina. Non possiamo farci niente. Che siate lettori o redattori, e che vi piaccia o no, il web funziona così. Ogni pagina è la prima.

Naturalmente non tutte le pagine del web vanno bene come prima pagina. Molte pagine funzionano bene come prima pagina, ma parecchie altre no. E molte delle pagine che non funzionano sono state create da redattori professionisti che lavorano per note aziende.

Il redattore professionista pianifica e assembla un insieme di contenuti ordinati e, nella maggior parte dei casi, l'ordine è di tipo gerarchico o sequenziale, come in un libro. C'è una sola pagina a fare da prima pagina. Le altre pagine sono figlie e dipendono dalla prima pagina e da tutte le pagine che ci sono fra loro e la prima.

Gli autori professionisti quando scrivono un libro creano la pagina 16, o la 187, o la 2596. Magari la loro pagina 187 è una pagina 187 fenomenale, per concezione e per realizzazione, ma probabilmente non funziona come prima pagina per il lettore che la raggiunge in seguito ad una ricerca o, comunque, in qualsiasi modo. I contenuti fruiti sul web o nel contesto del web sono fruiti sempre più in questo modo: come se ogni pagina fosse la prima.

Possiamo immaginare il web come una bacheca gigante dove affiggiamo singole pagine indipendenti sperando che qualcuno le legga. Ma il web è molto più di questo. È un medium ipertestuale costituito da una rete navigabile di pagine interconnesse. I contenuti sul web funzionano laddove non ci sono né strane imitazioni di un libro messe online né pagine piazzate a caso e senza attenzione. Il miglior risultato è costituito da insiemi integrati e facili da navigare di pagine di tipo "ogni pagina è la prima", creati da persone che sanno cosa è il web. (Questo gruppo di persone include molti giovani redattori professionisti che non hanno mai scritto per nessun altro medium diverso dal web.)

Quello di cui abbiamo bisogno oggi è la stessa accuratezza e la stessa disciplina che i redattori professionisti hanno da tempo adottato nella produzione di libri, ma non la stessa metodologia. Il modello del libro non funziona per il web o per i contenuti fruiti nel contesto del web. Ho scritto questo libro per cominciare a definire un metodo preciso per scrivere e organizzare pagine di tipo "ogni pagina è la prima".

NOTA:

Dato che il termine "pagina" fa riferimento ad una mera suddivisione del contenuto (il che non implica di per sé, sia per il cartaceo sia per il web, che si tratti di un'unità logica di informazione), userò il termine "unità d'informazione" (N.d.T.: orig. *topic*) invece di "pagina", tranne quando mi riferisco letteralmente ad una pagina.

Perché continuiamo a scrivere libri?

Perché mai, ancora oggi, così tanti redattori tecnici continuano a scrivere libri e a strutturare help online come se fossero libri? Di certo non ci illudiamo che vengano letti! L'espressione RTFM (N.d.T.: di solito inteso come acronimo di "*Read the Fucking Manual*", ovvero "Leggi il dannato manuale!") era già d'uso comune quando cominciai la professione più di 20 anni fa. Le ricerche di John Carroll[8] hanno dimostrato che gli adulti imparano per tentativi, e non seguendo le istruzioni scritte.

Le persone sembrano essere più interessate all'azione, alle attività pratiche, piuttosto che alla lettura. Abbiamo verificato che i soggetti tentavano di eseguire una procedura non appena essa veniva indicata, o provavano ad eseguire quelle che erano semplici descrizioni.
—John Carroll, *The Nurnberg Funnel*[8]

Gli utenti mettono le mani su un prodotto, lo usano finché non incontrano un problema, e a questo punto cercano istruzioni immediate per trarsi d'impaccio. Certo, non è proprio vero che nessuno legge i manuali. A volte non hai scelta, altre volte è l'unica cosa da fare quando hai un problema. Ma sono pochi quelli a cui fa piacere.

Ora, siccome sappiamo che le persone non leggono i manuali come se fossero libri, noi li riempiamo di indici, sottotitoli, tabelle e altri trucchetti per catturare l'attenzione e facilitare le ricerche.

Tutte cose familiari, prima che Internet ci rendesse tutti Google-dipendenti. Attualmente, è normale che chi ha bisogno di qualche informazione tecnica la cerchi su Internet. Non si siede certo a leggere un manuale tecnico dall'inizio alla fine. Come ha notato David Weinberger, il modo in cui l'informazione viene organizzata dipende ormai dal lettore e non più dall'autore (*Everything Is Miscellaneous: The Power of the New Digital Disorder*[27]). Eppure, continuiamo a scrivere libri. Persino quando usiamo strumenti basati su una logica modulare, spesso li usiamo per assemblare libri. Perché?

Nel libro *Switch*[14], Chip e Dan Heath citano una ricerca di James March, secondo la quale prendiamo decisioni in base a due criteri: il criterio delle conseguenze o il criterio dell'identità. Le decisioni basate sul criterio delle conseguenze vengono prese considerando le conseguenze attese come risultato della decisione: "Se tiro questo mattone contro la vetrina della gioielleria, mi arresteranno e finirò in galera". Le decisioni basate sul criterio dell'identità vengono prese interrogandoci su che tipo di persone siamo: "Anche se non vedo poliziotti qui attorno, io non sono il tipo di persona che tirerebbe mattoni contro le vetrine delle gioiellerie".

Dato che sappiamo da decenni che le persone non leggono i libri che scriviamo, non si capisce come mai continuiamo a scriverli, se ragioniamo basandoci sul criterio delle conseguenze. Il motivo per cui scriviamo libri non è perché pensiamo che sia il modo migliore per comunicare informazioni tecniche. Sappiamo che non lo è. Lo sappiamo da molti anni. Se la ricerca di March è valida (e ha tutta l'aria di un'ovvietà), allora la decisione di scrivere libri, malgrado siano inefficaci, può essere solo giustificata come un effetto del modello di identità.

Scriviamo libri perché è nella nostra natura scrivere libri. Ma, ancor più che in passato, i nostri lettori non sono il genere di persone che leggono libri. O, perlomeno, non sono il genere di persone che credono che un libro possa risolvere i problemi pratici della vita di ogni giorno. Magari usano ancora i libri per la letteratura, la filosofia e l'istruzione professionale, ma non per risolvere problemi. Per risolvere problemi si rivolgono al web.

Ecco che il nostro compito diventa scrivere il genere di contenuti che viene filtrato. Dobbiamo imparare a scrivere unità d'informazione di tipo "ogni pagina è la prima". Più in profondità, dobbiamo cambiare il modo di pensare alla nostra identità. Dobbiamo cominciare a pensare a noi stessi come a persone che scrivono unità d'informazione di tipo "ogni pagina è la prima".

Naturalmente siamo solo all'inizio. Il web è ancora giovane e noi non ci siamo ancora affatto adattati al web. Non abbiamo certezze su come il web sarà da qui a dieci anni e neppure su quale sarà il ruolo dei libri in futuro. Ma le novità stanno arrivando, e a gran velocità. Dobbiamo fare del nostro meglio per essere preparati.

Questo libro

Il libro è diviso in tre parti:

- **Il contenuto nel contesto del web.** Il web ha cambiato il modo in cui comunichiamo e il modo in cui acquisiamo e condividiamo la conoscenza. La sua influenza su come distribuiamo le informazioni va molto al di là del metterci semplicemente a disposizione un nuovo sistema di pubblicazione. L'unità d'informazione (ovvero un blocco di informazioni breve, completo dal punto di vista della funzione che svolge e con molti collegamenti ipertestuali verso altre unità d'informazione) rappresenta il modello di informazione tipico del web.

- **Le caratteristiche delle unità d'informazione di tipo "ogni pagina è la prima".** Le unità d'informazione di tipo "ogni pagina è la prima" rappresentano il modello di informazione tipico del web; però, per imparare a scrivere in quel modo, torna utile avere una lista accurata delle caratteristiche principali di un'unità d'informazione di tipo "ogni pagina è la prima". Questa parte elenca tali caratteristiche.

- **Scrivere unità d'informazione di tipo "ogni pagina è la prima".** Scrivere unità d'informazione di tipo "ogni pagina è la prima" su argomenti semplici è una cosa, mentre creare documentazione per un prodotto complesso richiede disciplina e preparazione. Questa parte si occupa di come utilizzare le caratteristiche delle unità d'informazione di tipo "ogni pagina è la prima" come modello di scrittura e di come gestire il quadro generale e le istruzioni caratterizzate da una struttura fortemente sequenziale. Inoltre fornisce informazioni su quale strumento scegliere e su come gestire un progetto di tipo "ogni pagina è la prima".

Il contenuto nel contesto del web

Il web è un medium ipertestuale. Ha milioni di percorsi ma nessun punto di partenza. In una situazione del genere è normale che ogni pagina sia la prima. Ma perché mai dovrebbe essere preferibile andare in cerca di informazioni in qualcosa di così vasto e anarchico come il web, quando c'è a disposizione un bel manuale ben strutturato? In questa parte vedremo come il web ha cambiato il modo in cui cerchiamo le informazioni e cosa questo significhi per chi crea contenuti.

CAPITOLO 2
Includi tutto. E poi seleziona

Quando i lettori setacciano il web invece di aprire un libro, significa che preferiscono, secondo quanto dice David Weinberger nel suo *Too Big to Know*[28], "Includi tutto. E poi seleziona." Ma perché uno dovrebbe preferire setacciare il web invece di aprire il manuale o l'help online?

Al tempo della carta stampata, se volevi una ricetta per un'omelette la cercavi in un libro di ricette. Andavi a prendere un libro di ricette sullo scaffale e poi cercavi la ricetta dell'omelette.

Nell'età del web, se vuoi una ricetta per l'omelette cerchi sul web "ricette omelette". La tua fonte è l'intero web, dove trovi informazioni su astronomia, psichiatria, persone famose, pornografia, programmazione informatica, auto d'epoca, elefanti, alieni, cospirazioni, operazioni di copertura, presidenti, povera gente, fotografi, ricattatori, romanzi, pittura, riparazione di pneumatici bucati, come far volare un aquilone, praticamente qualsiasi cosa ti venga in mente, reale e inventata. La ricerca di per sé setaccia tutto quello che è disponibile.

Sei tu che applichi un filtro, quando cerchi "ricette omelette". E, come per incanto (considerando tutta la roba che c'è sul web), il motore di ricerca (che di solito, ma non sempre, è Google) ti fornisce immediatamente una lista di ricette per l'omelette raccolte in giro per il web, escludendo con scaltrezza milioni di pagine che non c'entrano niente.

Avviene continuamente, e non ci facciamo più caso. Eppure, è straordinariamente efficace. E siccome è così efficace, non dobbiamo preoccuparci da dove prendere le informazioni. La ricerca investe semplicemente l'intero web. Cercare informazioni nell'intero web è qualcosa di più facile rispetto a prendere un libro e cercarle lì.

Ne deriva un profondo cambiamento in cosa significhi fornire una fonte di informazioni, dato che la maggior parte delle persone non usa più singole fonti di informazioni. Si cerca dappertutto e poi si seleziona. Ne dobbiamo dedurre che è molto meno probabile che le informazioni siano trovate e utilizzate, se non sono sul web. E comunque, anche quando leggiamo un libro o consultiamo un help online, il web è sempre a portata di mano. Magari le informazioni non sono online, ma il lettore sì.

Cercalo su Google

Google è la dimostrazione di quanto si stia diffondendo la tendenza a filtrare i contenuti. Nel 2011 sono state eseguite su Google, in media, 4 milioni e 717.000 ricerche al giorno[25].

Molti redattori non sono d'accordo sull'efficacia delle ricerche sul web. Troppi risultati sbagliati, troppa fuffa da scartare, dicono. Ci vuole troppo tempo per cercare quello che serve. Molto meglio cercare in un libro dotato di un indice ben fatto.

Il problema di questa obiezione è che dà per scontato che si abbia già a disposizione il libro giusto, cosa che raramente avviene. Quando siete seduti alla scrivania e avete alle spalle uno scaffale pieno di libri, fare come se cercaste sul web significa girarvi e trovarvi di fronte allo scaffale. In questa situazione davanti a voi c'è una lista di titoli, dei quali la maggior parte non c'entrano nulla con ciò che cercate. Anche Google offre molteplici possibilità, ma le mette in ordine di importanza, per quanto possibile, in base a quello che cerchi, cosa che uno scaffale di libri non fa.

Magari voi sapete già quale libro contiene le informazioni che cercate. Però dovete comunque alzarvi, attraversare la stanza, prendere il libro dallo scaffale e consultare l'indice per trovare la pagina esatta. Invece Google non solo trova il sito che contiene le informazioni che cercate, ma vi dà pure un collegamento ipertestuale diretto alla pagina in questione. Non c'è bisogno che vi alziate dalla sedia, né che spostiate gli occhi dallo schermo. Potete esaminare diversi risultati della ricerca nello stesso tempo che sarebbe necessario per prendere un solo libro dallo scaffale e consultarne l'indice.

E tutto questo supponendo che stiate usando un libro che avete a portata di mano e che è dotato di un indice fatto come si deve! (A proposito, quanti dei libri che avete hanno un buon indice?) E dobbiamo anche dare per scontato che avete preso il libro giusto al primo colpo. Se occorre esaminare diversi libri, e specialmente se non tutti hanno buoni indici, la ricerca prenderà molto più tempo di quello richiesto dal vaglio dei risultati di una ricerca sul web.

E cosa succede se scoprite che le informazioni che cercate non si trovano in nessuno dei libri che avete? Vi tocca uscire per andare in libreria o in biblioteca a cercare fra gli scaffali e nel catalogo, e consultare gli indici (se ci sono...) di decine di libri che potrebbero essere utili, e poi far la fila per comprarli o prenderli in prestito, ed infine portarveli a casa. Nello stesso lasso di tempo avreste potuto effettuare decine di ricerche sul web ed esaminare centinaia di risultati.

Avreste anche potuto pubblicare la vostra domanda su un forum, e avreste quasi certamente ricevuto più di una risposta prima ancora di essere tornati dalla biblioteca. Facciamo un esempio:

su Stack Overflow[1], un noto forum per programmatori, in media bastano 11 minuti per ottenere una risposta ad un problema di programmazione[18].

Detto altrimenti: anche se è evidente che, nel mondo del cartaceo, autori, editori e bibliotecari svolgono al vostro posto il lavoro di mettere assieme e selezionare le informazioni, vi tocca comunque fare letteralmente un gran lavoro di gambe, per ottenere le informazioni che cercate.

Gli ebook in qualche misura cambiano il quadro, perché eliminano lo spostamento fisico verso lo scaffale o la biblioteca, ma occorre pur sempre trovare l'ebook giusto prima di cercare le informazioni, e trovare l'ebook giusto può ancora essere un processo lungo e, talvolta, costoso. In realtà, è probabile che il modo migliore di trovare l'ebook giusto sia fare una ricerca sul web.

Le persone preferiscono fare ricerche sul web perché questo permette di trovare più informazioni in meno tempo.

La coda lunga

È relativamente costoso produrre e distribuire un libro. Al contrario, pubblicare informazioni sul web è poco più costoso del tempo che ci vuole per scriverle con la tastiera del computer. Questo comporta che sul web finiscono tutte quelle informazioni di vario genere che non verrebbero mai pubblicate in un libro. Non sono per forza informazioni di bassa qualità; semplicemente, sono meno richieste.

Sul web c'è una massa enorme di informazioni poco richieste. Nel libro *The Long Tail: Why the Future of Business Is Selling Less of More*[2], Chris Anderson dimostra come il web modifichi il mercato dei beni poco richiesti grazie al fatto che li rende più facili da ottenere. La *coda lunga* è una distribuzione statistica nella quale una popolazione molto più numerosa del normale è posizionata molto lontano dalla parte centrale della distribuzione. Detto altrimenti, la distribuzione prende la forma di una L, con più elementi del normale che si trovano lontano dal centro (Figura 2.1, «La distribuzione a coda lunga»).

---

[1] https://stackoverflow.com/

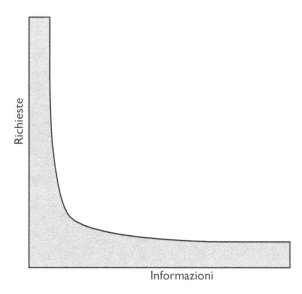

Figura 2.1. La distribuzione a coda lunga

Considerate il supermercato sotto casa. Ci sono i beni di prima necessità che tutti comprano: pane, latte, banane e così via. Ma ci sono anche alcuni strani prodotti. Da qualche parte sul quarto scaffale della terza sezione dell'isola dodici c'è una sola fila di piccoli barattoli con dentro qualcosa di esotico, e nella zona del fresco potete trovare un tipo di frutta che non avete mai visto prima.

Perché il supermercato tiene questi strani prodotti? Perché i direttori sanno che quelle poche persone che comprano gli strani barattolini o la frutta sconosciuta comprano anche pane, latte e banane. Se le persone che cercano gli articoli più strani fossero un gruppo distinto da quelle che cercano pane, latte e banane, il supermercato probabilmente lascerebbe perdere quel genere di strani articoli per liberare spazio. Invece, tengono anche quegli articoli perché sanno che quasi tutti i clienti ne vogliono almeno uno, oltre ai prodotti di base (Figura 2.2, «Comprare pane e gorgonzola»).

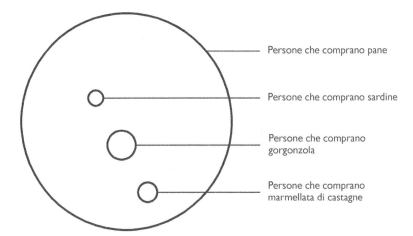

Persone che comprano pane

Persone che comprano sardine

Persone che comprano gorgonzola

Persone che comprano marmellata di castagne

Figura 2.2. Comprare pane e gorgonzola

Supponiamo che Davide voglia del pane e delle sardine, Giulia pane e gorgonzola e Piero pane e marmellata di castagne. Il pane lo vogliono tutti, ma è probabile che Davide, Giulia e Piero non farebbero la spesa in un negozio che ha solo pane (a meno che sia davvero buono...). La fanno dove possono trovare in un colpo solo tutto quello di cui hanno bisogno. Se vuoi conquistarti un cliente, devi soddisfare tutte le sue richieste, anche le più strane.

Certo, di solito non è possibile scrivere della documentazione realmente completa. Per quanto tu riesca a prevedere e fornire tutte le informazioni richieste di solito, il singolo utente, ogni tanto, avrà bisogno di informazioni che di solito non sono richieste. Come si vede in Figura 2.3, «Copertura del contenuto ad alta richiesta», le informazioni ad alta richiesta sono in parte sovrapposte alle richieste di buona parte degli utenti, ciascuno dei quali cerca anche informazioni poco richieste. Se la vostra documentazione fornisce solo informazioni ad alta richiesta (e la maggior parte delle aziende non può permettersi di fare di più), ciascun utente rimarrà deluso in qualche occasione. Forse i risultati delle ricerche sul web non sono organizzati bene come la documentazione tradizionale, ma danno al lettore molte più possibilità di trovare le informazioni che cerca.

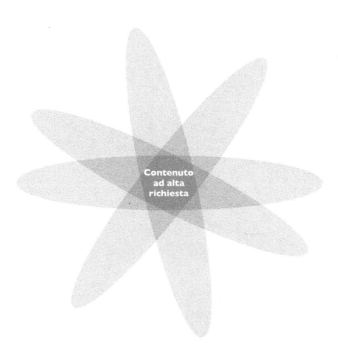

Figura 2.3. Copertura del contenuto ad alta richiesta

Le informazioni devono dunque adeguarsi ad una distribuzione a coda lunga? La risposta è: sì. L'importanza commerciale della coda lunga è divenuta evidente proprio nel caso della distribuzione delle informazioni. La ricerca di Brynjolfsson, Hu e Smith[5] ha messo in luce che Amazon stava aumentando le vendite di libri poco conosciuti e che la domanda nella coda lunga si era impennata come conseguenza della facilità di accesso a tali libri. In un altro saggio gli stessi autori hanno verificato che "la coda lunga di Amazon si è espansa di parecchio dal 2000 al 2008 e che il guadagno complessivo originato dagli acquisti di prodotti marginali presso Amazon è cresciuto di cinque volte dal 2000 al 2008".

La coda lunga la possiamo trovare ovunque sul web. Nei forum dedicati ai prodotti vengono poste domande e date risposte su argomenti davvero specifici. Inoltre, man mano che arrivano risposte a domande posizionate nella coda lunga, altre persone pongono nuove domande, che spesso ricevono risposta. La crescita delle informazioni nella coda lunga si autoalimenta.

Dunque, quanto spesso capita che gli utenti siano delusi dalla documentazione tradizionale? A mio parere, in più della metà dei casi. Direi che, anche riuscendo a fornire bene tutte le informazioni ad alta richiesta, si finisce con il soddisfare la metà delle aspettative degli utenti. E sospetto che la realtà sia anche peggio. Se quello che cerchi in realtà non c'è, perdi molto più tempo rispetto a quando c'è, perché devi fare molti tentativi prima di arrenderti di fronte al fatto che le informazioni che cerchi semplicemente non sono lì dove stai cercando. Se anche trovi ciò che cerchi in metà dei casi, è come se avessi fallito nella maggior parte dei casi, perché finisci per passare la maggior parte del tempo a fare ricerche a vuoto.

Il web forse non fornisce le informazioni più richieste così bene come i documenti tradizionali, ma in genere funziona molto bene per le informazioni nella coda lunga. Il pane migliore si trova in panetteria, ma la maggior parte delle persone compra il pane al supermercato perché lì trova anche le sardine, il gorgonzola e la marmellata di castagne.

Però il web non è una risorsa completa. Uno dei libri migliori che uso per consultazione è *XSLT Programmer's Guide* di Michael Kay. Ci sono molte risorse su XSLT sul web, ma nessuna è approfondita come il libro di Kay. Se ho un problema serio con XSLT questo libro è la risorsa migliore di cui dispongo. Non è però la prima che consulto. La uso solo se non ottengo soluzioni da una ricerca sul web. La ricerca sul web magari non è completa come una risorsa di consultazione, ma è probabile che fornisca più esempi pronti di codice. Sarebbe bello che le informazioni contenute nel libro di Kay fossero disponibili sul web, dato che il web è il primo posto in cui cerco.

Per lo stesso motivo, se la documentazione tradizionale contiene informazioni che non sono disponibili sul web, gli utenti rimarranno delusi dalla ricerca effettuata sul web. Troveranno la "coda" lunga, ma non l'animale intero. Rimanere delusi da una ricerca sul web è come essere delusi dalla documentazione tradizionale: in entrambi i casi il prodotto documentato sarà considerato difficile da usare. Se volete che la documentazione sia efficace, essa deve essere disponibile là dove le persone cercano informazioni sul prodotto documentato, tenendo conto che gli utenti non leggeranno solo le vostre istruzioni, ma anche quelle offerte da altri utenti.

Se fornite sul web le informazioni più richieste e le scrivete molto bene, Google e gli altri motori di ricerca riescono a trovarle e a posizionarle in cima alla lista dei risultati, quando le cercate. Allo stesso tempo, i motori di ricerca aggiungono risultati presi dalla coda lunga, quel genere di informazioni poco richieste che voi non sarete mai in grado di fornire, ma che, considerate nel loro complesso, soddisfano una buona fetta delle richieste degli utenti. Ora, dato che le informazioni che voi avete preparato compaiono in mezzo a tutte le altre, dovete assicurarvi che gli utenti le prendano in considerazione. Se la ricerca porta gli utenti nel bel mezzo di un lungo manuale è probabile che si sentano delusi e vi escludano. Affinché sia scelto, il vostro materiale deve funzionare come una prima pagina.

Potreste pensare che la coda lunga non ha effetti nel vostro caso perché il prodotto che documentate è usato da poche persone e sul web non se ne parla molto. Se questa è la vostra impressione, fate una ricerca di prova sul web. Potreste rimanere di stucco per quante informazioni troverete! E se anche non fosse (ancora) disponibile una coda lunga di informazioni su quel prodotto, i vostri clienti non possono saperlo. Cercheranno sul web perché è una cosa che di solito dà risultati. Non pensate che i vostri clienti cambieranno il modo in cui cercano informazioni solo perché la documentazione è fatta in modo tradizionale.

Non solo; se una ricerca sul web non dà risultati, i vostri clienti potrebbero pensare che il manuale non c'è proprio. Perciò, se non c'è una coda lunga di informazioni sul prodotto, è ancora più importante che forniate le informazioni sul web.

Certo, Google non ha accesso a tutta la conoscenza del mondo, e i suoi algoritmi di ricerca funzionano meglio in certi casi piuttosto che in altri. Non ci sono fonti di informazione, che siano sul web o no, che possano accedere da sole a tutta la conoscenza disponibile nel mondo. Una ricerca sul web può essere un buon punto di partenza, ma certe ricerche richiedono più di quello che il web può offrire.

Ricerche del genere sono dispendiose, richiedono capacità specifiche, e il costo alla fine può superare il guadagno. Di fatto le persone mirano a qualcosa di *appena soddisfacente*. Ovvero, si tende a preferire ciò che è abbastanza soddisfacente e può essere ottenuto facilmente a ciò che è di qualità superiore ma comporta una maggiore fatica per ottenerlo. Come spiega Wikipedia,

> Nella teoria delle decisioni, il concetto di "satisficing" ("appena soddisfacente") spiega la tendenza a scegliere la prima opzione in grado di soddisfare un bisogno o che si pensa che possa soddisfare la maggior parte dei bisogni, piuttosto che scegliere la soluzione "ottimale".[2]

In parole povere, i risultati di Google di solito sono sufficienti.

In realtà, alla fine non è così importante la qualità dei risultati di un motore di ricerca o delle informazioni che si trovano sul web. Quel che è importante è che il web "ha sfondato", come

---

[2] https://it.wikipedia.org/wiki/Satisficing.

scrive Malcom Gladwell.[3] Ormai il web è il posto dove la gente va in cerca di informazioni. Certo, le ricerche sul web a volte non servono. E non è chiaro il motivo. Forse la ricerca è stata impostata male. Oppure l'algoritmo ha un difetto. Magari non ci sono proprio informazioni su quell'argomento. Non lo sappiamo. Neppure il motore di ricerca ce ne dà una spiegazione. Capire il perché in questi casi è difficile e occorre essere degli specialisti. Perciò, se dopo diversi tentativi non si ottengono risultati, la maggior parte delle persone lascia perdere. Se hanno bisogno di aiuto per usare un prodotto, magari allora provano ad usare l'help online, se si ricordano che ce n'è uno, oppure il manuale, se si ricordano dove l'hanno messo. Oppure no. Dipende da quanta fatica sono disposti a fare. A volte, cercare una soluzione *appena soddisfacente* significa accontentarsi di un "no" come risposta.

Autorevolezza ed esperienza

Di recente mi sono svegliato una mattina e ho trovato la casella di posta elettronica in arrivo piena di richieste di moderazione provenienti dal mio blog. In un qualche momento della notte il filtro antispam aveva perso la connessione col suo server e aveva cominciato a far passare tutti i commenti spam nella coda di moderazione. Non solo ho dovuto occuparmi dell'arretrato, ma continuavano ad arrivare nuovi messaggi a distanza di pochi minuti.

Per prima cosa ho controllato che WordPress, i temi e i plugin fossero aggiornati. Ho scoperto che due plugin ed il tema in uso non lo erano, ma quando ho provato ad aggiornarli WordPress mi ha avvertito che non era possibile connettersi al server. Ho fatto una ricerca su Google e ho trovato un messaggio sul forum di WordPress che suggeriva di abilitare uno dei temi di default, effettuare l'aggiornamento e riabilitare il tema scelto.

Sembrava una soluzione inaffidabile, però, continuando a leggere, ho trovato messaggi di persone che avevano risolto il problema in questo modo. Ho provato anch'io ed ha funzionato.

Non so se qualcuno di Automattic (i produttori di WordPress) ne sa qualcosa, lo ha documentato o ha in programma di correggere il problema. Se l'hanno fatto, dalla mia ricerca su Google non è risultato. Invece ho trovato un altro blogger che, di fronte allo stesso problema, ha trovato la soluzione e l'ha documentata. Ho trovato anche altri blogger che hanno confermato che la soluzione funziona. Tutti loro non hanno parlato con la voce dell'autorevolezza, ma con quella dell'esperienza.

---

[3] *The Tipping Point*[13].

Uno dei modi in cui il web cambia il nostro modo di considerare la conoscenza e le informazioni è la possibilità che ci offre di essere in contatto con persone le cui conoscenze derivano dall'esperienza così come con persone di riconosciuta autorevolezza. Come dice Beth Noveck, responsabile della Open Government Initiative del Presidente Barack Obama (citato da David Weinberger):

> Essere esperti significa aver fatto esperienza o aver studiato? Meglio i libri o l'esperienza diretta? Meglio l'autista del camion o l'informatico esperto di logistica? La risposta naturalmente è: entrambi. Oggi la tecnologia ci permette di trovare facilmente sia persone con esperienza sia persone con autorevolezza.
>
> —David Weinberger, *Too big to know*[28, p. 72]

Questo è un profondo cambiamento. Nel passato si poteva avere accesso alla conoscenza per esperienza a livello locale. Se non conoscevate qualcuno dalle vostre parti che avesse già fatto una certa cosa, non vi rimaneva che consultare un libro. Invece oggi potete cercare su Google (o su YouTube, o su Stack Overflow) e trovare subito persone che sono riuscite a fare quello che anche voi volete fare.

Probabilmente troverete uno scambio di messaggi fra qualcuno che l'ha già fatto e qualcun altro che lo vuole fare. Di solito lo scambio avviene su un forum, una mailing list o il portale di una comunità di tecnici come Stack Overflow o Quora. Se non trovate esattamente quello che cercate, potete comunque trovare il posto più adatto in cui chiedere.

L'esperienza è qualcosa che non si trova di solito nella documentazione, per quanto quest'ultima sia approfondita e ben strutturata. Magari le istruzioni ci sono e sono state testate, ma la voce dell'esperienza (cioè qualcuno che l'ha fatto in una situazione reale d'uso) non la trovate lì. Va a finire che gli utenti spesso non si fidano delle istruzioni presenti in un libro, perché non sono sicuri di averle capite o perché non sono sicuri che il contesto d'uso sia quello previsto. Essere in contatto, anche virtuale, con qualcuno che ha fatto quella cosa per davvero dà invece fiducia. In più, su YouTube o su altri siti di video si può spesso trovare un filmato che mostra esattamente come qualcuno ha fatto quella cosa.

Spesso si pensa che i clienti di un'azienda considerino la documentazione ufficiale come la fonte più affidabile di informazioni. Invece la fiducia è qualcosa che si accorda alle persone, non ai libri o alle aziende. In molti casi i membri di una comunità di utenti si fidano l'uno dell'altro molto più che non del venditore, perché sanno che quest'ultimo persegue interessi commerciali che non coincidono necessariamente con i propri. Il senso di fiducia non è più trasmesso dalle lettere dorate inscritte sul dorso di un volume. Ci si fida di chi ci ha aiutato in passato o ha aiutato altri che erano nelle nostre stesse condizioni. Potete fare lo stesso per gli altri, ma non potete dare per scontato che per questo loro si fideranno di voi.

Nel suo libro *Conversation and Community*[12] Anne Gentle descrive come il web ha reso possibile la creazione di gruppi di persone con interessi comuni e ha consentito a queste persone di condividere informazioni direttamente l'una con l'altra.

> Più è difficile far funzionare qualcosa, più siamo contenti se un'altra persona in carne ed ossa ci aiuta. La tecnologia è sempre più complessa e potente e questo ci ha reso possibile entrare in contatto con gli altri in vari modi col fine di trovare supporto per comprendere ed usare la tecnologia stessa. In quale modo l'evoluzione tecnologica ha modificato il modo in cui questi contatti si svolgono?
>
> Un esempio di cambiamento avvenuto nella documentazione tecnica negli ultimi anni sono i modelli di cucito. Un tempo per cucire una trapunta per il letto si imparava chiedendo di persona a chi lo sapeva fare. In seguito i modelli vennero messi per iscritto e, con l'avvento della stampa, fu possibile riprodurli per chiunque volesse utilizzarli. Oggi le istruzioni per cucire sono dappertutto su Internet, sulle mailing list, i forum e i blog, e ci sono tante comunità di appassionati.
>
> —Anne Gentle, *Conversation and Community*[12]

Le persone preferiscono cercare sul web perché in questo modo hanno accesso alla conoscenza derivante dall'esperienza così come a quella derivante dall'autorevolezza.

Questa preferenza per il dialogo, il senso della comunità e la voce dell'esperienza non è diffusa ovunque. In alcune culture l'autorevolezza vale di più, e ci sono persone che considerano le informazioni ufficiali più affidabili. Ma persino questo genere di lettori non sempre consulta il manuale prima di cercare sul web. Continuano a preferire la strategia "includi tutto e poi seleziona", solo che selezionano a modo loro. Perciò, per quanto questi utenti preferiscano le informazioni ufficiali, le informazioni devono comunque essere raggiungibili per poter essere selezionate.

Aggregare e selezionare

Il web non è solo un ambiente in cui cercare, è anche un ambiente in cui poter aggregare e selezionare le informazioni e personalizzare il risultato a misura delle proprie necessità. Nel suo libro *Content Everywhere*[26], Sara Wachter-Boettcher scrive:

> Il trasferimento del contenuto... consiste nel prendere il contenuto da un contesto, per esempio un sito web o un programma, e trasferirlo da qualche altra parte. Ci sono molte ragioni per cui le persone trasferiscono i contenuti. Potrebbero volere un'interfaccia più adatta alla lettura, salvare il contenuto per poterlo utilizzare in seguito, inserirlo in un insieme di contenuti simili o aver necessità di poterlo utilizzare in un momento in cui sanno che non sarà disponibile una connessione a Internet. Qualunque siano le motivazioni, il fatto è che capita sempre più spesso di voler trasferire dei contenuti, e gli strumenti per farlo stanno spuntando come funghi.
>
> ...
>
> È un mondo in cui il contenuto può essere riutilizzato e riorganizzato: è un tipo di contenuto che si può estrarre da più fonti in un colpo solo, assemblare e unire ad altri bit di informazione al volo, visualizzare in modi diversi per scopi diversi, e che può essere assemblato dai suoi stessi fruitori.[26]

Aggregare e selezionare hanno un significato che va oltre il semplice prendere qualcosa che già c'è e inserirlo da qualche parte. Comprende, per esempio, abbonarsi ad un feed RSS per poter essere aggiornati immediatamente su uno specifico argomento.

> Questo approccio ai contenuti personalizzati, in cui l'utente può scegliere le informazioni che gli servono e aggregarle su misura (con dashboard, report e altri mezzi), è sempre più importante in vari settori, come la sanità, i servizi pubblici e l'istruzione, tutti casi in cui gli utenti hanno bisogno di informazioni personalizzate e cercano regolarmente notizie e aggiornamenti.[26]

Le persone preferiscono cercare sul web perché il web gli permette di aggregare e personalizzare le informazioni al volo.

... e poi seleziona

Ci sono molte ragioni per cui i lettori preferiscono cercare dappertutto e poi fare una selezione. Ma in che modo eseguono la selezione, e dove si trovano gli strumenti che lo fanno? Da una parte possiamo considerare il web come un vasto insieme caotico di informazioni di vario tipo (*Everything is Miscellaneous*, secondo le parole di Weinberger), dall'altra possiamo considerarlo come un unico enorme filtro.

Il web è pieno zeppo di filtri, e la maggior parte delle persone passano gran parte del tempo dedicato al web creando e usando questi filtri. Consideriamo le seguenti affermazioni:

- **Google è un filtro.** Una ricerca può produrre migliaia di risultati, ma Google ha già escluso miliardi di pagine. A questo punto i risultati vengono ordinati da un algoritmo di pertinenza, cioè un secondo filtro che tenta di mettere in cima alla lista i risultati più pertinenti. Alcuni risultati possono non essere pertinenti e qualche volta la ricerca viene sviata dall'ambiguità dei termini ricercati, ma è sorprendente come Google fornisca molto spesso nella prima pagina informazioni che sono effettivamente assai pertinenti. Gli attuali motori di ricerca, di cui Google è l'esempio più noto, sono filtri straordinariamente potenti. Se fosse privo di questi filtri, il web non funzionerebbe.

- **Twitter è un filtro.** Ogni giorno vengono inviati milioni di tweet. Filtriamo questo enorme flusso selezionando chi vogliamo seguire e quali hashtag ci interessano. L'intera esperienza su Twitter è determinata dai filtri che usiamo. Twitter ci aiuta anche a filtrare il resto del web. Seguiamo persone che hanno interessi simili ai nostri, e loro twittano collegamenti ipertestuali a contenuti che potrebbero interessarci. Io uso Twitter come un filtro immediato per tenermi aggiornato su proposte e informazioni lanciate su #techcomm e #contentstrategy.

- **Facebook è un filtro.** Facebook ci permette di filtrare sia ciò che vogliamo far sapere al mondo sia ciò che vediamo di quello che il mondo vuol farci sapere. L'algoritmo di filtraggio è un elemento così fondamentale in Facebook che è fonte di continui aggiustamenti, critiche e discussioni.

- **LinkedIn è un filtro.** In base alle persone a cui ti colleghi ed ai gruppi cui aderisci, selezioni i contenuti che LinkedIn invia nella tua casella di posta. Inoltre LinkedIn fornisce ai cacciatori di teste ed ai venditori filtri sofisticati per individuare potenziali candidati o clienti.

- **Amazon è un filtro.** Malgrado offra quasi tutti i libri del pianeta (la coda lunga), Amazon riesce a proporci giusto una manciata di titoli che potrebbero davvero interessarci, in base ai nostri acquisti passati ed agli acquisti di altri che hanno comprato quello che abbiamo comprato noi.

- **Reddit e Pinterest sono filtri.** I siti di aggregazione e selezione sono di fatto filtri, e lo è persino un semplice feed RSS.

- **YouTube è un filtro.** YouTube ci suggerisce di continuo (e lo fa bene) video che potrebbero interessarci in base a quelli che guardiamo e abbiamo già guardato.

- **I siti di "domande e risposte" sono filtri.** Chris Parnin e altri illustrano questa tesi nel loro saggio a proposito della documentazione per API (N.d.T.: *Application Programming Interface*, ovvero insieme di procedure pronte all'uso e disponibili per i programmatori) gestita in comune su Stack Overflow:

> A differenza della documentazione tradizionale, la documentazione gestita in comune può essere filtrata in base a diversi criteri di tipo qualitativo. Ad ogni discussione tenuta su Stack Overflow vengono assegnate diverse proprietà quantitative: per esempio, il numero di volte che è stata visualizzata, il numero di voti che ha ricevuto e la valutazione basata sui voti, se ha ricevuto risposta o no e se la risposta è stata accettata e/o incentivata, e quante volte è stata contrassegnata come favorita. Alcuni di questi filtri di selezione sono espliciti (per esempio, i voti), mentre altri sono impliciti (per esempio, il numero di visualizzazioni). Stack Overflow usa questi filtri per ordinare le discussioni, cioè le discussioni su Stack Overflow possono essere ordinate in base ai voti e al livello di attività. Per garantire un certo livello qualitativo (per esempio, selezionare le discussioni alle quali sia stata data una risposta accettabile) la documentazione condivisa può essere filtrata per includere solo discussioni selezionate entro una certa soglia.[23]

- **Monitoraggio della pubblicità:** Gli inserzionisti tengono traccia dei siti che visitiamo e dei nostri acquisti, e usano queste informazioni come filtro per farci vedere inserzioni selezionate.

- **Collegamenti ipertestuali:** Ogni pagina web che contiene collegamenti ipertestuali è già un filtro, dato che seleziona e rinvia a contenuti che potrebbero interessare alle persone che leggono la pagina.

Il web funziona perché comprende tutto e, allo stesso tempo, fornisce i mezzi per fare selezione e fornirci quello che ci serve. Si possono dare al lettore anche altri mezzi di selezione, ma tenete a mente che il lettore già usa ed è abituato a moltissimi tipi diversi di strumenti per selezionare le informazioni. Se il contenuto che avete creato non è accessibile ai filtri che già esistono, i vostri utenti potrebbero non trovarlo mai. Come fa notare David Weinberger:

Le vecchie fonti riconosciute di informazioni, come i giornali, le enciclopedie e i libri di testo, dovevano gran parte della loro autorevolezza al fatto che si erano assunte il compito di selezionare le informazioni per conto di noi tutti. Se ora i nostri filtri di selezione sono i social network, allora l'autorevolezza si sta trasferendo dagli esperti chiusi nei loro uffici ad una rete di persone con cui siamo in contatto, che apprezziamo e stimiamo.[28, p. 10]

In conclusione, quello che gli autori di contenuti devono chiedersi non è in quale modo i lettori selezionano le informazioni che cercano. Piuttosto la domanda è: come può l'autore essere sicuro che il suo contenuto sia incluso nei risultati, e non escluso?

CAPITOLO 3

La natura distribuita del contenuto del web

Molti dei modelli organizzativi che adottiamo quando progettiamo e gestiamo le informazioni online, in particolare nel campo della comunicazione tecnica, li abbiamo assorbiti dal mondo dei libri. Per esempio, molti siti web adottano una struttura ad albero, un modello organizzativo comune nei libri. La home page è il tronco. Da lì si parte, verso l'alto e l'esterno, fino ad arrivare alle foglie. I siti web li progettiamo secondo questo modello. E li testiamo anche allo stesso modo.

Eppure, in molti casi, non è così che li usiamo.

Di fatto, spesso i siti web non li usiamo proprio. Quello che possiamo dire che usiamo sono:

1. Il web
2. Le pagine web

Come usiamo il web

Gli utenti interessati a consultare la documentazione che avete preparato voi, solo quella, magari vanno direttamente sul vostro sito e cercano il collegamento ipertestuale alla documentazione. Ma se, per una qualsiasi delle ragioni che abbiamo visto nel Capitolo 2, decidono di fare una ricerca sul web (proprio per cercare dappertutto e selezionare solo in seguito), non è sicuro che fra i risultati della ricerca ce ne siano alcuni del vostro sito, e verosimilmente chi fa la ricerca non presta granché attenzione alla fonte dei risultati.

I motori di ricerca ci forniscono risposte che non portano a siti web, ma a singole pagine web. Le pagine fanno parte di siti web, certo, ma non le vediamo in questa luce. Le consideriamo in quanto pagine singole.

Se una certa pagina ci interessa, mettiamo quella nei preferiti, non il sito web di cui fa parte. Se vogliamo segnalare il contenuto ai nostri amici, condividiamo con loro la pagina, non il sito web.

Capita poi che una pagina ben fatta contenga collegamenti ipertestuali ad altre pagine. Se li seguiamo, passiamo direttamente da una pagina all'altra. Non navighiamo il sito web. La pagina di arrivo potrebbe far parte di un altro sito web, ma è probabile che neppure ce ne accorgiamo.

Una volta esaminata la pagina, magari clicchiamo il pulsante per tornare indietro alla pagina precedente, oppure passiamo ad un'altra ricerca. Il punto è che non navighiamo il sito web per arrivare a quella pagina. Anche la pagina precedente potrebbe far parte di un altro sito web, ma anche in questo caso è probabile che neppure ce ne accorgiamo. Se qualcosa nella pagina ci incuriosisce, e non c'è un collegamento ipertestuale sottomano per approfondire, selezioniamo direttamente il testo e facciamo partire un'altra ricerca. Insomma, non usiamo i siti web, usiamo il web in sé.

Aggregazione semantica dinamica

Quando mettiamo informazioni sul web pensiamo di solito che il lettore le considererà come un piccolo raggruppamento compatto di contenuto, concentrato in un punto, come mostrato in Figura 3.1, «Il contenuto del web dal punto di vista di chi lo produce».

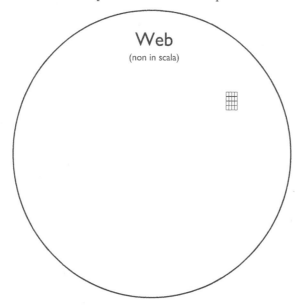

Figura 3.1. Il contenuto del web dal punto di vista di chi lo produce

Dopo tutto, creiamo siti web, ed un sito web è un blocco di contenuto compatto, giusto? In effetti le cose starebbero così, se le persone partissero dalla home page. Ma, dato che le persone navigano tramite i motori di ricerca e seguendo collegamenti ipertestuali condivisi, non è così che le pagine web sono viste.

Quando facciamo una ricerca o usiamo un filtro sul web il risultato che otteniamo è prodotto dinamicamente in base alla semantica applicata, cioè le pagine sono selezionate in base ai termini di ricerca o ai criteri del filtro. Potremmo chiamare questo processo *aggregazione semantica dinamica.*

L'aggregazione semantica dinamica considera le singole pagine come se fossero sparse nel web. Le stesse singole pagine compaiono in ricerche diverse su argomenti diversi. L'unico motivo per cui vengono raggruppate nei risultati di ricerca è il loro grado di pertinenza in base ai termini ricercati. Dal punto di vista del loro autore le pagine si trovano tutte nello stesso dominio e sono impostate allo stesso modo, mentre dal punto di vista di chi effettua la ricerca esse sono sparse un po' dappertutto, come mostrato in Figura 3.2, «Il contenuto del web dal punto di vista di chi lo cerca».

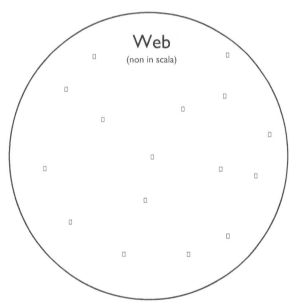

Figura 3.2. Il contenuto del web dal punto di vista di chi lo cerca

Per esempio, tutte le pagine di Wikipedia sono riconducibili al nome di dominio wikipedia.org, ma probabilmente voi in quanto lettori non le considerate come parte di un unico sito web. È più probabile che le consideriate come singoli risultati di migliaia di ricerche che associano una pagina di Wikipedia ad altre pagine di altri siti in base all'argomento che avete cercato. Dal punto di vista del motore di ricerca, Wikipedia stessa è sparsa per il web.

Un dominio e uno stile di redazione in comune non collegano, di per sé, le pagine fra di loro. Ogni pagina è la prima. Ogni pagina è il centro dell'esperienza vissuta dall'utente, ed è collegata ad altre pagine solo da collegamenti ipertestuali o dall'affinità e dalla pertinenza relativa ad un certo argomento nei limiti in cui Google o un altro motore di ricerca la valutano.

Pensate a come di solito vi capita di finire su un articolo di Wikipedia. Di solito ci arrivate con una ricerca.[1] Non partite dalla home page di Wikipedia, ma finite direttamente su un certo articolo. L'esperto di esperienza utente Mike Atherton ha affermato (in una conversazione con Sara Wachter-Boettcher):

> Un tempo sul web si lavorava a compartimenti stagni, mentre oggi dobbiamo riconoscere che il web è davvero un tutt'uno e la nostra parte è inserire contenuti nel contesto generale.
> —Sara Wachter-Boettcher, *Content Everywhere*[26]

Persino i principali siti web di domande e risposte, come Stack Overflow, disseminano le loro informazioni attraverso le ricerche. Certo, per fare una domanda occorre entrare nel sito web. Però, di solito, si comincia cercando una risposta. Se fate ricerche sulla programmazione avrete spesso a che fare con Stack Overflow, e questo vi porterà ad usarlo per fare domande nei casi in cui non riuscite a trovare una risposta. Non c'è, comunque, una ragione precisa per fare ricerche solo su Stack Overflow, dato che ci sono tante altre fonti qualificate sul web.

Secondo David Weinberger, "I filtri non servono più ad escludere. Servono a mettere in risalto, cioè portare risultati in cima alla lista"[28]. Nella maggior parte dei casi arriviamo ai contenuti sotto forma di aggregazioni di informazioni messe in risalto in base all'argomento di volta in volta ricercato. Una tale aggregazione semantica dinamica, cioè l'unione di informazioni non in base a dove sono, ma in base alla loro pertinenza riguardo ad un certo termine di ricerca o a certi nostri interessi, è una caratteristica operativa fondamentale del web.

Ed anche se le pagine che avete creato sono ad accesso protetto o inserite in un help online, per i vostri utenti esse sono pagine singole. Le vostre pagine si trovano al di là dell'accesso protetto, mentre gli utenti non lo sono. Gli utenti sono nel contesto del web. Magari dovranno fare un'ulteriore ricerca all'interno dei contenuti creati da voi, ma loro cercano nel web in generale, e lì una delle vostre pagine è una pagina come le altre.

---

[1] Wikipedia è abbastanza grande ed esauriente, che alcuni in effetti fanno ricerche direttamente al suo interno. La maggior parte dei siti web, però, inclusi probabilmente i vostri, non sono altrettanto grandi ed esaurienti.

L'architettura dell'informazione di tipo top-down

Ci sono essenzialmente due modi per organizzare qualsiasi cosa: il modello top-down (dall'altro verso il basso) e quello bottom-up (dal basso verso l'alto). Nel mondo dei libri si organizzava tutto col modello top-down, e, in generale, questo è il modello applicato sul web. Ma il modello top-down funziona sul web?

Sistemi di navigazione dei libri

Il modo tradizionale di strutturare un libro è secondo una struttura lineare o gerarchica. La struttura è esplicita nell'indice generale, che ha la forma di una lista piatta o di una lista gerarchica, come in Figura 4.1, «Indice generale gerarchico»:

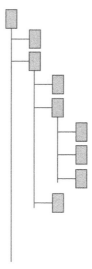

Figura 4.1. Indice generale gerarchico

Nel modello top-down l'intera struttura organizzativa è visibile a colpo d'occhio, come se fosse possibile osservarla dall'esterno.

Tuttavia dalla singola pagina non si può risalire alla struttura complessiva. La pagina può contenere delle intestazioni che indicano il capitolo o la sezione di cui fa parte ma non ci dà informazioni su come il capitolo o sezione si collocano rispetto al resto del libro. Per saperlo occorre consultare l'indice generale, cioè una o più pagine dedicate alla descrizione della struttura. La struttura organizzativa è evidente dall'esterno ma non lo è se siamo dentro i contenuti.

Gli help online a tre pannelli, come quello mostrato in Figura 4.2, «L'indice generale di un help online», in qualche misura cambiano la situazione. In questo caso l'indice generale compare di fianco alla pagina. È possibile capire dove si trova la pagina all'interno del libro perché pagina e indice generale sono fianco a fianco.

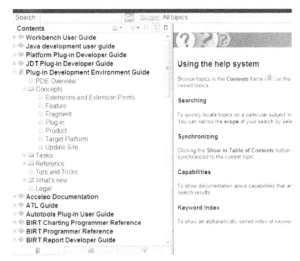

Figura 4.2. L'indice generale di un help online

Il problema dell'indice generale

Nella Figura 4.2, «L'indice generale di un help online» si può notare che l'indice generale non riguarda un singolo libro. È l'indice generale di una serie di libri, che comprende diversi manuali e testi di consultazione. Quando si trasferiscono sul web diversi libri o si produce un unico help online a tre pannelli che li comprende tutti, occorre decidere se inserire tutto in un unico indice generale o creare indici generali separati per ogni libro (supponendo che si continui a concepire il contenuto sul web come un insieme di libri).

Il post di Tom Johnson intitolato "Two Competing Help Models: One-Stop Shopping or Specialized Stores?"[1] ("Due modelli alternativi per gli help online: spesa unica o negozi specializzati?") esamina due strategie adottabili per inserire sul web le informazioni degli help online a partire dal modello dei tre pannelli, e si chiede: è meglio includere tutte le informazioni in un unico sito con un indice generale completo oppure creare diversi siti più piccoli, ognuno con un proprio indice generale? Avere help online separati rende più difficile fare ricerche o navigare spostandosi da un help online all'altro, tuttavia:

> La navigazione è difficile anche nel caso in cui si avesse a che fare con 4000 pagine nell'indice generale (secondo il modello della spesa unica). Spostarsi in una struttura di libri e poi libri di secondo, terzo e quarto livello di profondità per riuscire ad arrivare alla pagina che ci serve è fastidioso.
>
> Se espandete tutti i livelli dell'indice generale la situazione comincia ad essere davvero complicata. L'utente potrebbe sentirsi in difficoltà e sopraffatto da troppe informazioni, e non sapere neppure da dove cominciare. C'è troppa confusione. Qualche altro tentativo può aiutare ad acquisire familiarità con l'help online, ma questo non vale la prima volta.
> —"Two Competing Help Models: One-Stop Shopping or Specialized Stores?"

Dunque, un indice generale troppo lungo è un problema, se il lettore si avvicina al contenuto con un approccio top-down. Non è l'unico problema se prendiamo in considerazione il caso reale più frequente: il lettore esegue una ricerca specifica sul web e finisce direttamente su una pagina interna e non nella pagina di partenza predisposta sul sito. Nel tipico help online a tre pannelli il lettore finisce anche in un punto preciso dell'indice generale visibile nel pannello di sinistra.

Nella Figura 4.3, «Esempio della pagina Deleting Object Types», l'indice generale evidenzia la pagina nella gerarchia dell'help online ma serve a poco per capire la sua posizione nel contesto del relativo argomento. Se l'albero non è espanso l'indice generale è una lista di vari argomenti a livello generale, dei quali pochi sembrano aver a che fare con ciò che l'utente sta cercando. Se il lettore ha bisogno di altre informazioni su persone, luoghi, oggetti, azioni ed idee citate in ciò che sta leggendo questo tipo di indice generale è di poco aiuto nella ricerca. Nella maggior parte dei casi per approfondire la ricerca è giocoforza ripartire dal primo livello.

---

[1] http://idratherbewriting.com/2013/02/13/two-competing-help-models-one-stop-shopping-or-specialized-stores/

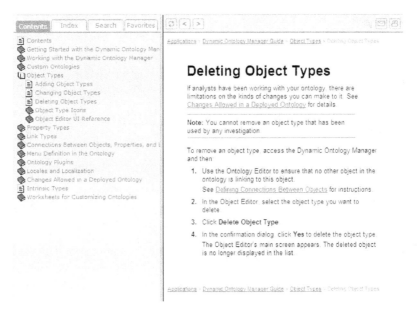

Figura 4.3. Esempio della pagina Deleting Object Types

Sequenza *versus* catalogo

Dunque: a cosa serve un indice generale? In alcuni casi l'indice generale equivale ad una sequenza.
In tal caso il libro è strutturato per essere letto seguendo un certo ordine e l'indice generale mostra
la sequenza che l'autore ha stabilito per il lettore. In altri casi l'indice generale è una lista di oggetti
indipendenti che l'utente può leggere nell'ordine che preferisce. Un indice generale di quest'ultimo
tipo può includere unità d'informazione sia di tipo gerarchico sia di tipo "ogni pagina è la prima".
Un semplice esempio ne è il *Popular Mechanics Complete Car Care Manual* (N.d.T.: noto manuale
per la manutenzione dell'auto edito dalla rivista Popular Mechanics) che, verosimilmente, è una
raccolta di articoli pubblicati sulla rivista. Questo manuale ha un indice generale di primo livello
che raggruppa gli articoli in base alle parti di un'auto (Figura 4.4, «Un indice generale equivalente
ad un catalogo»).

Contents

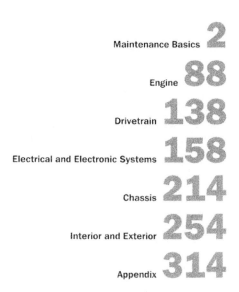

Figura 4.4. Un indice generale equivalente ad un catalogo

A sua volta ogni capitolo che corrisponde ad una parte dell'auto ha un suo proprio indice generale (Figura 4.5, «I capitoli all'interno di un indice generale equivalente ad un catalogo»).

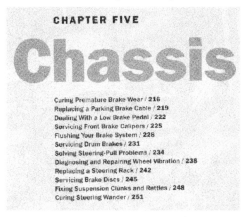

Figura 4.5. I capitoli all'interno di un indice generale equivalente ad un catalogo

Evidentemente il lettore non leggerà tutto il *Popular Mechanics Complete Car Care Manual* partendo dall'inizio. Cercherà direttamente l'articolo che riguarda l'operazione che vuole eseguire, e l'indice generale è fatto in modo da aiutarlo nella ricerca.

Un altro esempio di indice generale concepito per permettere di scegliere arbitrariamente un contenuto è il selezionatore di sintomi di WebMD (Figura 4.6, «Il selezionatore di sintomi di WebMD»). Potrebbe non sembrare un indice generale ma di fatto lo è. Al lettore basta cliccare la parte del corpo che fa male. Così come i lettori del *Popular Mechanics Complete Car Care Manual* usano l'indice generale per scegliere la parte dell'auto dove c'è il guasto, gli utenti di WebMD usano il selezionatore di sintomi per selezionare la parte del corpo che duole.

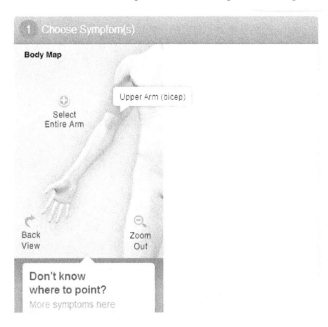

Figura 4.6. Il selezionatore di sintomi di WebMD

Allo stesso modo del manuale per la manutenzione dell'auto, WebMD non è stato progettato per una lettura sequenziale o come supporto ad uno studio sistematico della medicina; cioè, non è una "scuola" online di medicina. Quel che fa WebMD è aiutare chi avverte certi sintomi a capire qual è il problema. È fatto per un uso specifico e orientato all'azione da parte di utenti che hanno uno scopo personale ben definito.

Un indice generale ad accesso arbitrario può anche essere una lista non ordinata di articoli, però una lista del genere diventa ben presto inutilizzabile, se è troppo lunga. Se ordiniamo la lista in ordine alfabetico possiamo migliorare la situazione, ma a patto che l'utente sappia quale termine cercare perché, in caso contrario, l'ordinamento alfabetico finisce per non fare differenza rispetto a non avere nessun ordinamento. In un caso del genere è meglio suddividere prima i contenuti in gruppi, come abbiamo visto sia nella guida alla manutenzione dell'auto sia nel selezionatore di sintomi. La guida alla manutenzione dell'auto raggruppa le operazioni di manutenzione in base alle parti dell'auto e il selezionatore di sintomi in base alle parti del corpo umano. In entrambi i casi si adotta un'organizzazione gerarchica.

Se l'argomento è di per sé di natura gerarchica l'organizzazione gerarchica funziona. Sull'home page del sito di auto usate AutoCatch.com[2] (Figura 4.7, «L'home page del sito AutoCatch») si parte da una selezione gerarchica di località.

browse by »	Location	Make	Body Style	Price

Ontario	· Barrie	· Oshawa
Alberta	· Belleville	· Ottawa
British Columbia	· Bowmanville	· Pembroke
	· Brantford	· Peterborough
Manitoba	· Brockville	· Sarnia
New Brunswick	· Burlington	· Sault Ste Marie
Newfoundland	· Cambridge	· St Catharines
Northwest Territories	· Chatham	· St Thomas
Nova Scotia	· Cornwall	· Stratford
	· Guelph	· Sudbury
Nunavut	· Hamilton	· Thunder Bay
Prince Edward Island	· Kingston	· Timmins
Quebec	· Kitchener	· Toronto
Saskatchewan	· London	· Waterloo
Yukon	· Mississauga	· Welland
	· Newmarket	· Windsor
	· Niagara Falls	· Woodbridge
	· North Bay	· Woodstock
	· Oakville	
	· Orangeville	Browse all cities in Ontario

Figura 4.7. L'home page del sito AutoCatch

_____

[2] http://autocatch.com/

È la scelta giusta per due motivi: le località hanno di per sé una natura gerarchica (per esempio, Ottawa si trova in Ontario) e chi compra un'auto usata vuole sapere dove si trova l'auto. Ci sono località chiamate Windsor e Woodstock in diverse province del Canada ma nessuno cerca un'auto usata solo a Windsor, in Ontario, e Windsor, in Nuova Scozia. Anche se hanno lo stesso nome il fatto di separarle gerarchicamente non è un problema per l'acquirente. L'ordinamento gerarchico funziona perché è ovvio, familiare e adeguato allo scopo.

I limiti dell'ordinamento gerarchico

Ma cosa succede se l'argomento di per sé non ha una natura gerarchica, cioè se quel che cerchiamo non si colloca di per sé entro qualcosa di più ampio, come per esempio Ottawa si trova all'interno dell'Ontario? Supponiamo che AutoCatch applichi l'organizzazione gerarchica anche a tutte le caratteristiche delle auto che interessano agli acquirenti (vedi Figura 4.8, «Gerarchia arbitraria delle caratteristiche di un'auto usata»).

```
anno
    tipo di cambio
        prezzo
            chilometraggio
                classe
                    colore
                        venditore privato o concessionario
```

Figura 4.8. Gerarchia arbitraria delle caratteristiche di un'auto usata

Con una strutturazione del genere un acquirente interessato alle decappottabili, indipendentemente da anno, tipo di cambio, prezzo e chilometraggio, dovrebbe cercare in centinaia di posti diversi per trovare tutte le decappottabili disponibili. Si potrebbe aggiustare la gerarchia dei livelli ma nondimeno gli acquirenti dovrebbero comunque cercare in tanti posti per trovare ciò che gli interessa.

È su questo punto che l'organizzazione gerarchica fallisce. Ogni livello della gerarchia in Figura 4.8, «Gerarchia arbitraria delle caratteristiche di un'auto usata» rispecchia caratteristiche importanti di un'auto usata, ma questi livelli non sono per loro natura correlati gerarchicamente. In questo caso la gerarchia non fornisce una corretta rappresentazione del suo oggetto, piuttosto lo distorce.

Il pregiudizio culturale a favore dell'organizzazione gerarchica

La nostra cultura ci spinge ad usare l'organizzazione gerarchica. Usiamo gerarchie per organizzare ogni sorta di cose che non hanno una natura gerarchica. Un esempio è mostrato in Figura 4.9, «L'indice generale di *The Speed of Nearly Everything*», tratto dal simpatico libretto di Peter McInnis *The Speed of Nearly Everything: From Tobogganing Penguins to Spinning Neutron Stars* [17].

Figura 4.9. L'indice generale di *The Speed of Nearly Everything*

In questo caso l'indice analitico tenta di sistemare le voci in gruppi. Ma notiamo subito che ci sono voci fuori posto. Se la velocità degli animali è sotto *in corsa col branco*, perché *cavalleria con le alci* è sotto *sul sentiero di guerra*? Dove dovremmo guardare se cerchiamo la velocità di un uomo a dorso di cavallo: *in corsa col branco*, *forza umana*, *fast track*, o (pensando alla cavalleria) *sul sentiero di guerra*? Perché si parla della velocità delle palline da golf sulla Luna in *forza umana* mentre sotto *rotazione* si parla della velocità di fuga? E cosa dovremmo aspettarci in *cosa sale...*?

Molte delle gerarchie che usiamo sono innaturali e distorcono l'argomento. Ma allora, perché continuiamo ad usarle? Sospetto che il motivo principale abbia due aspetti.

Il primo aspetto: lo strumento principale che abbiamo usato per molti secoli al fine di organizzare le informazioni è la carta. Su un foglio di carta puoi mettere per iscritto una struttura gerarchica ma la carta non è in grado di gestire i rapporti fra un argomento e diversi piani indipendenti. Dunque, abbiamo adottato un metodo di organizzazione che i nostri strumenti sono in grado di soddisfare.

Il secondo aspetto: abbiamo la tendenza ad usare concetti tratti dal mondo fisico come se fossero applicabili al mondo digitale. Il problema è che il mondo fisico ha dei limiti che non esistono nel mondo digitale.

Per esempio, esaminiamo due recenti post, "Structured Content is Like Your Closet"[3] ("Il contenuto strutturato è come il vostro armadio") di Val Swisher e "Content Strategy Can Save Us All From Slobdom"[4] ("La pianificazione dei contenuti ci può salvare tutti dalla sciatteria") di Meghan Casey: entrambi usano l'analogia del guardaroba ben organizzato per spiegare come si gestiscono i contenuti.

Il principio in base al quale si organizza un guardaroba è mettere assieme le cose dello stesso tipo. Per questo motivo mettiamo assieme le scarpe con le scarpe, i cappotti con i cappotti e i cappelli con i cappelli. Però ci sono alcuni problemi, se adottiamo la strategia di raggruppare le cose in base al tipo. Le cose possono somigliarsi sotto diversi aspetti ed ogni aspetto ha la sua importanza in un certo momento. Per esempio, potremmo avere scarpe, cappotti e cappelli rossi e volerli indossare assieme per creare dei coordinati. Ma se il guardaroba è organizzato in base al tipo di indumento, anziché in base al colore, ci tocca spostarci in punti diversi per prendere ogni indumento di colore rosso.

Ancora più complicato: dividiamo gli indumenti estivi e invernali in base al tipo oppure li separiamo in base alla stagione, e quindi mettiamo cappelli, scarpe e cappotti in due posti diversi? Nel mondo fisico non c'è una soluzione a questo problema. Se vogliamo raggruppare oggetti fisici dobbiamo scegliere un criterio organizzativo e rinunciare agli altri. Possiamo scegliere il tipo di indumento oppure il colore, o la stagione, ma non possiamo sceglierli tutti assieme. Qualunque criterio si scelga ci troveremo a separare artificiosamente cose che si assomigliano da un certo punto di vista perché somigliano ad altre cose da un altro punto di vista. È necessario separare le scarpe rosse dal cappotto rosso per metterle assieme alle altre scarpe.

Nel mondo digitale non c'è questa limitazione. Possiamo associare cose simili in base a tutte le possibili somiglianze, senza alcun limite. Le calze rosse possono essere associate alle calze nere perché sono tutte calze, ai guanti rossi in base al colore rosso e all'abbigliamento invernale perché tengono caldo.

Nel mondo fisico quando mettiamo una cosa vicino ad un'altra la allontaniamo dal resto. Nel mondo digitale possiamo associare una cosa ad un numero illimitato di altre cose su piani illimitati.

---

[3] http://contentrules.com/structured-content-is-like-your-closet/
[4] http://braintraffic.com/blog/content-strategy-can-save-us-all-from-slobdom

(Fra poco vedremo come il sito AutoCatch.com[5] permetta di raggruppare le auto secondo ogni tipo di somiglianza rilevante per gli utenti.) L'esperienza che facciamo nel mondo reale quando organizziamo le cose ci ha portato a pensare che i compromessi imposti dal mondo fisico sono inevitabili, anzi sono addirittura naturali.

L'avvento dei Frankenlibri

I due indici generali di Figura 4.2, «L'indice generale di un help online», e Figura 4.3, «Esempio della pagina Deleting Object Types», non possono essere definiti come una sequenza o un catalogo. Alcune delle voci sono voci di consultazione (catalogo), altre sono istruzioni (sequenza). Nel complesso entrambi gli indici generali sono di tipo gerarchico, ma nessuno dei due rispecchia una struttura gerarchica implicita dell'argomento, anche perché probabilmente l'argomento non ne ha una propria. Man mano che apriamo i sottolivelli di questi indici generali troveremo verosimilmente informazioni che hanno a che fare con il livello superiore ma non ciò che davvero cerchiamo, se non per caso.

Eppure questa è la situazione di tanta documentazione tecnica, come ne troviamo in giro sul web oppure nei tradizionali help online. Questi esemplari io li chiamo *Frankenlibri* (N.d.T.: orig. *Frankenbooks*, gioco di parole fra Frankenstein e *books*="libri").

Ho l'impressione che i Frankenlibri siano sempre di più. Trasferire un manuale in un help online è già un bel problema, ma ora si vedono in giro help online composti da molti manuali e casi in cui vengono messi assieme molti manuali che meriterebbero di essere scomposti in *unità d'informazione di tipo modulare*. La conseguenza è che abbiamo a che fare con strutture gerarchiche che includono un po' di tutto in una molteplicità di sottolivelli e i cui contenuti arrivano da diversi manuali che sono stati messi assieme alla rinfusa in un abnorme ammasso di informazioni.

Un Frankenlibro non è organizzato né per la lettura sequenziale né per l'accesso arbitrario. Ovunque capiti ti ritrovi in un labirinto con pulsanti per muoverti su, giù o di lato, senza possibilità di trovare il bandolo della matassa. Ogni pagina è la numero 297 e nessuna pagina ti offre ciò che cerchi o ti aiuta a trovare la pagina giusta. In un Frankenlibro l'indice generale non serve né come catalogo né come sequenza.

I Frankenlibri esistono già da tempo. Per esempio, un Frankenlibro è spesso il prodotto dei convertitori automatici che uniscono in un help online diversi libri non strutturati. La diffusione

---

[5] http://autocatch.com/

di DITA sembra però aver incrementato il numero dei Frankenlibri. La differenza è che, invece di risultare dalla frammentazione (N.d.T.: orig. *bursting*, vedi voce nel Glossario) di un ammasso di libri, adesso i Frankenlibri vengono progettati e sono assemblati a partire da moduli di informazione.

Non intendo dire che usare DITA porti di per sé a creare Frankenlibri. Si può usare DITA per scrivere unità d'informazione di tipo "ogni pagina è la prima", così come per creare help online o libri tradizionali, non necessariamente Frankenlibri. Si può scegliere. Ma, alla fine, quando un editore di pubblicazioni tecniche passa a DITA ed è vincolato da scadenze, limiti di budget e un bel po' di materiale già esistente, creare Frankenlibri è spesso la soluzione più facile.

Anche qui si impone il vincolo delle soluzioni pronte. Ci sono studi che dimostrano che la maggior parte delle persone si allinea alle soluzioni pronte. Nel caso del DITA Open Toolkit la soluzione offerta è di mettere ogni unità d'informazione in una pagina HTML. Certo, è difficile immaginare cos'altro avrebbe potuto proporre, dato che non è possibile anticipare quale sarebbe un raggruppamento appropriato. Però se si genera il contenuto a partire da un gran numero di piccoli moduli di informazione il risultato finale conterrà molte piccole pagine HTML, buona parte delle quali non sarà in grado di essere una buona pagina di partenza. Le soluzioni pronte danno forma di fatto ai settori produttivi. Come spiega Bryce Roberts, la decisione di Flickr di impostare la condivisione pubblica per default, anziché privata, ha cambiato il settore:

> Impostare "pubblico" di default ha avuto un tale effetto nel liberare le potenzialità di condivisione in rete proprie di questo nuovo servizio, e direi di questa nuova era, che è diventato un principio di fondo del web 2.0.
>
> — The Power of Defaults[6]

Non possiamo certo dare la colpa a DITA per questa soluzione (DITA stesso offre diverse opzioni per modificarla), però sarebbe meglio evitare che tale soluzione ci induca a produrre Frankenlibri.

Il punto è questo: le strutture gerarchiche sono tanto meno logiche e tanto più arbitrarie quanto più crescono. Considerate qualsiasi lungo indice generale: la casualità, e non la razionalità, diventa la regola. Le strutture gerarchiche, di fatto, non sono in grado di "scalare".

---

[6] http://bryce.vc/post/28508177842/the-power-of-defaults

La navigazione multidimensionale

Se una struttura gerarchica con una sola dimensione non è adatta ad organizzare un contenuto l'alternativa potrebbe essere la navigazione multidimensionale (detta anche "a faccette").

Nella navigazione multidimensionale si sceglie un valore dalla colonna A e un valore dalla colonna B e il sistema mostra i risultati che corrispondono ad entrambi i valori. A questo punto si può selezionare un altro valore dalla colonna C per restringere ulteriormente la ricerca. La navigazione multidimensionale è interattiva. Invece di impostare subito tutti i criteri di ricerca possiamo cominciare con una semplice ricerca basata su un solo criterio. Il sistema mostra una lista di risultati e riempie gli altri campi di selezione con le sole opzioni disponibili per i risultati della prima ricerca. In questo modo si evita lo spiacevole caso della "ricerca avanzata", quando succede che al primo tentativo non si ottiene alcun risultato e occorre indovinare quali criteri di ricerca togliere per ottenere qualcosa.

La navigazione multidimensionale suddivide una ricerca complessa in piccoli passi. Ad ogni passo si impara qualcosa dei risultati disponibili. È un ottimo metodo per trovare qualcosa in una grande massa di informazioni. Per esempio, la Figura 4.10, «Classificazione multidimensionale delle auto usate», mostra una pagina interna di AutoCatch.com[7]:

Figura 4.10. Classificazione multidimensionale delle auto usate

---

[7] http://autocatch.com/

Gli acquirenti delle auto possono visionarle in base alla caratteristica che gli interessa: anno, tipo di cambio, prezzo, chilometraggio, classe, colore o tipo di venditore (privato o concessionario). L'interfaccia di AutoCatch consente agli acquirenti di selezionare qualsiasi criterio multidimensionale in qualsiasi ordine e gli mostra il numero delle auto che saranno elencate in base a quel criterio. Se un criterio non dà risultati l'interfaccia neppure lo mostra.

Questo sistema funziona perché chi vuole comprare un'auto la seleziona in base a quelle caratteristiche. Per esempio, se un acquirente ha già in mente una berlina con un chilometraggio inferiore a 50.000 miglia, con cambio automatico e prodotta dopo il 2008, AutoMatch mostrerà le auto corrispondenti. AutoCatch utilizza strutture gerarchiche e classificazione multidimensionale nei casi in cui servono (rispettivamente, la selezione di una località e la selezione di un'auto).

Un altro esempio di classificazione multidimensionale sono i siti web per noleggiare film, dove è possibile selezionare i film in base al genere, agli attori, alla valutazione critica, ai premi, se sono di animazione o no eccetera.

Un esempio ancor più semplice di navigazione multidimensionale è come Amazon raggruppa i risultati delle ricerche. Quando si cerca qualcosa su Amazon si ottiene una lista di prodotti appartenenti a diverse categorie (le "dimensioni"), da libri e film ai prodotti per il giardinaggio. Se però si clicca una categoria, i risultati appartenenti alle altre categorie spariscono.

È degno di nota il fatto che l'interfaccia di navigazione multidimensionale di AutoCatch è più complessa di quella di Amazon. AutoCatch è un sito web relativamente piccolo che offre un solo prodotto: le auto usate. Amazon è un sito web enorme, con migliaia di prodotti, ma permette solo di fare ricerche gerarchiche per settore e si basa principalmente sul suo sistema di ricerca e sulla possibilità di filtrare i risultati per settore o per autore.

È chiaro che le dimensioni non determinano il numero di criteri multidimensionali, altrimenti Amazon avrebbe a disposizione molti più criteri di AutoCatch. La differenza, a mio parere, sta nel fatto che comprare un'auto è di per sé un'esperienza multifattoriale. Chi acquista un'auto ha a disposizione una serie di criteri chiari e indipendenti per poterla scegliere. Chi compra un libro di solito utilizza un solo criterio davvero significativo, cioè l'argomento di cui il libro parla (o, a volte, la preferenza per un certo autore). Ad esempio, voglio vedere tutti i libri sulla programmazione in Python, su come si fanno seccare i fiori di campo o si nuota in mezzo agli squali (oppure i libri di John Steinbeck). In certi casi non è neppure determinante scegliere in base al settore: se state per comprare un regalo per una bambina appassionata di composizioni di fiori secchi magari vorreste trovare assieme i libri e la cartoleria.

I criteri multidimensionali devono essere connaturati agli oggetti da classificare nonché significativi e familiari per chi li dovrà utilizzare. Li dobbiamo estrarre da dove sono già impliciti, non ce li possiamo inventare. Funzionano bene nel caso delle auto usate, meno per il tipo di prodotti offerti da Amazon.

Nella maggior parte dei casi la comunicazione tecnica si occupa di argomenti che non si prestano alla navigazione multidimensionale. C'è però un caso in cui potrebbe essere applicata: le informazioni destinate alla consultazione. Una procedura API dispone di diversi criteri comunemente accettati e significativi, come il tipo di dati dei parametri e il valore di ritorno. I programmatori hanno spesso la necessità di trovare una procedura che accetta in entrata un argomento di un certo tipo e restituisce un risultato di un altro tipo. La navigazione multidimensionale potrebbe facilmente essere utilizzata per permettere ai programmatori di fare ricerche con questi criteri in un documento di consultazione delle API.[8]

I limiti della classificazione

Il problema della classificazione è che funziona solo se il lettore ha familiarità con i criteri che ne sono alla base, cosa che, per lo più, non succede. La gente non dice "mi fa male il secondo premolare superiore" ma "ho mal di denti".

Gli esperti classificano l'oggetto del loro settore per essere precisi. Spesso utilizzano un linguaggio specialistico perché le parole comuni nel loro uso quotidiano non permettono di classificare in modo netto la realtà. Per esempio, i biologi classificano la vita in regno, phylum, classe, ordine, famiglia, genere e specie. Un botanico direbbe "Piante / Angiosperme / Eudicotiledoni / Rosidi / Malpighiales / Violaceae / Viola / Viola tricolor" ma una persona comune dice "viola del pensiero". L'esperto classifica, tutti gli altri usano nomi comuni.

---

[8] Non conosco alcun esempio di qualcosa del genere. Fatemi sapere se ne conoscete uno.

Figura 4.11. Piante / Angiosperme / Eudicotiledoni / Rosidi / Malpighiales / Violaceae / Viola / Viola tricolor, ovvero viola del pensiero[9]

> Molti di questi nomi giocano sulla natura capricciosa dell'amore, come "tre facce sotto sotto", "fiore di fiamma", "salta su e baciami", "fiore di Giove" e "rosa del mio John".
>
> In Scandinavia, Scozia e paesi di lingua tedesca, la viola del pensiero (o la sua parente selvatica Viola tricolor) è o era nota come fiore della matrigna. Questo nome deriva da storie su una matrigna egoista, un racconto raccontato ai bambini in varie versioni mentre il narratore staccava le varie parti del fiore per seguire la trama.
>
> In Italia la viola del pensiero è conosciuta come "fiammola" e in Ungheria è chiamata "árvácska" (orfanella). In Israele la viola del pensiero è conosciuta come "Amnon v'Tamar", ovvero Amnòn e Tamàr, il nome di due personaggi della Bibbia (Samuele, 2:13). A New York ci si riferiva alle viole del pensiero con l'espressione "football flowers" (fiori del football), per ragioni sconosciute. In alcuni paesi di lingua spagnola la viola del pensiero è nota come "pensamiento" o "trinitaria".
>
> — Voce di Wikipedia per *Pansy*[10]

Le variazioni sui nomi sono una delle ragioni per cui serve un meccanismo di ricerca. Se cercate "fiore della matrigna" su Google otterrete parecchi risultati relativi alla viola del pensiero. Naturalmente non sono da escludere errori. Se cercate su Google "football flower" otterrete parecchi risultati che hanno a che fare con decorazioni floreali a forma di palloni da calcio o

---

[9] Immagine: Wikimedia Commons, Copyright © Aftabbanoori (CC BY-SA 3.0).

[10] https://en.wikipedia.org/wiki/Pansy

palloni da football americano. Però, se cercate "fiore della matrigna" nella classificazione botanica non troverete nulla.

Non ci si può aspettare che un libro sui fiori riporti nell'indice analitico tutte le denominazioni di uso comune di ogni fiore, a meno che sia stato scritto proprio su questo argomento. Invece sul web ci sono tutte.

Il vero limite della ricerca basata su una classificazione è questo: le persone comuni raramente classificano le proprie esperienze o domande. Semplicemente, la gente usa nomi e descrizioni. Se è possibile classificare una domanda allora si riesce a seguire un percorso per arrivare alla risposta. Ma se si riesce solo a usare nomi e descrizioni allora si prova a fare una ricerca.

Le persone non scelgono di effettuare ricerche perché queste sono più selettive o accurate di una navigazione multidimensionale (difatti, non lo sono). Non si tratta di stabilire quale delle due soluzioni sia migliore. Si fanno ricerche perché non si riesce a classificare la domanda: si possono solo usare nomi o descrizioni.

Quando l'approccio top-down funziona

In quali casi la navigazione top-down funziona e in quali no?

- Funziona quando agli utenti serve una sequenza. In questo caso probabilmente gli utenti preferiscono un ebook o un libro cartaceo ad un sito web ma, in entrambi i casi, se si fidano di voi in quanto autori, un indice generale di tipo top-down basato su una sequenza va bene.
- Funziona se siete in grado di fornire uno schema di classificazione che risulti intuitivo per il lettore, nel migliore dei casi uno schema che corrisponda a come il lettore ha già classificato la sua richiesta ancor prima di cominciare a cercare. In altre parole, la classificazione è ovvia per l'oggetto trattato in una maniera tale che risponde alle esigenze del lettore. Uno schema di classificazione imposto o artificioso non funzionerebbe.
- Funziona quando lo schema di classificazione, che sia o no evidente di per sé, è ampiamente condiviso per effetto di una scienza o di un'attività economica, è stato incorporato nel linguaggio dei professionisti ed i suoi utenti sono i professionisti stessi.

In effetti, è in questi casi che l'approccio top-down non solo funziona, ma può anche essere una scelta obbligata. In casi del genere, se non si offre un metodo di selezione top-down gli utenti rimarranno probabilmente insoddisfatti. Se gli utenti hanno uno schema di classificazione in mente, che sia gerarchico o multidimensionale, è meglio che il vostro contenuto sia strutturato in maniera corrispondente.

Non è un caso che la maggior parte dei buoni esempi di navigazione multidimensionale arrivino da siti web che vendono prodotti. Come ho accennato prima, sono necessarie due circostanze per far funzionare la navigazione multidimensionale. La prima: i criteri multidimensionali devono essere familiari al lettore. La seconda: il lettore deve essere interessato ad ogni singolo criterio. Queste condizioni si avverano spesso nel caso di vendita di prodotti. Quando si forniscono informazioni, invece, è raro che siano soddisfatte.

Non date per scontato che, siccome ci sono casi di successo basati sugli schemi di classificazione degli utenti, anche voi avrete successo se adottate schemi di classificazione ideali elaborati da un autore, da un architetto dell'informazione o da uno stratega del contenuto. Non potete aspettarvi che i lettori imparino i vostri schemi di classificazione come se fossero un prerequisito necessario per riuscire a trovare le informazioni che cercano. Uno schema di classificazione insolito ha un "odore di informazioni" pessimo.

Gli autori, gli architetti dell'informazione e gli strateghi del contenuto sono fortemente attratti dalla classificazione di tipo top-down. Ognuno di loro è più o meno preoccupato dal quadro generale e dalla completezza delle informazioni, e non è possibile affrontare questi problemi senza adottare una qualche forma di sequenza o classificazione del contenuto. Gli autori, gli architetti dell'informazione e gli strateghi del contenuto devono creare uno schema di classificazione per fare il loro lavoro, e presto tale schema diventa per loro il modo più semplice e affidabile per muoversi nei contenuti.

Non è dunque una sorpresa se pensano che ciò che funziona così bene per loro deve funzionare anche per il lettore. Invece non funziona. Gli autori, gli architetti dell'informazione e gli strateghi del contenuto classificano i loro contenuti perché ci lavorano tutto il giorno e sono costantemente concentrati su di essi. Ma la struttura gerarchica che è così evidente per loro risulta del tutto incomprensibile per i lettori. Essa aiuta sì l'autore a trovare il contenuto, ma non serve al lettore. Spostarsi entro un sistema di classificazione estraneo è come muoversi nel menu vocale di un call center ("Premere 0 per parlare con un operatore").

Istruire il lettore riguardo allo schema di classificazione e poi chiedergli di muoversi nel contenuto classificato di solito non funziona. Potrebbe funzionare con visitatori assidui che hanno esigenze specifiche non soddisfabili altrove ma, come fanno spesso notare gli strateghi del contenuto, se è necessario spiegare al lettore come muoversi nel tuo sito web hai già fallito.

Alcuni suggeriscono di eseguire una sessione di *card sorting* per ricavare una classificazione sensata per gli utenti. Questo può portare ad ottenere uno schema di classificazione più intuitivo, però il modo in cui si potrebbe classificare un oggetto entro una serie di oggetti non coincide necessariamente con il modo in cui una persona classificherebbe quello stesso oggetto secondo la propria esperienza e i suoi interessi. Per essere più chiari, in genere non si è neppure disposti a spendere energia mentale per classificare. Usare nomi è decisamente più semplice.

Quando l'obiettivo è una certa cosa alla gente non interessa come è classificata: gli basta ottenerla. Per quanto possa essere irrazionale ci si aspetta che la risposte siano semplici e dirette quanto le domande. E le domande, dal punto di vista delle persone, sono sempre semplici, perché riguardano un dettaglio concreto e ben delimitato della loro esperienza.

L'unica cosa sensata da farci, con questo pezzo concreto e preciso di esperienza, è digitarlo in un motore di ricerca. Oltre alle ragioni elencate nel Capitolo 2, è questo il motivo per cui le persone preferiscono usare la ricerca. E questo ci porta dritti al cuore del problema della navigazione dei siti web: le persone non approdano nel punto di partenza, cioè la home page, ma all'interno. Ogni pagina è la prima.

CAPITOLO 5

L'architettura dell'informazione di tipo bottom-up

La caratteristica fondamentale dell'architettura del web è che ogni pagina è sullo stesso piano di ogni altra pagina. Qualsiasi pagina può essere collegata direttamente a qualsiasi altra pagina. Ogni strutturazione gerarchica che si tenti di applicare copre sì queste connessioni che sono stabilite sullo stesso piano, ma l'architettura sottostante continua a funzionare. Una pagina può essere collegata direttamente a qualsiasi altra pagina, per cui l'utente può arrivare direttamente a qualsiasi pagina. Il lettore e l'autore della pagina possono svicolare da qualsiasi strutturazione gerarchica. Sono questi collegamenti diretti fra le pagine che fanno del web una "rete". Le reti sono strutturate con un approccio bottom-up.

Siti web come Amazon e Wikipedia utilizzano ben poco una navigazione di tipo top-down. Quando approdate su una pagina di Amazon o di Wikipedia (non importa se con una ricerca su Google, una ricerca sul sito web stesso o cliccando su un collegamento ipertestuale) la troverete piena zeppa di collegamenti ipertestuali. Gli articoli di Wikipedia vi forniscono collegamenti ipertestuali ad argomenti correlati. Le pagine di Amazon offrono collegamenti ipertestuali ad altri libri o prodotti in base alle vostre preferenze, a quelle di altre persone e a comportamenti d'acquisto che si ripetono nel caso di quei particolari prodotti. In questi siti web non ci si muove in verticale, ma lateralmente, da una pagina all'altra.

Questo genere di collegamenti ipertestuali, relativi ad una pagina, non hanno il fine di dare accesso all'intera Amazon o all'intera Wikipedia. Sono due siti web troppo grandi per riuscire a dominarli e la maggior parte dei loro contenuti non ha un reale interesse per l'utente che sta visitando una certa pagina. Piuttosto questi collegamenti ipertestuali puntano ad informazioni correlate al contesto in cui si trova il lettore, a ciò che lo sta interessando e ad altri argomenti strettamente correlati. Detto altrimenti, queste pagine offrono una navigazione locale, cioè che non punta all'intero sito ma è limitata all'argomento esaminato e agli altri argomenti correlati. È una forma di aggregazione semantica, come i risultati di una ricerca sul web.

Poiché tradizionalmente il contenuto viene strutturato in maniera gerarchica i redattori spesso non sono abituati ad organizzare il contenuto con un approccio bottom-up, per cui l'idea di farlo in base al modello di una rete gli sembra qualcosa di estraneo, caotico e rischioso.

Un aspetto chiave della strutturazione secondo il modello top-down è che la struttura è chiara se vista a partire dal livello superiore, ma non lo è dal livello inferiore. La struttura di un libro è evidente se leggiamo l'indice generale, ma non lo è se leggiamo una singola pagina.

Il web rivoluziona questo modo di vedere. Se provate a considerare il web da un punto di vista top-down e trasformate i collegamenti ipertestuali di pari livello in gruppi di pagine correlate, quel che vedrete è un gran caos. La Figura 5.1, «Mappa di una rete semplice» mostra cosa accade se si prova a tracciare una mappa di alcune pagine.

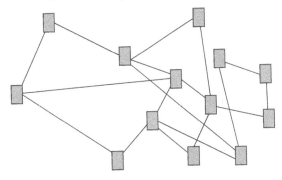

Figura 5.1. Mappa di una rete semplice

Con pochi nodi la mappa è comprensibile ma, se si aggiungono altri nodi e collegamenti ipertestuali, ogni apparenza di ordine e qualsiasi speranza di comprensione svaniscono, dal punto di vista top-down (Figura 5.2, «Mappa di una rete complessa»):

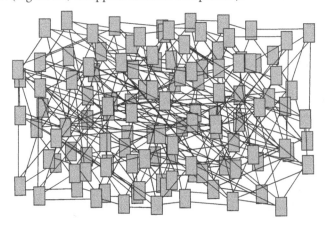

Figura 5.2. Mappa di una rete complessa

Per i professionisti abituati a scrivere libri una tale mancanza di prospettiva top-down può rappresentare la condizione più difficile da accettare per poter iniziare a scrivere per il web.

E tuttavia, se la rete dei contenuti è ben costruita, la struttura è implicita nelle pagine. Vale a dire che le pagine si auto-organizzano, grazie ai collegamenti ipertestuali reciproci e alla capacità di rendersi riconoscibili ai filtri del web tramite metadati. La posizione di una pagina è definita dai collegamenti ipertestuali che arrivano da altre pagine e dalla selezione operata dai filtri.

La struttura del web è sempre locale, non nel senso che una pagina punta solo a pagine dello stesso sito web ma nel senso che gli strumenti di navigazione e organizzativi sono specifici per la singola pagina e per l'argomento che tratta. Ogni pagina ha le proprie relazioni e affinità. Alcune affinità portano vicino ed altre lontano, ma sono tutte relative alla pagina stessa. La pagina si colloca all'interno di un aggregato semantico costituito da collegamenti ipertestuali e parole chiave.

Le enciclopedie cartacee devono essere ordinate alfabeticamente o per argomenti, ma chiedetevi come è ordinata Wikipedia e la domanda vi suonerà senza senso. Wikipedia non ha un ordinamento per argomento o alfabetico. È semplicemente priva di un ordinamento. Wikipedia è interconnessa.

Una rete di affinità di contenuto

I filtri del web raggruppano i contenuti in base all'argomento e li distribuiscono qua e là entro la dimensione della ricerca web (ne abbiamo parlato nel Capitolo 3). I collegamenti ipertestuali collegano i contenuti in base alle affinità fra argomenti, cioè collegano un'unità d'informazione su un dato argomento ad altre unità d'informazione su argomenti correlati. In tal modo i filtri e i collegamenti ipertestuali collaborano per dare una struttura al web.

Le affinità di contenuto sono una caratteristica di ogni genere di scrittura, indipendentemente dal mezzo di comunicazione. Esse collegano i contenuti a determinate epoche e culture e al bagaglio di esperienze del lettore. Privata di affinità di contenuto l'informazione sarebbe abbandonata ad una deriva senza significato come una poesia nonsense: avrebbe un senso grammaticale, ma nessun significato.

Era cerfuoso e i viviscidi tuoppi
ghiarivan foracchiando nel pedano:
stavan tutti mifri i vilosnuoppi
mentre squoltian i momi radi invano
—Lewis Carroll, *Jabberwocky* (trad. it. di Milli Graffi, *Alice nel Paese delle Meraviglie - Attraverso lo specchio*, Garzanti, 1975)

La comprensione di un'unità d'informazione dipende da quanto sappiamo sugli argomenti ai quali rimandano le affinità di contenuto ovvero sulle cose del mondo reale alle quali si riferisce il testo. Se le parole vi suonano senza senso non sarete in grado di cogliere alcun significato dall'unità d'informazione.[1] Nessun argomento, e quindi nessuna unità d'informazione, può esistere nel vuoto. Ogni argomento è collocato in un contesto e per riuscire a comprendere utilmente un'unità d'informazione occorre avere conoscenze ed esperienze relative al contesto in cui essa si colloca. Ora, dal momento che molti lettori non sono abbastanza competenti sul contesto, è verisimile che abbiano bisogno di una mano per ambientarsi. I libri tradizionalmente non hanno offerto nessuna soluzione al problema delle affinità di contenuto. Gli argomenti vengono introdotti man mano che è necessario, senza alcun collegamento al loro contesto. Fornire collegamenti sarebbe ben poco utile perché sarebbe troppo difficile per il lettore orientarsi. Chi scrive di solito dà per scontato (ammesso che prenda in considerazione la questione) che il lettore andrà a guardarsi le informazioni di contesto da sé, se ne ha proprio bisogno. Aiutare il lettore in questa ricerca non era compito dello scrittore.

Al contrario, il web rende facile per il lettore raggiungere altre fonti di informazione per colmare le proprie lacune in fatto di conoscenza ed esperienza. Non c'è neppure bisogno di collegamenti ipertestuali. Se il lettore si imbatte in un argomento sconosciuto può crearsi subito i collegamenti ipertestuali di cui ha bisogno usando un motore di ricerca. I collegamenti ipertestuali già predisposti possono però essere enormemente d'aiuto. Seguire un collegamento ipertestuale è meno fastidioso di mettersi a fare ricerche e provoca un minor sovraccarico cognitivo. Se il collegamento ipertestuale punta ad informazioni utili rende la vita più facile al lettore. I collegamenti ipertestuali hanno anche il vantaggio di trattenere il lettore all'interno dei contenuti che volete offrire, il contrario di lasciarli liberi di scorrazzare per il web (cosa che potrebbero comunque fare anche se i vostri contenuti non sono sul web).

---

[1] Certo, Humpty Dumpty dà la spiegazione di alcune delle parole insensate di *Jabberwocky*, ma questo non fa che confermare quanto detto. Se non si è in grado di riconoscere le affinità di contenuto di un testo servono altre informazioni per dar loro valore.

Esaminiamo l'ampio spettro di affinità di contenuto in questo brano tratto da un articolo di Wikipedia sul cratere di Manicouagan, in Quebec (Figura 5.3, «Parte introduttiva dell'articolo sul cratere di Manicouagan»):

> Il cratere di **Manicouagan** è uno dei più antichi *crateri meteoritici della Terra* ed è situato principalmente nella *Municipalità regionale di Contea di Manicouagan*, nella regione *Côte-Nord* del *Quebec*, in Canada,[1] circa 300 km a nord della città di *Baie-Comeau*. Con un'età fra 213 e 215 milioni di anni, il Manicouagan è uno dei più antichi grandi crateri meteoritici che sono ancora visibili sulla superficie terrestre. La sua estremità nord si trova nella *Municipalità regionale di Contea di Caniapiscau*. Si pensa che sia stato provocato dall'impatto di un asteroide con un diametro di 5 km circa 215,5 milioni di anni fa (nel periodo Triassico).[2] In passato si era ipotizzato che fosse connesso con l'evento di estinzione della fine del periodo Carnico.

Figura 5.3. Parte introduttiva dell'articolo sul cratere di Manicouagan[2]

Di seguito alcuni tipi di affinità di contenuto dell'articolo:

- Coordinate geografiche
- Localizzazione amministrativa
- Localizzazione nel tempo
- Relazione con eventi storici
- Informazioni accademiche
- Geologia
- Astronomia

Il primo paragrafo (Figura 5.3, «Parte introduttiva dell'articolo sul cratere di Manicouagan») stabilisce il contesto in cui si colloca l'articolo in relazione al mondo reale (cosa che è una caratteristica chiave delle unità d'informazione di tipo "ogni pagina è la prima", e che vedremo in dettaglio nel Capitolo 10). I riferimenti al mondo reale che l'articolo usa per definire il contesto comprendono: la collocazione fisica ("Municipalità regionale di Contea di Manicouagan", "Municipalità regionale di Contea di Caniapiscau", "Côte-Nord", "Quebec", "Canada", "300 km a nord di Baie-Comeau"), l'epoca ("fra 213 e 215 milioni di anni", "periodo Triassico"), la classificazione e valutazione ("uno dei più antichi grandi crateri meteoritici che sono ancora

---

[2] http://en.wikipedia.org/wiki/Manicouagan_crater. Copyright © Wikipedia Foundation CC-BY-SA-3.0.

visibili sulla superficie terrestre"), la causa probabile ("un asteroide") e una correlazione con la storia ("l'evento di estinzione della fine del periodo Carnico"). L'unità d'informazione presenta affinità con tutti questi argomenti.

Impact crater/structure	
Confidence	confirmed[1]
Diameter	100 kilometres (62 mi)
Age	214 ± 1 million years old (Triassic Period)
Exposed	Yes
Drilled	Yes
Location	
Location	Rivière-aux-Outardes / Rivière-Mouchalagane, Quebec
Coordinates	51°23'N 68°42'W
Country	Canada

Location of the Manicouagan crater in Quebec

Topo map	Canada NTS 22N
Access	Quebec Route 389

Figura 5.4. Il box sul cratere di Manicouagan

Ogni affinità di contenuto è dotata di un collegamento ipertestuale (evidenziato in corsivo nella Figura 5.3, «Parte introduttiva dell'articolo sul cratere di Manicouagan»), tranne "crateri meteoritici" e "fra 213 e 215 milioni di anni". Nel primo caso si tratta di un'omissione, mentre il secondo è compensato dal successivo riferimento al periodo Triassico. C'è qualche stranezza nel brano (spiegabile col modo di lavorare di Wikipedia, potrebbe essere stata corretta quando visiterete la pagina): l'informazione riguardo all'estremità nord che si trova nella Municipalità regionale di Contea di Caniapiscau sembra un'aggiunta posteriore, e le due datazioni non coincidono. Malgrado queste piccole stranezze, gli autori che hanno collaborato hanno scritto un buon brano introduttivo in grado di stabilire il contesto, con collegamenti ipertestuali significativi che seguono le direzioni dell'affinità di contenuto.

La Figura 5.4, «Il box sul cratere di Manicouagan» mostra il box destro dell'articolo. La maggior parte degli articoli di Wikipedia ha questo tipo di box, che contiene informazioni riassuntive riguardo all'argomento dell'articolo. Questi box non sono sempre uguali in tutti gli articoli dello stesso genere (Wikipedia non viene scritta usando un sistema di redazione strutturata, che sarebbe in grado di assicurare una completa uniformità), ma potete verificare che sono sostanzialmente simili in articoli dedicati ad argomenti affini. Argomenti simili hanno in comune delle caratteristiche e delle affinità di contenuto e le unità d'informazione dedicate a tali argomenti per loro natura seguono un modello basato su quelle caratteristiche (questa è un'altra proprietà tipica delle unità d'informazione di tipo "ogni pagina è la prima", una proprietà che vedremo in dettaglio nel Capitolo 9).

Nel box sono inserite, assieme a collegamenti ipertestuali, le affinità di contenuto, per esempio: caratteristiche tipiche di un cratere da impatto, ulteriori informazioni sul luogo (come le coordinate esatte) e collegamenti ipertestuali ad un'ampia serie di mappe.

Oltre alle affinità di contenuto generiche che questa unità d'informazione condivide con altre simili unità d'informazione, essa include anche informazioni specifiche sul cratere di Manicouagan. Ad esempio si veda la Figura 5.5, «Dettaglio dell'articolo sul cratere di Manicouagan» in cui si discute la teoria secondo la quale il cratere di Manicouagan farebbe parte di un evento costituito da impatti multipli. In questo caso le affinità di contenuto sono: gli altri crateri inclusi nell'evento di impatti multipli che viene ipotizzato (tutti citati e con collegamento ipertestuale), il nome e relative Università di appartenenza degli studiosi che hanno proposto la teoria (con collegamenti ipertestuali ai relativi articoli, se disponibili) e la citazione di un evento di impatti multipli simile.

La teoria suggerisce che il cratere di Manicouagan possa essersi formato durante un ipotetico evento di impatti multipli che avrebbe causato il *cratere di Rochechouart* in Francia, il cratere *di Saint Martin* nella *provincia di Manitoba*, il cratere *di Obolon* in *Ucraina* e il *cratere di Red Wing Creek* in Dakota del Nord. Il *geofisico* David Rowley della *Università di Chicago*, in collaborazione con John Spray della *Università di New Brunswick* e Simon Kelley della *Open University*, ha scoperto che i cinque crateri hanno formato una catena, il che indica la rottura e conseguente impatto di un asteroide o di una cometa,[4] simile alla ben nota sequenza di impatti della *cometa Shoemaker-Levy 9* su *Jupiter* nel 1994.

Figura 5.5. Dettaglio dell'articolo sul cratere di Manicouagan

v · T · E		Impact cratering on Earth
Geology	Lists	Worldwide · Africa · Antarctica · Asia · Australia · Europe · North America · South America · by country
	Confirmed ≥20 km diameter	Acraman · Amelia Creek · Araguainha · Beaverhead · Boltysh · Carswell · Charlevoix · Chesapeake Bay · Chicxulub · Clearwater East & West · Gosses Bluff · Haughton · Kamensk · Kara · Karakul · Keurusselkä · Lappajärvi · Logancha · **Manicouagan** · Manson · Mistastin · Mjølnir · Montagnais · Morokweng · Nördlinger Ries · Obolon' · Popigai · Presqu'île · Puchezh-Katunki · Rochechouart · Saint Martin · Shoemaker · Siljan Ring · Slate Islands · Steen River · Strangways · Sudbury · Tookoonooka · Tunnunik · Vredefort · Woodleigh · Yarrabubba
	Topics	Alvarez hypothesis · Breccia · Coesite · Complex crater · Cryptoexplosion · Ejecta blanket · Impact crater · Impact structure · Impactite · Cretaceous~Paleogene boundary · Late Heavy Bombardment · lechatelierite · Meteorite · Moldavite · Ordovician meteor event · Planar deformation features · Shatter cone · Shock metamorphism · Shocked quartz · Stishovite · Suevite · Tektite
	Research	Baldwin, Ralph Belknap · Barringer, Daniel · Barringer Medal · Chao, Edward C T · Dietz, Robert S · Earth Impact Database · Hartmann, William K · Impact Field Studies Group · Lunar and Planetary Institute · Melosh, H Jay · Ryder, Graham · Schultz, Peter H · Shoemaker, Eugene · Traces of Catastrophe book
Astronomy	Observation	Asteroid · Catalina Sky Survey · Close approaches · Earth-crosser asteroid · Impact event · LINEAR · LONEOS · Meteoroid · Meteoritical Society · NASA NEAT · Near-Earth Object (NEO) · NEOSSat · NEOCam · Orbit@home · OSIRIS-REx · Palermo Scale · Pan-STARRS · Planetary science · Potentially hazardous object · Sentinel · Sentry · Spacewatch · Torino Scale · WISE
	Defense	Asteroid impact avoidance · B612 Foundation · Gravity tractor · Ion Beam Shepherd · Japan Spaceguard Association · NEOShield · Spaceguard · The Spaceguard Foundation
	Potential threats	1950 DA · 1994 WR$_{12}$ · 1999 RQ$_{36}$ aka 101955 Bennu · 2002 MN · 99942 Apophis · 2007 VK$_{184}$ · 2009 FD · 2013 BP$_{73}$

Figura 5.6. Piè di pagina dell'articolo sul cratere di Manicouagan

Forse l'esempio più interessante di contestualizzazione di un'unità d'informazione (e della sua gestione grafica e aggiunta di collegamenti ipertestuali secondo le linee delle affinità di contenuto) è il piè di pagina dell'articolo, mostrato nella Figura 5.6, «Piè di pagina dell'articolo sul cratere di Manicouagan». Questo piè di pagina, come altri presenti in molti articoli di Wikipedia, colloca il cratere di Manicouagan all'interno delle tassonomie scientifiche dei campi di studio che se ne occupano: la geologia e l'astronomia. Notate che la localizzazione dell'articolo all'interno di queste tassonomie non è gestita a livello di sito web, ma è indicata all'interno del singolo piè di pagina. Inoltre il piè di pagina si limita alle categorie della tassonomia relative alle affinità di contenuto connesse a questo articolo. Tutto questo fa dell'articolo l'elemento centrale di interconnessione della sua area di interesse entro lo spazio del suo argomento, ovvero il punto di incrocio di un aggregato semantico.

Affinità di contenuto insolite

Spesso alcune affinità di contenuto di un'unità d'informazione risultano insolite. Le affinità insolite sono relazioni che non riguardano altre unità d'informazione dello stesso tipo. Detto altrimenti, esse riguardano il singolo caso, non il modello. Per esempio, l'unità d'informazione sul cratere di Manicouagan ha un'affinità di contenuto con l'Open University perché studiosi di questa università hanno formulato una originale teoria sulle origini del cratere. Non tutte le unità d'informazione sull'argomento dei crateri da impatto avranno una tale affinità.

Le affinità insolite abbondano. Se da una parte la maggior parte dei tipi di unità d'informazione hanno una serie di affinità che riguardano ogni unità d'informazione dello stesso tipo, ogni singola unità d'informazione può avere affinità insolite. Il fatto che queste affinità siano insolite non significa di per sé che gli argomenti di cui trattano siano meno importanti. Spesso i contenuti di cruciale importanza che vengono creati sono quelli che hanno a che fare con relazioni particolari e specifiche fra diversi argomenti.

Le affinità comuni tendono ad essere intuitive e facili da individuare in anticipo. Quando ci si trova in difficoltà ciò avviene spesso perché l'unità d'informazione ha una qualche relazione specifica e insolita con un altro argomento. Le affinità insolite, quindi, sono spesso quelle più importanti, e quindi più rilevanti ai fini dell'individuazione e della comprensione delle informazioni.

Questo è davvero uno dei maggiori vantaggi offerti dall'organizzazione e dall'aggiunta di collegamenti ipertestuali basati sulle affinità di contenuto. Non è necessario che il lettore si preoccupi di capire se un'affinità di contenuto è comune o insolita, specialmente nel caso in cui sia insolita rispetto ad un qualche schema di classificazione arbitrario. Nella navigazione di tipo bottom-up basata sui collegamenti ipertestuali non c'è differenza fra affinità di contenuto comuni o insolite, o fra i collegamenti ipertestuali usati nei rispettivi casi. Anche se dietro le quinte è al lavoro uno schema di classificazione che dà ordine al contenuto e detta le regole dei modelli e della terminologia usati, tutto questo è opportunamente nascosto al lettore, il cui unico desiderio è saperne un po' di più dell'argomento X.

Le affinità di contenuto non sono citazioni

Anche se quasi tutte le affinità di contenuto che abbiamo trovato nell'articolo sul cratere di Manicouagan puntano ad altri articoli di Wikipedia o ad altre risorse strettamente pertinenti come GeoHack, l'articolo non tira in ballo questi altri articoli in quanto articoli. I collegamenti ipertestuali in questo caso non sono dello stesso genere di quelli che si trovano in una citazione a piè di pagina o in una bibliografia. Sono collegamenti ipertestuali che portano ad argomenti correlati e che, in questo caso, puntano ad articoli di Wikipedia, ma potrebbero ugualmente puntare a qualsiasi altra risorsa.

I collegamenti ipertestuali basati su affinità di contenuto non esprimono una preferenza per il contenuto a cui puntano né lo citano per giustificare un'affermazione, ma semplicemente forniscono al lettore interessato un luogo in cui dirigersi per avere più informazioni. L'articolo di partenza non è fondato su alcun contenuto o argomentazione specifica contenuta negli articoli cui punta. Finché hanno a che fare con l'argomento di partenza, gli articoli cui puntano i collegamenti ipertestuali non cambiano la validità o funzionalità dei collegamenti ipertestuali, anche se vengono modificati.

Perciò i collegamenti ipertestuali basati su affinità di contenuto non sono citazioni. Naturalmente, Wikipedia usa citazioni. Anzi, si cerca di fare in modo che ogni affermazione in qualsiasi articolo citi una fonte che la giustifichi. Ma non usa collegamenti ipertestuali per le citazioni. Usa le note a piè di pagina. Spesso in un articolo di Wikipedia una stessa parola o espressione si trova ad avere sia un collegamento ipertestuale basato su affinità di contenuto sia una nota a piè di pagina con citazione. Wikipedia è talmente vasta che la maggior parte dei collegamenti dovuti ad affinità di contenuto rimangono entro Wikipedia stessa e molti altri siti web usano Wikipedia proprio per questo motivo. Anche questo libro utilizza Wikipedia per questo motivo.

Ogni unità d'informazione dei contenuti che create ha in comune diverse affinità di contenuto con altre unità d'informazione che fanno parte sia dei vostri contenuti sia del web. Il lettore che consulta i vostri contenuti lo fa per avere più informazioni sugli argomenti che lo interessano ed è disposto a seguire i collegamenti ipertestuali secondo le affinità di contenuto per soddisfare questa esigenza. Se aggiungete collegamenti ipertestuali che puntano all'interno dei vostri contenuti potete incoraggiare il lettore a rimanere all'interno di quei contenuti. Se non mettete collegamenti ipertestuali o non aggiungete informazioni sugli argomenti correlati il lettore cercherà queste informazioni per conto suo e uscirà dal vostro contenuto. Non riuscirete a trattenere il lettore risparmiando sui collegamenti ipertestuali, ma potreste riuscirci offrendo contenuti di qualità e collegamenti basati su affinità di contenuto che puntano ad informazioni pertinenti.

Unità d'informazione come centri di interconnessione

Ogni unità d'informazione è un centro di interconnessione di affinità di contenuto che la collocano entro lo spazio di un argomento. Un'unità d'informazione del web ben fatta mostra come il web è strutturato attorno ad essa e permette di spostarsi lungo diverse linee di affinità di contenuto.

Perciò creare una serie di unità d'informazione di tipo "ogni pagina è la prima" non è la stessa cosa di scrivere un libro. Le vostre unità d'informazione saranno disperse negli spazi di ricerca e social del web ed è questo il vostro scopo, perché è questo che vi procura molta più visibilità che se foste confinati nel vostro angolino di Internet. Questo però comporta che il mondo non vedrà il vostro sito web come una cosa unitaria, ma vedrà le vostre pagine. Ogni pagina è il centro di interconnessione da cui partiranno ulteriori ricerche di contenuto ed è da essa che dipende la possibilità che riusciate a guidare il lettore.

Anche se il contenuto che create non è raggiungibile pubblicamente su Internet ciò significa solo che le persone che rintracceranno le vostre pagine durante le loro ricerche saranno semplicemente di meno. Chi accederà ai vostri contenuti continuerà a considerare le singole pagine e a leggerle nel contesto del web. Le vostre pagine sono comunque centri di interconnessione, allo stesso modo in cui lo sarebbero se fossero liberamente disponibili su Internet. Anzi diventa ancora più importante che le vostre pagine siano davvero dei centri di interconnessione entro lo spazio dei contenuti che avete creato, perché i contenuti non liberamente accessibili sul web si trovano dietro una porta a senso unico. Una volta che il lettore abbandona un vostro contenuto per dirigersi nel web aperto, l'unico modo per tornare indietro è attraverso il vostro portale (tramite un accesso riservato, un abbonamento o quant'altro), il che significa che saranno ben pochi, se non nessuno, i collegamenti ipertestuali diretti che il lettore potrà seguire per tornare ai vostri contenuti a partire dal web.

Il problema dell'appiattimento

Qualsiasi rappresentazione in due dimensioni di relazioni strutturali (su carta o su schermo) è destinata ad appiattirle. Dopo tutto è il mezzo di comunicazione stesso che è piatto. Va aggiunto anche che siamo ben poco in grado di visualizzare ed esprimere relazioni complesse su più dimensioni. Che questo limite sia innato o che sia il risultato dei modi di pensare prodotti dall'esperienza che abbiamo vissuto con la carta per 5.000 anni, il punto è che i nostri tentativi di comprendere sfociano in un appiattimento.

E se appiattiamo, di conseguenza distorciamo. Cose che dovrebbero stare vicino vengono allontanate, cose che dovrebbero stare lontano vengono avvicinate, le prospettive si confondono e tre o quattro dimensioni vengono compresse in due. Se anche l'azione di appiattire è necessaria per capire, essa nondimeno distorce l'oggetto della nostra comprensione. Tale distorsione può far aumentare di molto il costo del processo di comprensione e dell'azione basata sulle informazioni.

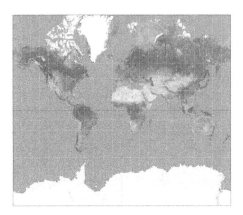

Figura 5.7. La proiezione di Mercatore[3]

Uno dei primi esempi del genere di problemi che si ha quando si appiattiscono le cose sono i tentativi fatti per trasformare la rotondità del nostro pianeta in una mappa su carta. I cartografi hanno creato molte diverse proiezioni e tutte rappresentano l'aspetto reale del mondo con differenti tipi di distorsione. L'esempio classico è la proiezione di Mercatore[4], che rappresenta l'Europa più grande di quanto non sia in confronto all'Africa. Questa proiezione risulta anche molto generosa con il Canada e fa sembrare l'Alaska grande quasi quanto il resto degli Stati Uniti. Essa rappresenta i poli, che sono punti, sotto forma di linee lunghe quanto l'equatore, non fa mai incontrare le linee di longitudine e distorce la distanza fra le linee di latitudine. Tuttavia, malgrado tutte queste distorsioni, la proiezione di Mercatore è utile alla navigazione marittima perché raddrizza le linee lossodromiche[5]. Nella rappresentazione appiattita del mondo distorciamo tutto pur di rendere una singola caratteristica semplice da utilizzare.

Un mappamondo raffigura il mondo in maniera accurata, ma può risultare più difficile da usare. La proiezione di Mercatore e le altre introducono distorsioni, però ci danno un'immagine del mondo più facile da gestire per il nostro cervello.

---

[3] Copyright © Wikipedia user Strebe, CC-BY-SA-3.0.

[4] https://it.wikipedia.org/wiki/Proiezione_cilindrica_centrografica_modificata_di_Mercatore
[5] https://it.wikipedia.org/wiki/Lossodromia

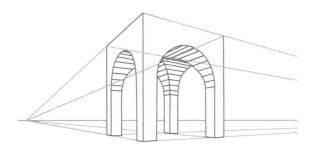

Figura 5.8. Disegno in prospettiva[6]

Il disegno in prospettiva (Figura 5.8, «Disegno in prospettiva ») distorce di proposito le misure di oggetti lontani rispetto ad oggetti in primo piano per creare l'illusione della profondità ma, con ciò, compromette la possibilità di confrontare fra loro le dimensioni. Per il nostro occhio l'illusione funziona ma, a volte, per esigenze tecniche, occorre appiattire in un altro modo.

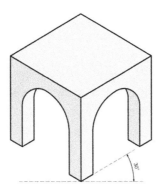

Figura 5.9. Disegno in assonometria isometrica[7]

Per esempio, le proiezioni in assonometria isometrica (Figura 5.9, «Disegno in assonometria isometrica ») preservano le dimensioni ma distorcono angoli e prospettiva. Ribadiamo il concetto:

---

ci sono diversi modi in cui l'informazione viene appiattita, e lo facciamo provocando distorsioni attorno a quell'unica dimensione che riteniamo sia utile per uno scopo particolare.

Sia su carta sia online abbiamo costruito la nostra civiltà e la nostra scienza a partire dall'appiattimento delle informazioni. Questo non riduce le limitazioni che la pratica dell'appiattimento impone alle nostre possibilità espressive e alla nostra capacità di guadagnare e acquisire una reale comprensione del mondo. Però queste restrizioni fanno parte di un'epoca nella quale lo strumento principe per estendere e condividere il nostro intelletto era la carta.

Adesso abbiamo un nuovo strumento, in grado di acquisire ed esprimere numerose dimensioni dell'informazione. I computer e, forse ancor di più, le reti di computer, non hanno le limitazioni nella gestione di più dimensioni che ha la carta. Essi ci consentono di descrivere ed esplorare mondi e problemi in numerose dimensioni. Siamo in grado di descrivere un mondo a più dimensioni nella memoria dei computer e di creare algoritmi che lo fanno senza distorsioni. Non è più necessario operare un appiattimento per fornire una descrizione. Appiattire non è più necessario per capire.

E non è più necessario appiattire la struttura dei contenuti per renderli navigabili. Possiamo renderli navigabili in tutte quelle dimensioni che sono necessarie per descrivere tutte le dimensioni richieste dall'affinità di contenuto, comprendendo sia le affinità di contenuto comuni sia quelle insolite.

In *Big Data: A Revolution That Will Transform How We Live, Work, and Think*[19], Viktor Mayer-Schönberger e Kenneth Cukier sostengono la stessa cosa a proposito dell'uso dei tag, un diffuso sistema col quale gli utenti possono annotare le affinità di contenuto di ciò che si trova sul web.

> L'imprecisione caratteristica dell'uso dei tag è una conseguenza della naturale confusione che regna nel mondo. Essa rappresenta un antidoto contro sistemi più precisi che tentano di imporre un falso senso di asetticità al caos della realtà, facendo credere che ogni cosa sotto il sole abbia il suo posto in una serie di linde righe e colonne. Ci sono più cose in cielo e in terra di quante una tale filosofia possa sognarsi.[19] [8]

In altre parole il mondo non può essere imbrigliato dalle nostre nette classificazioni. E la tecnologia di cui disponiamo non ci costringe più ad organizzare i contenuti o le esperienze in quel modo.

---

[8] Sono in debito con Tom Johnson per aver trovato questa citazione, che egli ha riportato sul suo blog nel post *When Organizing Big Data Content, It's Okay To Be Messy* ("Quando si strutturano i big data va bene essere disordinati").

Se la strutturazione di tipo bottom-up sembra più confusa di quella di tipo top-down questo dipende solo dal fatto che la prima rispecchia meglio il caos del mondo reale.

Certo, i lettori continuano a leggere i testi in maniera lineare e a guardare le immagini su schermi piatti. Ma ora abbiamo la possibilità di permettergli di cambiare punto di vista e, attraverso i collegamenti ipertestuali, attraversare lo spazio delle informazioni lungo assi multipli, come abbiamo visto nel caso dell'articolo sul cratere di Manicouagan, che fornisce al lettore molte indicazioni di diverso tipo per approfondire argomenti correlati, dalla geografia all'astronomia, alla geologia, alle riserve, al turismo. Non è più necessario dargli contenuti appiattiti. Possiamo fornirgli una proiezione del contenuto in tutte le sue dimensioni e gli strumenti per manipolare questa proiezione come ritenga meglio.

Un guadagno in ampiezza, profondità e dinamicità

Tutto ciò rappresenta un profondo cambiamento rispetto a come siamo abituati a strutturare i contenuti. In passato c'era un'unica struttura di navigazione per l'intero insieme di contenuti ed ogni singolo contenuto era collocato in un punto predeterminato della struttura. Un tipo di navigazione prestabilita ed imposta dall'esterno. In essa il contenuto è "appeso" all'indice generale di tipo gerarchico come le decorazioni all'albero di Natale.

Nel modello del web ogni unità d'informazione è un centro di orientamento a pieno titolo e le unità d'informazione si danno una struttura comune attraverso il modo in cui trattano i loro argomenti e creano collegamenti ipertestuali che puntano ad altre unità d'informazione lungo le linee dell'affinità di contenuto. La struttura di navigazione a partire da ciascun nodo è specifica di quel nodo.

Quando il complesso delle informazioni cresce oltre una certa dimensione non c'è altro modo per renderlo davvero navigabile. Avere sott'occhio l'intero blocco tutto assieme supererebbe il limite della ragionevolezza, mentre suddividerlo artificialmente in parti introdurrebbe troppe limitazioni. Di conseguenza la navigazione non può essere senza limiti, ma deve essere specifica per lo spazio proprio dell'argomento e deve cambiare ogni volta che si passa ad un altro argomento. In tal modo è possibile creare un corpo di informazioni grande quanto si vuole e dotato di una navigazione usabile in ogni suo punto, preservando allo stesso tempo la possibilità di spostarsi ovunque portino le affinità di contenuto.

Questa che sto esponendo è la mia tesi principale. Le unità d'informazione non sono collocate in un posto preciso secondo un'unica imponente struttura. Esse esistono nei punti di intersezione di numerose linee di affinità di contenuto. Il segreto della navigazione web che funziona non sta nel condurre il lettore all'interno di un'unica struttura di classificazione, ma metterlo in grado di spostarsi a piacere lungo le diverse linee di affinità di contenuto che gli interessano.

La navigazione di tipo top-down non funziona perché cerca di creare raggruppamenti statici in un sistema la cui peculiarità è l'aggregazione semantica dinamica. Detto in altro modo, se il web è un insieme di filtri, la struttura di navigazione del vostro sito web è solo un altro filtro fra i tanti che possono individuare o escludere singole pagine del contenuto che avete creato. Probabilmente i vostri visitatori raggiungeranno le vostre pagine (non il vostro sito web) usando un qualche filtro diverso dallo schema di navigazione top-down che avete creato per il sito. Pertanto, la vostra occasione di influenzare, aiutare e trattenere i visitatori si materializza in quella pagina e, a partire da quella pagina, la loro navigazione sarà di tipo bottom-up.

Questo è l'ostacolo che i comunicatori tecnici devono superare per offrire sul web contenuti utili e navigabili. Dobbiamo distaccarci dalla struttura organizzativa di tipo top-down tipica del mondo dei libri e imparare ad adottare, creare e gestire una struttura organizzativa di tipo bottom-up, sulla quale possa basarsi una raccolta di informazioni ampia, vivace e fluida come il web.

Dovremmo abbandonare la navigazione di tipo top-down?

L'enfasi sulla navigazione di tipo bottom-up implica che si dovrebbe abbandonare del tutto la navigazione di tipo top-down? Certo che no! Molti utenti arriveranno alle pagine interne del vostro sito web tramite ricerche o collegamenti ipertestuali, e quelle pagine dovrebbero funzionare come prima pagina e fare da centro di navigazione. Qualche visitatore, però, arriverà sulla home page e proverà a navigare il vostro sito web. Dovete pensare anche a questi visitatori.

Nel farlo, naturalmente, dovreste essere consapevoli dei limiti delle tecniche di navigazione di tipo top-down che ho descritto nel Capitolo 4 e cercare di creare una struttura di navigazione di tipo top-down che sia usabile. Il punto non è preferire in assoluto una tecnica di navigazione rispetto alle altre, ma essere consapevoli di queste diverse necessità e abitudini degli utenti e soddisfarle entrambe. Uno dei vantaggi più importanti della navigazione di tipo bottom-up è che, essendo distribuita e sempre locale nel contesto della singola pagina web, si integra anche molto bene e dovrebbe funzionare a dovere all'interno di qualsiasi struttura di tipo top-down.

La navigazione di tipo top-down funziona meglio se è alleggerita di una parte delle funzioni di navigazione. Il lettore che approda nell'home page e da lì naviga raggiunge le pagine interne con un solo clic. Se le pagine interne offrono una navigazione di tipo bottom-up ben fatta alleggeriscono la navigazione di tipo top-down. Se riuscite a far lavorare assieme i due tipi di navigazione spesso la navigazione di tipo top-down ne risulta semplificata e quindi più facile da capire. Quando è disponibile una navigazione di tipo bottom-up ben fatta non è necessario che la navigazione di tipo top-down includa tutto per essere efficace. In questo caso si può fare a meno di un indice generale di proporzioni mostruose e riuscire nondimeno a dare accesso efficacemente all'intero contenuto.

La strategia "ogni pagina è la prima" non ha per fine la contrapposizione di un metodo di navigazione ad un altro. Questo approccio mette invece in evidenza che qualsiasi pagina il lettore incontri è per lui la prima. Non potete sapere come il lettore è arrivato in quella pagina, se facendo una ricerca, seguendo un collegamento ipertestuale o usando la navigazione di tipo top-down che avete preparato. Quello che dovete fare è solo scrivere quella pagina come se fosse la prima.

Il ruolo degli elenchi

La strutturazione di tipo bottom-up non comporta che non ci sia spazio per elenchi di risorse. Anzi, gli elenchi hanno una parte importante nella strutturazione di tipo bottom-up. Un elenco non è la stessa cosa di un indice generale perché non è un catalogo di un contenitore. Esso non elenca i contenuti. È una lista di cose che hanno a che fare con un dato argomento. (È un aggregato semantico.) Come tutti gli strumenti di navigazione di tipo bottom-up gli elenchi sono locali e dipendono dall'argomento.

Nel sottocapitolo «Sequenza *versus* catalogo» abbiamo visto che la maggior parte dei libri tenta di stabilire una sequenza per il lettore, mentre un'unità d'informazione di tipo "ogni pagina è la prima" di solito presuppone che sarà il lettore stesso a costruirsi la sequenza. Però questo non significa che non si possa suggerire una sequenza utilizzando un elenco. Non è certo che le unità d'informazione elencate in una sequenza di questo tipo possano essere state scritte appositamente per far parte della sequenza e che i rispettivi autori possano sapere che le loro unità d'informazione sono incluse nell'elenco. Un elenco è semplicemente una raccolta ordinata del materiale disponibile riguardo ad un argomento.

Le sequenze che create sono pagine web come le altre, unità d'informazione in una rete di unità d'informazione. Un'unità d'informazione di tipo sequenza è molto simile all'unità d'informazione con funzioni di guida descritta nel Capitolo 15.

Gli elenchi sono comuni sul web e possiamo considerarli un esempio di unità d'informazione di tipo "ogni pagina è la prima". Per esempio, Wikipedia ha elenchi su un'ampia varietà di argomenti. Essa utilizza anche elenchi all'interno delle unità d'informazione, in particolare nei piè di pagina, come si vede nella Figura 5.6, «Piè di pagina dell'articolo sul cratere di Manicouagan». Amazon dà all'utente la possibilità di compilare elenchi di libri su qualsiasi argomento. Inoltre consiglia elenchi di libri in base ai termini usati dall'utente nelle sue ricerche e in base agli acquisti e ricerche fatti da altre persone che hanno comprato quello stesso libro. I siti e i servizi web che selezionano i contenuti sono semplicemente dei creatori di elenchi. Persino i motori di ricerca, in fondo, non fanno altro che generare elenchi di pagine che potrebbero essere interessanti. I sistemi di navigazione multidimensionale sono essenzialmente sistemi per creare elenchi selezionati.

L'elenco di per sé non ha limiti. Non è necessario che abbia il controllo delle informazioni a cui punta né che includa alcunché di estraneo all'argomento di cui si occupa. Gli elenchi possono, come spesso accade, collegare contenuti che appartengono ad aree della conoscenza diverse e che sono creati e controllati da persone diverse.

Non serve un approccio di tipo top-down per creare gli elenchi. Gli elenchi sono semplici nodi della rete. Essi possono puntare ad unità d'informazione o ad altri elenchi, allo stesso modo in cui le unità d'informazione possono puntare ad altre unità d'informazione o ad elenchi. Wikipedia ha persino un elenco di elenchi di elenchi[9]! Come qualsiasi unità d'informazione un elenco è un centro di interconnessione per l'area della rete in cui si trova.

Gli elenchi possono costituire un livello di passaggio fra le unità d'informazione che si trovano ad un livello generale e quelle che si trovano ad un livello di dettaglio. Per esempio, consideriamo la voce "Lista dei personaggi stereotipati" (N.d.T.: *List of stock characters*[10]) di Wikipedia che, in un certo senso, esiste nello spazio fra l'articolo sul concetto di "personaggio stereotipato" e i diversi articoli sui singoli personaggi stereotipati, come il "cavaliere errante". Nell'ambito degli ipertesti gli elenchi di questo tipo allo stesso tempo collegano fra loro le singole realizzazioni di un certo tipo di contenuto e forniscono un mezzo di navigazione di tipo bottom-up per esplorare quel tipo di contenuto e le relative realizzazioni.

---

[9] https://en.wikipedia.org/wiki/List_of_lists_of_lists
[10] https://en.wikipedia.org/wiki/List_of_stock_characters

Le caratteristiche delle unità d'informazione di tipo "ogni pagina è la prima"

Come si presenta un'unità d'informazione di tipo "ogni pagina è la prima"? Come si scrive? Come si fa a verificare se è stata scritta bene? Questa parte tratta dello scopo e delle caratteristiche delle unità d'informazione di tipo "ogni pagina è la prima".

CAPITOLO 6

Cos'è un'unità d'informazione?

Abbiamo visto che, nel contesto del web, il lettore si sposta liberamente da una risorsa informativa all'altra, seguendo più spesso la direzione bottom-up rispetto a quella top-down e facendosi guidare dall'odore delle informazioni. Quando il lettore segue questo schema di comportamento ogni pagina diventa per lui la prima. La sfida che attende i redattori è di creare unità d'informazione di tipo "ogni pagina è la prima" dotate di un forte odore di informazioni. Per capire cosa significa scrivere una buona unità d'informazione di tipo "ogni pagina è la prima" occorre partire con alcuni chiarimenti sugli aspetti ambigui del significato dell'espressione "unità d'informazione" (N.d.T.: orig. *topic*).

La parola *topic* è utilizzata con diversi significati in molti campi di attività, ma per i comunicatori tecnici essa si riferisce ad un'unità d'informazione di estensione limitata, autonoma e relativa ad un solo argomento. Tuttavia, a partire da una definizione così generica si possono trovare significative varianti riguardo all'ampiezza di contenuto, alla lunghezza e al grado di autonomia delle unità d'informazione, nonché riguardo alla natura delle connessioni fra diverse unità d'informazione. Ho creato l'espressione "*ogni pagina è la prima*", in riferimento alle unità d'informazione, per distinguere il modo in cui io uso questo termine rispetto ad altre accezioni.

Non voglio dire che le altre definizioni sono sbagliate: le unità d'informazione sono progettate per diversi scopi, tutti utili. E non tenterò di assorbire tutte le possibili definizioni, che sono numerose ed hanno molti aspetti in comune. Invece mi concentrerò su due ampie classi di unità d'informazione usate dai comunicatori tecnici (la terminologia è mia): le unità d'informazione di tipo "modulo" (N.d.T.: orig. *building-block topics*) e quelle di tipo "orientamento" (N.d.T.: orig. *presentational topics*).

Le unità d'informazione modulari

Le unità d'informazione modulari sono pensate per essere assemblate in prodotti informativi più grandi. Andrew Brooke[1] descrive chiaramente l'approccio modulare sul suo blog nel post "Topical Docs" ("Documentazione modulare")[4], nel quale paragona le unità d'informazione agli elettroni:

---

[1] Andrew Brooke è un esperto redattore tecnico di Toronto, in Canada.

> 1. Un'unità d'informazione sta al documento come una particella subatomica (per esempio, un elettrone) sta alla materia. Essa è il componente di base del documento. Ogni unità d'informazione può e deve essere autonoma.
>
> —Andrew Brooke, "Topical Docs"[4]

Cosa significa "autonoma" in questo caso? Una pinza freno è un componente di base di un'auto. La pinza freno è autonoma? Può sicuramente starsene da sola sullo scaffale di un negozio di ricambi, ma non serve a nulla se non è inserita in un'auto. In questo senso non è autonoma, ma può funzionare solo se è inserita in un sistema più grande.

Brooke continua:

> 2. Gli insiemi di unità d'informazione sono come gli atomi. Essi formano una sezione del documento e includono un raggruppamento di unità d'informazione correlate. Questo corrisponde ad un libro nell'indice generale di un help online ovvero ad un capitolo in un libro stampato.
>
> 3. Raggruppamenti di sezioni sono come i raggruppamenti di atomi, o molecole (per esempio, una molecola d'acqua). Un raggruppamento di questo genere corrisponde ad un documento intero.
>
> 4. I raggruppamenti di documenti costituiscono una collezione, che corrisponde alle diverse molecole che si combinano a formare la materia complessa, ovvero tutti quegli oggetti composti che incontriamo nella vita di tutti i giorni, dalla plastica agli abiti agli hamburger.

Quindi un'unità d'informazione di tipo modulare è un componente di un libro allo stesso modo in cui un atomo di carbonio è parte di un hamburger o una pinza freno è parte di un'auto. Un modulo deve esistere singolarmente ma non è necessario che funzioni da solo. Non potete pranzare con atomi di carbonio né farvi un giro su una pinza freno. Non sono autonomi dal punto di vista funzionale. Sono moduli, non unità complete. Gli autori usano le unità d'informazione di tipo modulare per costruire unità di contenuto più grandi. Il lettore non dovrebbe di regola avere a che fare con unità d'informazione di tipo modulare isolate. Perciò un'unità d'informazione di tipo modulare dovrebbe inserirsi senza soluzione di continuità nel proprio contesto.

Ci sono due modi per farlo: con o senza una relazione di dipendenza dal contesto. Le unità d'informazione di tipo modulare che dipendono dal contesto devono essere precedute da un'unità d'informazione introduttiva e seguite da un'unità d'informazione conclusiva. Quando si sceglie un'unità d'informazione di questo tipo per riutilizzarla in un contesto differente è necessario inserirla vicino ad unità d'informazione che ne costituiscano la corretta introduzione e conclusione. Se si fa a pezzi un libro quel che ne vien fuori spesso sono delle unità d'informazione che dipendono dal contesto. Queste unità d'informazione sono come pezzi di un puzzle: si combinano assieme solo in un certo modo.

Il secondo approccio è creare unità d'informazione di tipo modulare indipendenti dal contesto. Quelle indipendenti dal contesto sono utilizzabili in molti punti diversi. Anche in questo caso occorre fornire qualche informazione di contesto ma non è necessario usare una introduzione e una conclusione particolari. Potete pensare a questo genere di unità d'informazione come a dei mattoncini Lego: potete montarli come volete, ma solo in certi casi otterrete delle costruzioni sensate e utili.

Le unità d'informazione di tipo orientamento

Un'unità d'informazione di tipo orientamento è pensata per essere parte di un sistema di orientamento. In altre parole il suo fine è di essere l'unità che viene servita al lettore. È evidente che un'unità d'informazione di tipo "ogni pagina è la prima" è anche di tipo orientamento, ma non tutte le unità d'informazione di tipo orientamento sono necessariamente di tipo "ogni pagina è la prima". Ci sono unità d'informazione di tipo orientamento fatte per essere lette, o almeno esplorate, secondo una sequenza o una gerarchia specifica, che fornisce il loro contesto, in parte o completamente.

Potete trovare spesso unità d'informazione di tipo orientamento di questo genere negli help online, specialmente se sono creati con un software specifico per help online (HAT, *help authoring tool*). Si potrebbe pensare a questo genere di unità d'informazione di tipo orientamento come a delle carte da gioco, che sono sì pezzi singoli, ma hanno senso come parte di un mazzo e hanno un posto preciso fra le altre carte in base al numero, al valore e al seme. Possono essere usate secondo diversi ordinamenti e combinazioni ma, separate dal mazzo, gli manca parte del contesto che dà loro un significato.

Le unità d'informazione di tipo "ogni pagina è la prima"

Le unità d'informazione di tipo "ogni pagina è la prima" sono unità d'informazione di tipo orientamento fatte per funzionare in maniera autonoma, senza relazioni di dipendenza da una struttura di tipo gerarchico. Le unità d'informazione di questo tipo funzionano bene in ogni caso, indipendentemente da come il lettore le raggiunge. Nel post dal titolo "It's help, but not (quite) as we know it" ("È un help, ma non (proprio) come ce lo aspettiamo")[20] pubblicato sul suo blog, Scott Nesbitt elogia il modo in cui è fatta la documentazione di Google per Chrome:

> Una delle prime cose che ho notato è il modo in cui la documentazione viene descritta. Articoli di help. Sì, articoli, e non documentazione o manuale utente o help online. È una distinzione molto sottile (o forse no). Ma è una distinzione che può avere una forte valenza psicologica.

Cambia il significato di autonomia relativo ad un'unità d'informazione. Un articolo lo si può leggere da solo. Non fa parte di un manuale più ampio. È indipendente non solo perché è separato, ma perché ha senso autonomamente.

Nesbitt continua:

> Chiedete alla gente in quale modo imparano ad usare un software o l'hardware e scommetto che la maggioranza di loro diranno che non usano la cosiddetta "documentazione ufficiale". La maggior parte usa i motori di ricerca o siti web come Lifehacker, eHow e Make Tech Easier.
>
> Presentando la documentazione come una serie di articoli, Google, di proposito o no, mette la documentazione dei suoi prodotti sullo stesso piano degli articoli pubblicati sui siti web che ho elencato nel paragrafo precedente.

Inoltre, come succede per la maggior parte delle risorse utili che si trovano sul web, quei siti web contengono articoli, post pubblicati su blog e forum e così via, ognuno dei quali ha senso autonomamente.

Un'unità d'informazione di tipo "ogni pagina è la prima" è fatta per creare il suo proprio contesto e funzionare autonomamente. Questo non significa che le unità d'informazione di tipo "ogni pagina è la prima" non possano far parte di una serie, ma una tale serie tenderà ad essere strutturata secondo la logica bottom-up piuttosto che top-down. Si potrebbe pensare ad una serie di unità d'informazione di tipo "ogni pagina è la prima" come ad una scatola di macchinine giocattolo. Ogni macchinina è un giocattolo. Possiamo aggiungere una nuova macchinina alla scatola o toglierne una, ma comunque abbiamo una scatola di macchinine. E le singole macchinine continuano a fare il loro dovere.

Questo non significa che un'unità d'informazione deve essere parte di una serie organizzata secondo la logica bottom-up per essere di tipo "ogni pagina è la prima". Proprio perché è abbastanza autonoma da funzionare come prima pagina, un'unità d'informazione può continuare ad essere di tipo "ogni pagina è la prima" anche se è inserita in un sistema di help di tipo gerarchico o se è utilizzata come un modulo entro un libro. In effetti non è raro attualmente trovare sistemi di help che sono una combinazione di unità d'informazione di tipo "ogni pagina è la prima", unità d'informazione di tipo orientamento dipendenti da una struttura gerarchica e persino unità d'informazione di tipo modulare utilizzate da sole.

Allo stesso modo, non è scontato che le unità d'informazione di tipo modulare siano sempre usate per costruire libri. Potrebbero essere usate per costruire libri o unità d'informazione di tipo orientamento, comprese unità d'informazione di tipo "ogni pagina è la prima", o per costruire brochure, cataloghi o campagne di email marketing. La vera natura di un'unità d'informazione di tipo modulare consiste nel fatto che può essere usata per costruire diverse cose. Non è necessario scegliere fra unità d'informazione di tipo orientamento e unità d'informazione di tipo modulare. Basta avere una chiara comprensione di quale dei due si sta scrivendo o parlando, in una determinata occasione.

Fattori economici ed evoluzione delle unità d'informazione

In passato i comunicatori tecnici hanno cominciato a scrivere guide utente come fossero libri e sistemi di help come fossero serie di unità d'informazione di tipo orientamento. Purtroppo, a causa dei costi, questo approccio è risultato non sostenibile per molti, e i redattori hanno cominciato ad usare strumenti software che creavano sistemi di help *segmentando* una guida utente in base alla suddivisione in capitoli. Le unità d'informazione create in questo modo corrispondevano semplicemente alle parti del libro, prese separatamente, e i sistemi di help si riducevano ad essere una diversa struttura di navigazione della medesima guida utente.

In questa situazione era probabilmente inevitabile che la parola *topic* finisse per indicare un pezzo di libro (sebbene un'unità d'informazione intesa in tal senso non vada bene né come unità d'informazione di tipo modulare né come unità d'informazione di tipo orientamento). Per trovare nuovi modi di aumentare l'efficienza si è cominciato a pensare a come condividere i compiti di redazione e riutilizzare i contenuti nei diversi prodotti di comunicazione. I redattori hanno finito per considerare le unità d'informazione come mezzi più efficienti per la redazione e il riutilizzo.

Piuttosto che scrivere libri e poi spezzettarli in unità d'informazione avrebbero da quel momento scritto le unità d'informazione per poi riunirle in libri (ed altri prodotti di comunicazione).

DITA e Information Mapping

DITA[22] ha fissato questo uso del termine *topic* nel lessico della comunicazione tecnica. DITA è stato influenzato da Information Mapping[15], dal quale ha preso l'idea che un documento è come una mappa che mette in connessione tipi diversi di oggetti di contenuto. In Information Mapping gli oggetti di contenuto sono chiamati *blocchi*. I blocchi non sono concepiti come autonomi né si teorizza il loro riutilizzo. Sono semplicemente gli elementi che costituiscono un documento. La mappatura di un documento ha per scopo rendere più facile comprenderlo. Questo scopo viene perseguito scrivendo ogni blocco in maniera sintetica e chiara e collegando i diversi blocchi secondo il giusto ordine per rendere il risultato leggibile. Information Mapping è una filosofia progettuale per creare documenti attraverso l'uso di blocchi e mappe: il documento è il risultato finale, non rappresenta né la mappa né il blocco.

DITA ha cambiato la terminologia ed ha spostato il focus. I blocchi sono diventati *topic* e i sei tipi principali di blocco di Information Mapping (*concept*, *procedure*, *process*, *principle*, *fact* e *structure*) sono stati ricondotti a tre tipi di base delle unità d'informazione (*concept*, *task* e *reference*) Le mappe sono passate da essere una filosofia progettuale ad un metodo per assemblare i libri (o altri prodotti di comunicazione) a partire di unità d'informazione di tipo modulare, o, in alternativa, per strutturare in maniera gerarchica una serie di unità d'informazione di tipo orientamento.

DITA, in effetti, non specifica se le sue unità d'informazione devono avere la caratteristica di essere modulari o orientative; nella pratica, le troverete usate in entrambi i modi, sia come moduli che costituiscono un libro sia come singole unità d'informazione in un sistema di help.

Le unità d'informazione e il web

Mentre tutto ciò stava accadendo nel mondo della comunicazione tecnica, il web stava diventando il più grande raggruppamento disponibile di unità d'informazione di tipo "ogni pagina è la prima". Queste unità d'informazione non facevano parte di libri o di sistemi di help. Erano nodi di una rete ipertestuale estesa a tutto il mondo. Erano interconnessi e predisposti per le ricerche, cosicché le persone li potessero trovare e utilizzare secondo le necessità. Le unità d'informazione di tipo "ogni pagina è la prima" rappresentano la forma tipica e preponderante delle unità d'informazione sul web.

La comunicazione tecnica stessa è stata una delle prime e più vivaci forme assunte dal contenuto inserito sul web. Prima che venisse creato il web, Usenet era un ampio insieme di gruppi di discussione che si occupavano di ogni argomento tecnico immaginabile e diede la nascita a quell'idea delle FAQ che oggi adoriamo e di cui abusiamo.[2] Questa tradizione di comunicazione tecnica condivisa continua sul web in innumerevoli forme, come blog tecnici, siti di domande e risposte e riviste online, tutti casi in cui sono presenti unità d'informazione di tipo "ogni pagina è a prima". Ciò che mancava totalmente a questa enorme quantità di comunicazione tecnica creata sul web era un qualsiasi contributo da parte di qualcuno che facesse il redattore tecnico di professione. Mentre utenti, esperti ed ingegneri scrivevano sul web migliaia di unità d'informazione di tipo "ogni pagina è la prima", la documentazione tecnica ufficiale continuava ad esistere sotto forma di libri e di sistemi di help disconnessi.

Al giorno d'oggi sono sempre più numerosi i redattori tecnici che pubblicano contenuti sul web, ma spesso lo fanno sotto forma di libri in PDF o di sistemi di help piuttosto che nella forma di contenuti concepiti e creati per funzionare sul web. In anni recenti l'interesse crescente per i wiki ha in qualche misura cambiato le cose. I wiki sono un mezzo di comunicazione di tipo "ogni pagina è la prima" per loro natura e ci sono aziende che li stanno usando per la documentazione tecnica. Inoltre le aziende nate sul web tendono a creare documentazione basata sul web sin dall'inizio (e spesso solo in quella forma), e il loro numero crescente aiuta a fare la differenza. Possiamo perciò dire che oggi c'è un considerevole afflusso di comunicazione tecnica professionale in direzione di una scrittura concepita per il web in quanto mezzo di comunicazione ipertestuale. Man mano che andiamo in questa direzione dobbiamo concepire le unità d'informazione come mezzi di orientamento ed ogni unità d'informazione come una potenziale prima pagina per qualsiasi lettore.

Ogni pagina è la prima anche se il lettore ne legge più di una

Dire che ogni pagina è la prima non significa affermare che quella pagina è la prima che il lettore ha letto oggi e neppure che il lettore leggerà una sola pagina per ogni singola cosa che deve fare.

---

[2] Al tempo di Usenet le FAQ erano, per essere precisi, raccolte delle domande più frequenti in un certo newsgroup con le risposte ritenute migliori.

Il significato è che, ogni volta che il lettore approda ad una nuova unità d'informazione, quella unità d'informazione è di nuovo una prima pagina, così come, quando mettiamo da parte un libro e ne prendiamo un altro, la prima pagina di quest'ultimo è di nuovo una prima pagina. Dato che il lettore va dove gli pare il redattore non può stabilire quale sarà la pagina due o tre. Il lettore salta qua e là e accetta di ricominciare in ogni unità d'informazione. Non importa quante siano le unità d'informazione in cui si imbatte: ognuna di quelle pagine è sempre la prima.

Le caratteristiche delle unità d'informazione di tipo "ogni pagina è la prima"

Nei prossimi capitoli vedremo in dettaglio le principali caratteristiche delle unità d'informazione di tipo "ogni pagina è la prima". Ecco una rapida rassegna per fissare i punti principali:

- **Autonomia.** L'unità d'informazione è autonoma. Non è legata ad un'unità d'informazione precedente né ad una seguente. Essa fa però affidamento sulle altre informazioni disponibili nel contesto per supporto e approfondimenti.

- **Scopo specifico e delimitato.** L'unità d'informazione ha uno scopo specifico e delimitato con precisione. Lo scopo dell'unità d'informazione ha una forte correlazione con lo scopo della persona che la legge, ma le due cose non si identificano. Ogni unità d'informazione deve essere utile a diversi lettori ed è pensata per tutti, non per il singolo.

- **Conformità ad un modello.** Possiamo affermare che, a differenza del contenuto esteso di un libro, le unità d'informazione di tipo "ogni pagina è la prima" sembrano adeguarsi per loro natura a certi modelli la cui definizione è abbastanza precisa e che sono spesso il risultato di un processo collettivo che ha individuato il modo migliore di elaborare argomenti di un certo tipo. Il modello di un'unità d'informazione si basa sul suo scopo: il modello definisce quali informazioni sono necessarie per raggiungere lo scopo.

- **Contestualizzazione: il lettore può approdare all'unità d'informazione da ogni dove.** L'unità d'informazione deve stabilire qual è la propria collocazione nel contesto del mondo reale, cosicché il lettore sappia in che contesto è finito e cosa può ottenere.

- **Il lettore deve essere considerato come competente.** L'unità d'informazione presuppone che il proprio lettore sia competente a raggiungere lo scopo specifico e delimitato dell'unità d'informazione stessa. I lettori che non sono abbastanza competenti possono leggere altre unità d'informazione per procurarsi le informazioni di cui hanno bisogno.

- **Mantenersi su un unico livello.** I libri di solito cambiano livello di astrazione e di dettaglio nel corso del loro sviluppo. Però i lettori che sono a caccia di informazioni preferiscono scegliere da sé se immergersi nei dettagli o rimanere ad un livello generale. Un'unità d'informazione di tipo "ogni pagina è la prima" rimane su un solo livello e dà la possibilità al lettore di cambiare livello a piacimento cambiando unità d'informazione.

■ **Abbondanza di collegamenti ipertestuali.** L'unità d'informazione è pensata per favorire un efficace foraggiamento delle informazioni. A questo fine essa abbonda di collegamenti ipertestuali lungo le linee dell'affinità di contenuto per aiutare il lettore a seguire l'odore delle informazioni.

Le unità d'informazione di tipo "ogni pagina è la prima" sono autonome

Quando gli si chiede di dare una definizione del concetto di "unità d'informazione" quasi tutti i professionisti usano lo stesso aggettivo: "autonoma". Però, come abbiamo visto nel Capitolo 6, il significato di "autonoma" dipende da cosa si intende per unità d'informazione. Nel caso delle unità d'informazione di tipo "ogni pagina è la prima", "autonoma" significa propriamente "autosufficiente".

Vediamo un esempio. Uno dei più ovvi è una ricetta, come quella dei Mac & Cheese al dragoncello dell'Esempio 7.1, «La ricetta dei Mac & Cheese al dragoncello».

Questa ricetta comprende diverse parti: il titolo, l'introduzione, la lista degli ingredienti, le istruzioni, le porzioni e le note. Ognuna di queste parti potrebbe essere autonoma, considerata come un modulo. Per esempio, l'introduzione è completa dal punto di vista grammaticale (è possibile leggerla e comprenderne il senso) e strutturale (è un paragrafo). Ma, di per sé, non è sufficiente per passare all'azione. Non è possibile preparare i Mac & Cheese al dragoncello leggendo solo l'introduzione.

Per essere utile la ricetta deve essere completa di ogni parte. Certo, alcune parti possono essere considerate opzionali. Non c'è bisogno della fotografia, non più di quanto sia necessario che i sedili siano riscaldati per far funzionare un'auto. Però le parti opzionali, come la fotografia e l'introduzione, rendono il lavoro piacevole.

Se conoscete DITA e i suoi diversi tipi di unità d'informazione (*concept*, *task* e *reference*), potreste distinguere diverse unità d'informazione all'interno di questa ricetta. Non tutti gli esperti di DITA coi quali ho parlato sono d'accordo sul modo di dividere una ricetta secondo le unità d'informazione di DITA; qualcuno tende a considerarla come un'unica unità d'informazione. Comunque, in generale, l'introduzione è considerata un *concept*, la lista degli ingredienti una *reference* e le istruzioni un *task*. Queste unità d'informazione sarebbero i moduli di una ricetta, ovvero unità d'informazione di tipo modulare.

Esempio 7.1. La ricetta dei Mac & Cheese al dragoncello

Mac & Cheese al dragoncello

Dopo aver mangiato questo o quel piatto gustoso (ne assaggio talmente tanti che non ne tengo il conto) volevo riprodurre una combinazione di aglio e dragoncello. Non la si può certo definire una combinazione inusuale, ma ho deciso di variare in questa direzione la ricetta che stavo seguendo della pasta al forno al formaggio di *Good Eats* (N.d.T.: trasmissione televisiva americana di cucina). Il dragoncello aggiunge un delizioso retrogusto dolce che trasforma quella che sarebbe altrimenti una fantastica pasta e formaggio in qualcosa di leggermente esotico.

Ingredienti:

- 450 grammi di gomiti
- 3 cucchiai di burro
- 3 cucchiai di farina
- 1 cucchiaio di senape in polvere
- 1 cucchiaio di aglio in polvere
- 3 tazze di latte
- 1/2 tazza di cipolla dorata, tagliata a cubetti
- 1/2 cucchiaino da tè di dragoncello, fresco o in polvere
- 1 uovo grande
- 170 grammi di formaggio cheddar stagionato grattato
- 280 grammi di formaggio Colby grattato
- 1 cucchiaio da tè di sale grosso
- pepe nero in grani

Guarnizione:

- 3 cucchiai di burro
- I tazza di pangrattato di mollica

Istruzioni:

Forno a 180 gradi.

Cuocete la pasta. Ricordate: cuocerà un altro po', quindi lasciatela al dente.

Versate il burro di guarnizione in una padella e aggiungete il pangrattato. Mettetelo da parte.

Prendete i 3 cucchiai di burro e versatelo in una casseruola larga. Aggiungete le cipolle e fate soffriggere. Aggiungete la farina e mescolate con la frusta per qualche minuto, finché si sente un odore di nocciola o la farina comincia ad assumere una sfumatura di brunito. Aggiungete latte, erbe aromatiche, spezie e sale. Cuocete a fuoco lento per 10 minuti. Assaggiate e aggiungete sale se la besciamella è poco saporita.

Rompete l'uovo in una piccola ciotola e versate un pochino di besciamella per stemperare l'uovo. Mescolate e versate nella casseruola. Aggiungete i 2/3 del formaggio. Aggiungete i gomiti nella salsa al formaggio e versate il tutto in una teglia da forno di circa 20x30 cm, o in una casseruola rotonda profonda circa 20 cm o usando il contenitore più adatto. Di solito io uso casseruole in pyrex, perché sono dotate di un coperchio e di una scatola utili per portarli alle feste.

Ricoprite col formaggio rimanente e, sopra questo, aggiungete il pangrattato col burro.

Cuocete per 30 minuti. Se, per qualsiasi ragione, il pangrattato non è dorato a puntino, rimettete in forno.

Se vi sentite determinati, lasciate riposare qualche minuto prima di mangiare. Io di solito lo faccio. Per il bis.

(Per 6 persone)

— *The Food Geek*[11]

Chiedersi se l'approccio modulare sia il modo migliore di gestire i vostri contenuti è una questione che va al di là dell'argomento di questo libro. Tuttavia, di sicuro fornire l'introduzione, gli ingredienti e le istruzioni separatamente non è utile per il lettore. Se avete intenzione di gestire separatamente queste diverse parti, qualunque sia la vostra motivazione, dovrete rimetterle assieme prima di darle al lettore.

Per lo stesso motivo non ci interessa in questa sede stabilire se l'unità d'informazione, o una qualsiasi delle parti che la compongono, sia adatta ad essere riutilizzata. L'unica cosa che ci interessa è se l'unità d'informazione (cioè la ricetta presa tutta intera) sia utilizzabile, e non se sia riutilizzabile. (Riguardo al tema del riutilizzo nel caso delle unità d'informazione di tipo "ogni pagina è la prima" avrò altro da dire nel Capitolo 21.)

Autonoma, ma non isolato

Dire che un'unità d'informazione è autonoma significa che non è pensata per aver senso solo se fa parte di un qualche prodotto informativo più ampio. È però anche vero che da un'unità d'informazione neanche ci si aspetta che funzioni in un deserto di informazioni. In effetti molte delle unità d'informazione che si trovano online devono la loro utilità proprio al fatto che possiamo evidenziare una parola o un concetto che non capiamo e cliccare "Cerca su Google" per avere altre informazioni.

Immaginate di essere alle prese con la ricetta dei Mac & Cheese al dragoncello (Esempio 7.1, «La ricetta dei Mac & Cheese al dragoncello») e di non sapere come fare a cuocere la pasta. Fate una ricerca con "cuocere la pasta" e trovate un bel po' di indicazioni. Cuocere la pasta non è una cosa speciale e si può imparare da molte fonti. La ricetta non fa affidamento su nessuna unità d'informazione specifica per assicurarsi che il lettore sia in grado di imparare a cuocere la pasta. Piuttosto si affida in generale al contesto informativo relativo all'arte culinaria. Cucinare è in questo caso un'attività che ha luogo nel contesto del web.

In conclusione, un'unità d'informazione è autonoma non perché sia pienamente autosufficiente, ma perché esiste in un ricco contesto informativo sul quale il lettore può contare per estendere la propria comprensione.

L'odore di informazioni delle unità d'informazione autonome

Un buon odore di informazioni aumenta le possibilità di farsi trovare. Assicuratevi che le vostre unità d'informazione siano autonome e sarà più facile dar loro il giusto odore.

Non c'è nulla di peggio di seguire il profumo di una pizza nella sala da pranzo per accorgersi alla fine che sono rimaste solo le briciole. L'odore di pizza è dappertutto. Già vi immaginate una bella pizza pronta, e invece non ce n'è. Solo briciole. E ve ne andate frustrati e ancora affamati.

Questo è quello che può succedere quando si cercano contenuti tecnici sul web o in un sistema di help chiuso. Sulle prime sembra di aver trovato una buona indicazione ma, dopo averla cliccata, ottenete appena un paio di paragrafi introduttivi o una procedura astrusa che non siete sicuri faccia al caso vostro.

Spesso, ciò che avete trovato è un frammento di un libro che è stato fatto a pezzi per creare un sistema di help, oppure un'unità d'informazione modulare isolata. Le informazioni che vi servono magari sono nei pressi, per cui magari provate a seguire i collegamenti ipertestuali all'indietro o in avanti, ma se siete finiti nell'introduzione di un capitolo il grosso delle informazioni potrebbe trovarsi a parecchi clic di distanza. Se poi siete capitati in una procedura isolata, potrebbero essere necessari un bel po' di clic indietro per capire il suo contesto.

Un'unità d'informazione ben fatta ed anche autonoma costituisce un pasto completo per chi cerca ed ha fame di informazioni.

Le unità d'informazione di tipo "ogni pagina è la prima" hanno uno scopo specifico e delimitato

Se un'unità d'informazione deve essere autonoma, dobbiamo essere in grado di fissarne i confini. Per verificare se un'unità d'informazione è autonoma occorre sapere qual è il suo scopo. Un'unità d'informazione deve avere uno scopo specifico.

L'estensione di un'unità d'informazione

Un'unità d'informazione talvolta viene descritta come una risposta data ad una precisa domanda. Una risposta però può essere troppo semplice e selettiva. "42" e "Parigi" sono risposte a domande specifiche, ma non sono utili come unità d'informazione. Inoltre: se un'unità d'informazione desse risposta a diverse domande, dovremmo suddividerla in parti, non importa quanto piccole, fino a rispondere a singole domande? L'unità d'informazione che ne ricaveremmo sarebbe utile? E cosa dovremmo fare se per portare a termine un'operazione è necessario rispondere ad una serie di domande? A quante domande risponde la ricetta dei Mac & Cheese al dragoncello?

Tom Johnson ha esaminato nel suo blog i punti deboli dell'utilizzo delle domande come criterio per stabilire quanto un'unità d'informazione debba essere estesa, nel post "Why Long Topics Are Better for the User[1]" ("Perché unità d'informazione estese sono la cosa migliore per l'utente").

> Che cos'è una buona domanda? Le domande possono variare da un registro basso ad uno alto, dall'essere molto specifiche e terra-terra fino ad un livello astratto e concettuale. A certe domande si può rispondere in una riga (per esempio: Quanti metri ci sono in un chilometro?), mentre ad altre con un trattato di 300 pagine (per esempio: Qual è stata l'influenza di Chaucer sul Rinascimento?).
>
> In altre parole, è possibile formulare la domanda in modo tale da adattarsi a qualsiasi lunghezza dell'unità d'informazione.

---

[1] http://idratherbewriting.com/2013/05/06/why-long-topics-are-better-for-the-user/

> Però, se si riesce a formulare una domanda interessante (o perlomeno pertinente rispetto agli interessi pratici dell'utente), una tale domanda si merita abbastanza informazioni da giustificare un'unità d'informazione di estensione adeguata.

Tom tenta di risolvere la questione distinguendo fra buone domande e cattive domande. Ma che cos'è una buona domanda? Tom suggerisce che una buona domanda è "una domanda pertinente nell'ambito degli interessi pratici dell'utente". L'ambito degli interessi pratici dell'utente è lo scopo che l'utente sta cercando di perseguire.

Scopo indica un'unità di lavoro. Se chiediamo alle persone quale sia il loro scopo, otterremo una risposta a misura delle attività umane. Tutto ciò che sta sotto questo livello è probabilmente troppo selettivo.

Nei siti web che riportano liste di domande frequenti si può osservare quanto le domande possano essere inadeguate per definire l'estensione di un'unità d'informazione. In molti casi chi fa la domanda l'ha formulata in modo vago e generico, oppure in modo molto specifico ma senza spiegare il contesto, e chi ha risposto lo ha fatto scrivendo qualcosa come "Cosa stai cercando di fare?". Prima di riuscire a rispondere, qui il problema è capire lo scopo di chi ha fatto la domanda. Si può rispondere correttamente ad una domanda solo nel contesto di uno scopo specifico.[2]

La scrittura orientata all'azione

Scrivere un'unità d'informazione a servizio dello scopo del lettore è un tipo di scrittura orientata all'azione. La scrittura orientata all'azione viene di solito definita in opposizione alla scrittura orientata alle funzionalità: "Descrivi le azioni dell'utente, non le funzionalità del prodotto". Questa impostazione può indurre i redattori a pensare che non dovrebbero proprio citare le funzionalità del prodotto o che non dovrebbero mai descrivere le azioni degli utenti in termini di funzionalità del prodotto. Queste intenzioni possono sembrare le migliori quando sono enunciate in generale, ma i redattori ben presto si rendono conto che sono impossibili da attuare.

Credo che l'equivoco derivi dalla mancata distinzione fra *motivazione* e *scopo*. La motivazione è il perché qualcuno vuole portare a termine un'azione. Lo scopo è il piano di quella persona per portare a termine l'azione e soddisfare la motivazione. Siamo una specie che utilizza strumenti.

---

[2] Naturalmente ci sono domande che chiedono semplicemente precise informazioni, per esempio "Che ora è?". A queste domande si può rispondere senza tener conto del motivo per cui sono fatte. Ma, poiché domande del genere sono puntuali, esse non sono oggetto di unità d'informazione.

Quando stabiliamo un piano d'azione esso di solito implica l'uso di strumenti. È assai raro che il lettore si rivolga alla documentazione tecnica, o a Google, per fare domande astratte. È invece alla ricerca di informazioni specifiche che gli spieghino come attuare il suo piano, e spesso le sue ricerche citano gli strumenti.

Gli strumenti non sono separati dalle azioni. Piuttosto, gli strumenti identificano un'impostazione o un modo per eseguire un compito e, se si usa regolarmente un certo strumento, lo strumento stesso e i modi di lavorare che comporta vengono da noi inclusi nel modo in cui concepiamo l'azione in sé.

Quando John Carroll ha cercato un modo per aiutare il lettore a comprendere i concetti dei programmi di elaborazione testi, ha riformulato le istruzioni con termini che il lettore già conosceva, per esempio usando titoli come "Battere a macchina qualcosa"[8]. Notate che non ha usato l'espressione "Scrivere qualcosa", che è astratta e indipendente dallo strumento, ma un'espressione relativa ad uno strumento che il lettore conosceva già: la macchina da scrivere. Il lettore non pensa ai propri compiti come fini astratti, ma in termini di strumenti e processi che vengono adottati per perseguire tali fini.

Le interfacce grafiche dei computer hanno sfruttato questa caratteristica sin dall'inizio, con generiche metafore sul tema della scrivania e metafore più precise che fanno riferimento a strumenti concreti, come schedari, blocchi per appunti e forbici. Questo linguaggio è ora diventato un linguaggio dell'informatica, separato in vario grado dagli strumenti concreti su cui si basano i suoi termini.

In breve, non si può parlare delle azioni dell'utente senza parlare degli strumenti che egli usa.

Questo è uno dei motivi per cui documentare un nuovo strumento è una vera e propria sfida. Gli strumenti che usiamo modellano la nostra comprensione dei nostri compiti a tal punto che è difficile separare un compito dallo strumento che stiamo usando per completarlo. Chiunque ha cercato una soluzione ad una richiesta di proposta tecnica si è probabilmente sentito frustrato dai requisiti scritti nei termini relativi agli strumenti già a disposizione del cliente e secondo i processi cresciuti attorno a tali strumenti. Può essere difficile promuovere uno strumento che elimina responsabilità e semplifica i processi quando i termini della richiesta di proposta chiedono di supportare quelle responsabilità e quei processi.

Una delle principali difficoltà quando si vuole far passare un redattore tecnico dal desktop publishing alla redazione strutturata è convincerlo a rinunciare al controllo del risultato impaginato finale. Il redattore continuerà a cercare un modo per dare indicazioni di layout, persino quando usa linguaggi di marcatura che sono stati progettati appositamente per evitare di occuparsi del layout. Egli concepisce i propri compiti nei termini delle responsabilità conseguenti agli strumenti usati precedentemente.

Gli utenti danno forma ai propri scopi nel contesto degli strumenti e dei processi che adottano. Man mano che imparano ad usare gli strumenti le loro richieste diventano più specifiche e imperniate sui loro strumenti, e quando cambiano strumento il loro linguaggio tende ad assimilarsi al nuovo strumento e a distanziarsi dal vecchio. Ma, per quanto gli strumenti cambino, gli utenti non separano i loro scopi dai loro strumenti.

Scopi derivati

Il lettore non solo non formula sempre le sue richieste nei termini della motivazione originaria, ma neppure sempre le esprime nei termini dello scopo complessivo. In molti casi egli formula le richieste nei termini di quello che potremmo chiamare *scopo derivato*.

Esiste un intero sottogenere di racconti d'avventura che consiste in una ricerca al fine di assemblare le parti di una chiave. La principessa è prigioniera nel castello. La chiave che apre le porte del castello è stata fatta a pezzi e le sue parti sono state disperse ai confini della Terra. La motivazione dell'eroe è sposare la principessa. Il suo scopo, per arrivare all'obiettivo, è aprire le porte del castello. Per raggiungere questo scopo egli deve per prima cosa trovare tutti i pezzi della chiave. La ricerca di ogni pezzo diventa una storia a sé, ovvero uno scopo derivato.

Il modo in cui viene descritto lo scopo derivato è spesso determinato dalla storia più ampia in cui si inquadra. Nel prologo della serie, il principe impara da un vecchio saggio la storia della chiusura delle porte e della dispersione della chiave. Il principe descrive poi la sua prima ricerca come "la ricerca della chiave ad ovest". Il principe ha appreso il nome delle cose nella sua ricerca principale ed usa gli stessi nomi nelle ricerche derivate.

Allo stesso modo, un lettore arriva spesso alla documentazione con in mente uno scopo derivato espresso nei termini delle funzionalità del prodotto, poiché si è imbattuto in tali funzionalità mentre perseguiva il suo scopo principale.

Perciò lo scopo non può essere disgiunto dalle funzionalità. Nella documentazione ciò che fa la differenza fra l'approccio orientato all'azione e quello orientato alle funzionalità non è l'oggetto della trattazione in sé, ma le informazioni che si sceglie di dare riguardo ad esso. La documentazione orientata alle funzionalità contiene le informazioni note riguardo ad una certa funzionalità, indipendentemente dal fatto che siano utili o no. La documentazione orientata all'azione contiene informazioni sulle funzionalità in quanto aiutano l'utente a portare a termine dei compiti.

Definire lo scopo di un'unità d'informazione

Nell'Esempio 7.1, «La ricetta dei Mac & Cheese al dragoncello», lo scopo specifico e delimitato è istruire un cuoco provetto su come si preparano i Mac & Cheese al dragoncello. Lo scopo è specifico e nettamente definito: prepara questo piatto. Non insegna tecniche di base di cucina. Per imparare a cuocere i gomiti ci si rivolge altrove. La ricetta non insegna la storia del formaggio o la biologia evolutiva del dragoncello. Si occupa di come cucinare i Mac & Cheese al dragoncello e nient'altro.

L'Esempio 8.1, «Indice della pagina "Utilizzare i Temi" del Codex di WordPress», è l'indice dell'unità d'informazione "Utilizzare i Temi" presente nel Codex di WordPress (N.d.T.: il Codex è il manuale online di WordPress). Questa è un'unità d'informazione di tipo "ogni pagina è la prima" e il suo scopo è istruire il lettore su come si usano i temi di WordPress. Questo è evidentemente uno scopo derivato. La motivazione del lettore è probabilmente qualcosa come "aumentare le vendite" e lo scopo immediato è rendere il sito web più bello e funzionale. Ad un certo punto questa persona ha saputo che si possono usare i temi per fare in modo che un sito web fatto con WordPress abbia l'aspetto desiderato (forse l'ha saputo da un'unità d'informazione dedicata all'argomento di rendere un sito web più bello e funzionale) e, sapendo questo, è passato allo scopo derivato di applicare un nuovo tema al sito web.

Esempio 8.1. Indice della pagina "Utilizzare i Temi" del Codex di WordPress

Utilizzare i Temi
   Cos'è un Tema?
   Ottenere Nuovi Temi
   Utilizzare i Temi
   Aggiungere Nuovi Temi
      Aggiungere Nuovi Temi usando il Pannello di Amministrazione
      Aggiungere Nuovi Temi usando cPanel
      Aggiungere Nuovi Temi Manualmente (FTP)
   Scegliere il Tema Corrente
   Creare i temi

Come nel caso della ricetta dei Mac & Cheese al dragoncello, questa unità d'informazione è autonoma nel senso che funziona presa da sola. Non è necessario leggere qualche altra unità d'informazione prima o dopo. Se fate una ricerca con "temi di WordPress" potreste finire direttamente su questa pagina senza passare dalla pagina principale del Codex di WordPress, e potreste anche non sapere di trovarvi nel Codex.

Notate che questa unità d'informazione contiene almeno quattro procedure, più tre procedure alternative su come si aggiunge un tema. Se volete usare un tema nel vostro sito web, la scelta di una di queste tre opzioni fa parte di un singolo passo. Inoltre per usare un tema dovete prima installarlo e attivarlo. Trattare queste procedure in unità d'informazione separate non sarebbe stato d'aiuto per completare il compito. Il fatto di separare le quattro procedure in file diversi potrebbe aiutare il redattore a gestire l'aggiornamento del contenuto, ma un'unità d'informazione che consistesse unicamente della procedura per installare un tema manualmente, senza le procedure per trovarlo e attivarlo, probabilmente non sarebbe d'aiuto per la maggior parte degli utenti.

Se però l'unità d'informazione include tutte queste informazioni, riesce a soddisfare allo stesso tempo l'esigenza di avere uno scopo specifico e delimitato? La risposta è: sì. Il suo scopo è mettere il lettore nelle condizioni di usare i temi di WordPress. Essa contiene le informazioni essenziali di cui l'utente ha bisogno per trovare, installare e attivare un tema. Questo è uno scopo ragionevole, che corrisponde ad un compito reale che l'utente medio potrebbe voler eseguire.

Sia la ricetta dei Mac & Cheese al dragoncello sia l'unità d'informazione "Utilizzare i Temi" funzionano entro limiti ben definiti. Entrambe le unità d'informazione citano argomenti supplementari che potrebbero riguardare qualche lettore e l'unità d'informazione "Utilizzare i Temi" abbonda in collegamenti ipertestuali ad argomenti del genere (cPanel, client FTP, il Pannello di amministrazione eccetera). Nessuna delle due unità d'informazione però devia dal proprio scopo. Ciascuna delle due fa il proprio lavoro e lascia il resto ad altre unità d'informazione.

Scopo delle unità d'informazione *versus* scopo dell'utente

Ho citato sopra il diffuso equivoco secondo cui lo scopo dell'utente non dovrebbe essere espresso nei termini delle funzionalità del prodotto. Ora passerò a trattare un altro equivoco legato al primo, cioè che lo scopo di un'unità d'informazione è assimilabile allo scopo del lettore. Lo scopo di un'unità d'informazione è essere al servizio dello scopo del lettore. Ciò tuttavia non significa che una certa unità d'informazione corrisponda in maniera personalizzata all'intero scopo di uno specifico lettore considerato come individuo.

Un taxi viene a prendervi a casa e vi porta a destinazione, con un servizio personalizzato col quale potete anche chiedere ogni deviazione che volete. Questo è quello che qualsiasi redattore amerebbe poter fare per ogni suo singolo lettore. In pratica, però, questo non è possibile.

Nel caso di prodotti che hanno poche funzionalità, semplici, ben definite e usate da sole, potrebbe essere possibile creare una serie di esaurienti unità d'informazione che si avvicinino a tale ideale. La maggior parte dei prodotti, però, hanno una tale quantità di funzionalità e di possibili utenti che è impossibile documentare tutti i casi d'uso.

In questo caso sono necessarie unità d'informazione generiche che siano d'aiuto per gli scopi complessivi di più utenti. In altre parole, le unità d'informazione dovranno essere più simili ad un autobus pubblico che ad un taxi. Dovranno far salire i lettori in un punto di partenza che abbia senso e farli scendere in un punto di arrivo che abbia anch'esso senso, ma non c'è bisogno che viaggino fra la casa e lo specifico punto di arrivo di ogni lettore.

Le unità d'informazione di tipo "ogni pagina è la prima" sono al servizio di molti lettori e fanno salire il lettore nel punto più indicato. È compito del lettore presentarsi al punto di partenza. Le unità d'informazione danno per scontato che il lettore sia competente; ovvero, o pronto ad eseguire il compito subito o in grado di procurarsi ogni informazione preliminare necessaria. E comunque esse forniscono mezzi per spostarsi e altri tipi di connessioni attraverso collegamenti ipertestuali (vedi Capitolo 13).

Una serie di unità d'informazione correlate può fornire una efficiente rete di trasporto che permette a molti lettori diversi di completare i rispettivi compiti e allo stesso tempo condividere ogni tratto del percorso con altri lettori.

Un'unità d'informazione, quindi, può essere utile a perseguire uno scopo per molti lettori, ma tale scopo non si identifica necessariamente con lo scopo specifico che ogni lettore ha in ogni singolo caso. Si potrebbe essere tentati di immaginare di creare delle unità d'informazione a misura di ogni più piccola variante di uno scopo per ogni singolo utente ma, al di là dell'ovvio costo, c'è da dire che i motori di ricerca non distinguono molto bene piccole differenze di questo genere e che gli utenti potrebbero comunque fermarsi alla prima unità d'informazione passabile.

Una documentazione ben progettata è come un sistema di trasporto ben progettato, che permette ai passeggeri di percorrere i propri itinerari seguendo percorsi condivisi.

Scopo e ampiezza delle unità d'informazione

Una delle domande più frequenti fatte dai redattori è: quanto dovrebbe essere lunga un'unità d'informazione? In questi anni ho visto che, quando i redattori vengono introdotti per la prima volta al concetto di redazione basata sulle unità d'informazione, quasi sempre tendono a creare unità d'informazione troppo piccole per essere utili. Non appena scoprono quanto è facile distaccare un pezzo di testo da un altro, i redattori fanno allegramente a pezzi sempre più piccoli i loro contenuti.

Il risultato è una marea di piccoli frammenti che potrebbero essere considerati unità d'informazione (poiché sono completi dal punto di vista grammaticale e incentrati su un singolo concetto), ma fra i quali un lettore non saprebbe come spostarsi e dai quali non riuscirebbe a trarre informazioni significative. Quando si arriva a questo punto, ci sono tre modi per uscirne:

1. Arrendersi e tornare a scrivere libri.
2. Trovare il modo di mettere assieme i frammenti in qualcosa di più ampio.
3. Rimettere in discussione il concetto di unità d'informazione e creare delle linee guida per creare unità d'informazione che abbiano la giusta estensione e struttura per risultare utili al lettore.

Le prime due opzioni sono fin troppo a portata di mano delle radicate abitudini proprie della progettazione delle informazioni basate sul modello del libro, e spesso la scelta ricade su una di queste due. Questo libro, naturalmente, tratta della terza opzione.

La chiave per stabilire la giusta ampiezza di un'unità d'informazione di tipo "ogni pagina è la prima" è stabilire correttamente qual è lo scopo e poi scrivere un'unità d'informazione che soddisfi tale scopo. Concentrandosi sullo scopo si è costretti a dimensionare ogni unità d'informazione secondo le reali necessità, per fornire al lettore non solo le istruzioni per agire, ma anche i motivi e il contesto per farlo.

Il supporto alle decisioni e lo scopo del lettore

Fornire ragione e contesto per l'azione è in fondo un altro modo di dire "fornire supporto alle decisioni". I sistemi di supporto alle decisioni sono fra i più importanti strumenti del mondo degli affari di oggi. Sono sistemi anche complessi ma, essenzialmente, il loro ruolo è semplicemente di fornire alle persone le informazioni necessarie per prendere decisioni.

Nella comunicazione tecnica non si parla molto di supporto alle decisioni: parliamo di supporto all'azione. Inquadriamo la nostra professione come un modo per fornire alle persone le informazioni di cui hanno bisogno per eseguire i loro compiti. Sfortunatamente, spesso forniamo solo procedure per usare un macchinario. Un compito non è una procedura (ci tornerò sopra nel Capitolo 9). In molti casi, le informazioni di cui le persone hanno bisogno per eseguire i loro compiti non riguardano come si usano i macchinari, ma il supporto a quale decisione prendere. Non si tratta di "come premo il pulsante", ma di "quando e perché dovrei premere il pulsante e cosa succede se lo faccio".

Nel suo recente articolo su TechWhirl "Tips and Tricks: Getting from Obvious to Valuable Technical Content" ("Suggerimenti e trucchi: passare dalle ovvietà a contenuti tecnici di valore")[3] Ena Arel racconta del tipo di domande che si ritrova a farsi quando legge della documentazione:

> Mentre stavo leggendo mi ritrovai a chiedermi "Perché dovrei saperlo?", "Che significa alla fine questo termine e qual è l'impatto dell'idea che c'è dietro sull'uso che io faccio del prodotto?", "Perché hai usato il 4 in questo esempio? Dovrei usare questo valore anch'io? Come faccio a decidere il valore che dovrei usare?", "I risultati che mi mostri vanno bene? Perché sì o perché no?"
> —"Tips and Tricks: Getting from Obvious to Valuable Technical Content"[3]

Nessuna di queste domande riguarda il semplice premere un pulsante. Riguardano tutte il processo di prendere decisioni. Tom Johnson dice più o meno la stessa cosa sul suo blog, nel post "Misconceptions about Topic-Based Authoring" ("Le idee sbagliate sulla redazione basata sulle unità d'informazione"):

> Il vero cuore delle istruzioni tecniche non sta nelle informazioni passo passo su come fare qualcosa. Sta nella comprensione dei concetti e di come essi funzionino assieme per portare ad un fine. Questa attenzione alla interconnessione funzionale delle parti dal punto di vista concettuale dovrebbe essere alla base del modo di fare redazione tecnica, dal punto di vista sia del lettore sia del redattore. Le procedure sono più simili a note a piè di pagina. Non appena l'utente comprende il perché e il cosa e il chi e il dove, il come diventa semplicemente un dettaglio triviale.
> — "Misconceptions about Topic-Based Authoring"[3]

---

3 http://idratherbewriting.com/2012/07/31/misconceptions-about-topic-based-authoring/

C'è troppa documentazione che si occupa solo delle procedure pratiche, senza fornire alcun aiuto per prendere le decisioni richieste per eseguire il compito.

Non sto dicendo che non c'è mai bisogno di documentare le procedure pratiche. Ho passato anni a scrivere per sviluppatori di sofware e so che, nel caso di molti programmi, occorre documentare in maniera precisa i dettagli della sintassi dei comandi. Lo stesso vale per altri tipi di documentazione. Però il punto è che documentare le procedure non è mai sufficiente. La parte più tosta è dare supporto alle decisioni che gli utenti devono prendere, grandi o piccole che siano.

Intendiamoci, non sto dicendo che bisogna dire agli utenti quale decisione devono prendere. È una cosa che dipende dalla situazione. Ecco quel che intendo: documentare il contesto, informare gli utenti sulle decisioni che devono prendere e renderli consapevoli delle conseguenze, e guidarli, nel limite del possibile, verso risorse e materiali di consultazione che li possano aiutare nel prendere tali decisioni. Significa fornire risposte a domande come queste:

- Dove sono elencati i valori validi per questo campo?
- Qual è il significato di ognuno dei valori del campo?
- Come cambia il sistema in base a questo settaggio?
- Questo settaggio fa parte di una serie di settaggi che vengono usati per ottenere un qualche risultato a livello di sistema?
- Quali altri effetti sono causati dal settaggio di un certo valore? Se si cambia il settaggio, ci sono conseguenze da tenere presente a livello di efficienza, possibilità di accesso e sicurezza?
- Il settaggio dovrebbe corrispondere ad un qualche altro valore del sistema? Se è così, qual è il valore e quale dei due è quello principale e quale il derivato?
- Ci sono altre considerazioni da tenere presente prima di scegliere il valore del settaggio?
- Il sistema farà un controllo sul settaggio? Come faccio a verificare se il settaggio è corretto?
- Il settaggio che scelgo dipende da altre operazioni effettuate da altri utenti e, se è così, cosa devo chiedergli prima di procedere a cambiarlo?
- Posso cambiare il settaggio in un secondo momento, o potrebbero esserci conseguenze irreversibili?
- Il settaggio potrebbe causare perdite di dati o cambiamenti nel modo in cui i dati sono trattati?
- Chi altri potrebbe subire conseguenze da questo settaggio e quali informazioni devo dargli per permettere loro di prendere le decisioni corrette riguardo alle parti del sistema che li riguardano?
- In quale modo il settaggio è influenzato dai componenti opzionali?

Un'unità d'informazione di tipo "ogni pagina è la prima" ben fatta dovrebbe affrontare questo genere di domande e dovrebbe abbondare di collegamenti ipertestuali a materiali supplementari di cui il lettore potrebbe aver bisogno per aiutarlo a trovare le risposte corrette. L'unità d'informazione dovrebbe occuparsi della procedura concreta richiesta per l'esecuzione delle decisioni prese dall'utente solo dopo aver esaurito tutti gli aspetti relativi alla pianificazione e al processo decisionale riguardanti il compito dell'utente.

La documentazione tecnica è un sistema di supporto alle decisioni. In quanto tale, se fallisce nel fornire supporto al processo decisionale dell'utente, fallisce nel suo scopo, anche se tutti i passi della procedura concreta sono documentati correttamente.

Scopo e trovabilità

Restringere un'unità d'informazione ad un solo scopo è di enorme utilità ai fini della trovabilità. Quando si fanno ricerche, di solito si ha uno scopo specifico e delimitato. Come scrive Gerry McGovern:

> Quando è stata l'ultima volta che siete andati su Google e avete fatto una ricerca con "che c'è di interessante" o "Sono annoiato. Fammi vedere qualcosa di nuovo."?
>
> La maggior parte di chi naviga su Internet sa cosa cerca.
> — "Communications and marketing professionals at a crossroads"[4] ("I professionisti della comunicazione e del marketing a un bivio")

McGovern un po' esagera. Le persone spesso navigano sul web perché sono annoiate e vogliono distrarsi. Però ha ragione riguardo ai termini di ricerca. Magari le persone vanno su siti web come TumbIr, Bussfeed, Facebook, Twitter e Cheezeburger per passare il tempo, ma, non appena seguono un qualche collegamento ipertestuale che da questi siti porta al contenuto che voi avete preparato, già ha preso forma uno scopo. Il loro interesse è stato catturato da qualcosa in particolare, da un odore di informazioni, ed è meglio che voi abbiate provveduto a fornire qualcosa all'altezza di ciò che l'odore promette.

Quando le persone fanno ricerche sul web cercano contenuti che soddisfino il loro scopo specifico e delimitato. Un'unità d'informazione di tipo "ogni pagina è la prima" che soddisfi quel loro scopo specifico e delimitato darà loro ciò che vogliono. Inoltre, poiché essa è scritta appositamente

---

[4] http://gerrymcgovern.com/?s=Communications+and+marketing+professionals+at+a+crossroads

per quello scopo specifico e delimitato, avrà un odore corrispondente a ciò che le persone cercano. E poiché essa fa ciò che dice di fare, sarà inclusa nei risultati dei motori di ricerca e delle raccolte condivise.

Le unità d'informazione di tipo "ogni pagina è la prima" seguono un modello

Il modello di un'unità d'informazione è un progetto o prescrizione per un'unità d'informazione. Il modello indica al redattore come va scritta l'unità d'informazione e al lettore come essa va letta. Il modello di un'unità d'informazione definisce il contenuto, l'ordine e la forma di un'unità d'informazione.

Come abbiamo visto nel Capitolo 7, un'unità d'informazione (la ricetta) che ha per scopo consentire ad un cuoco provetto di preparare un certo piatto è quasi sempre scritta fondamentalmente con lo stesso tipo di contenuto, nello stesso ordine e adottando la stessa forma per ogni sua parte.

- Il contenuto fondamentale è il nome del piatto (il titolo), la lista degli ingredienti, i passi della preparazione e alcune informazioni tipiche come il tempo di preparazione e il numero di porzioni. Sono inoltre comprese alcune informazioni opzionali, come un'introduzione, l'abbinamento dei vini e una fotografia del piatto.
- L'ordine consiste nell'introduzione opzionale, seguita dalla lista degli ingredienti, dalle istruzioni e dalle altre informazioni opzionali. Se c'è una fotografia, è quasi sempre posta all'inizio, sotto al titolo.
- La lista degli ingredienti ha la forma di una lista con un ingrediente per riga, dove a sinistra c'è il nome dell'ingrediente e a destra quantità e unità di misura. La forma della procedura è una serie di passi numerati. Le altre informazioni, come le porzioni e l'abbinamento dei vini, sono di solito rappresentate nella forma di coppie di chiave-valore, separati dai due punti.

Il contenuto, l'ordine e la forma descritti sono specifici del modello di unità d'informazione di una ricetta e sono basati sullo scopo proprio delle ricette di cucina. Questo stesso tipo di contenuto, ordine e forma non sarebbe adatto per altri scopi.

Le unità d'informazione di tipo "ogni pagina è la prima" ben fatte spesso condividono un modello di unità d'informazione riconoscibile con altre unità d'informazione che hanno scopi simili. Spesso si pensa ad un modello di unità d'informazione come a qualcosa che viene imposto artificiosamente al contenuto. Eppure milioni di unità d'informazione di tipo "ogni pagina è la prima", scritte da persone che non sanno nulla di classificazione per modelli di unità d'informazione, ricadono in modelli riconoscibili senza che sia stata loro imposta una certa struttura.

È sicuramente il caso delle ricette. Quando scrivete una ricetta non siete costretti a perdere tempo a pensare a cosa dire o a come strutturare le informazioni. Il modello di unità d'informazione di una ricetta vi è noto. Sapete quali sono le caselle da riempire obbligatorie e quali quelle opzionali che potere usare o meno.

Seguire un modello è la maniera principale con la quale ci assicuriamo che un'unità d'informazione di tipo "ogni pagina è la prima" sia adeguata al suo scopo specifico e delimitato. Ma, soprattutto, rispettare un modello aiuta il contenuto ad avere il giusto odore. Un ricetta o un documento di consultazione delle API che segua i modelli prestabiliti per le ricette o per i documenti di consultazione delle API si presenta bene e conferma al lettore che ha trovato ciò che cercava.

Si potrebbe scrivere una ricetta o un documento di consultazione delle API includendo le stesse informazioni ma senza seguire le convenzioni del relativo modello, ma in questo caso non si presenterebbero allo stesso modo né avrebbero lo stesso odore di una ricetta o di un documento di consultazione delle API. Il lettore potrebbe approdare a quella unità d'informazione e non rendersi conto che contiene le informazioni che sta cercando semplicemente perché essa non si presenta come il lettore stesso si aspetta.[1] Un buon esempio nel campo della comunicazione tecnica è l'unità d'informazione di tipo API reference (N.d.T.: documento di consultazione delle API). Esempio 9.1, «API di Chrome: esempio dell'API Send Message» mostra una tipica unità d'informazione di tipo API reference tratta dalla API reference di Chrome.[2]

Non è una delle voci dell'API reference più estesa che potete trovare (l'ho scelta perché è corta, anche se non è completa), ma segue un modello che trovate adottato in quasi tutte le API reference. La tipica API reference si presenta in questo modo:

- Nome della funzione
- Prototipo della funzione (il prototipo a sua volta rispetta una struttura definita in maniera precisa)
- Valore di ritorno (se è previsto)
- Descrizione

---

[1] Questo fenomeno è spiegato dalla teoria della rilevazione, che tratta di come le persone o i sistemi distinguono il segnale dal rumore. https://it.wikipedia.org/wiki/Teoria_della_detezione_del_segnale.

[2] https://developer.chrome.com/apps/runtime#method-sendMessage

■ Lista dei parametri e relative descrizioni

Esempio 9.1. API di Chrome: esempio dell'API Send Message

sendMessage

```
chrome.runtime.sendMessage (string extensionId,
                            qualsiasi message,
                            funzione responseCallback)
```

Invia un messaggio singolo ai listeners dell'evento onMessage nell'ambito dell'estensione (o di un'altra estensione o app). È simile a chrome.runtime.connect, ma invia solo un messaggio singolo con risposta opzionale. L'evento <u>onMessage</u> è scatenato in ogni pagina di estensione dell'estensione. Notare che le estensioni non possono inviare messaggi agli script di contenuto usando questo metodo. Per inviare messaggi agli script di contenuto usare tabs.sendMessage[4].

Parametri

extensionId (opzionale string)	ID di estensione dell'estensione alla quale ci si vuole connettere. Se omesso, il valore di default è la corrente extension.
message (qualsiasi)	
responseCallback (opzionale)	

Callback

Se il parametro di responseCallback è specificato, dovrebbe specificare una funzione di questo genere:

```
function (qualsiasi risposta){...} ;
```

risposta (qualsiasi)	L'oggetto risposta JSON inviato dall'handler del messaggio. Se c'è un errore durante la connessione con l'estensione, la callback sarà richiamata senza argomenti e il messaggio di errore sarà valorizzato con lastError.

---

[4] https://developer.chrome.com/extensions/tabs#method-sendMessage

Si trovano delle varianti a questo modello. Per esempio, l'ordine dei campi può essere diverso da una reference all'altra e possono esserci altre informazioni, ma in ogni caso è riconoscibile la forma di una API reference.

Non è un caso. Il motivo per cui le voci di una API reference seguono sempre lo stesso modello è che tutte sono fatte per lo stesso specifico e delimitato scopo: consentire ai programmatori di usare le API nel modo corretto. La forma consegue dalla funzione. Il modello consegue dallo scopo.

L'evoluzione dei modelli di unità d'informazione

Perché così tanti modelli di unità d'informazione seguono convenzioni comuni? Il motivo è che le convenzioni comuni aiutano i redattori a creare unità d'informazione complete e i lettori a riconoscere e utilizzare le unità d'informazione più rapidamente. Le unità d'informazione che seguono un modello verranno selezionate con maggior probabilità da una ricerca dell'utente; esse hanno un odore di informazioni migliore ed è più probabile che siano quelle giuste per il lettore. Così i modelli che hanno successo diventano quelli di riferimento e sono seguiti da altri autori.

Non è una sorpresa che le ricette di cucina seguano un modello. Ma val la pena notare che il modello della ricetta non è stato creato da un gruppo di standardizzazione. Esso è scaturito spontaneamente dall'esperienza di milioni di cuochi che hanno scritto milioni di ricette nel corso di secoli di civilizzazione.

La scheda di un'auto usata è un altro esempio di un modello di unità d'informazione comune. La scheda all'apparenza è costituita semplicemente da una successione di paragrafi. Ma se le leggete con attenzione, vi accorgerete che nella maggior parte dei casi le schede di auto usate contengono le stesse informazioni di base:

- quadro generale
- dotazioni
- caratteristiche salienti
- interni e comfort
- sicurezza
- consumi
- affidabilità

■ evoluzione del prezzo

L'ordine può cambiare, ma ogni scheda di auto usata comprende all'incirca le stesse informazioni fondamentali.

Anche in questo caso il modello non è il risultato del lavoro di una commissione di standardizzazione. Esso deriva piuttosto dalle esigenze degli acquirenti di auto usate. Le schede che soddisfano le esigenze degli acquirenti diventano quelle di riferimento e influenzano altri autori di schede.

Le schede di auto usate sarebbero probabilmente più facili da leggere se ogni sezione avesse il suo titolo. Ma non cadete nella trappola di pensare che ogni parte di un modello di unità d'informazione è per forza distinto graficamente dalle altre parti. Un modello di unità d'informazione è definito dalle informazioni richieste per soddisfare uno scopo, non dalla sua forma grafica. Una disposizione grafica che rifletta il modello di solito è d'aiuto al lettore, ma è il modello che comanda, mentre la disposizione grafica dipende da esso, e non il contrario.

Se un'unità d'informazione ha uno scopo specifico e delimitato è probabile che tutte le unità d'informazione che soddisfano uno scopo simile contengano lo stesso genere di informazioni. Poiché la scheda di un'auto usata soddisfa uno scopo definito per un acquirente di auto usate, essa per sua natura include le tipiche informazioni di cui ha bisogno quel tipo di acquirente e, di conseguenza, per sua natura segue un modello corrispondente.

Wikipedia è un ottimo posto in cui cercare modelli di unità d'informazione. Per esempio, le unità d'informazione di Wikipedia usate per quasi ogni città seguono un modello ben definito. Un box per l'indice generale come quello in Figura 9.1, «Una città in Wikipedia», a proposito di Ottawa, evidenzia le sezioni principali di questo tipo di unità d'informazione: Storia, Geografia, Istruzione, Economia, Cultura e così via. Le voci riguardanti altre città seguono una struttura simile.

Contents [hide]

1 History
2 Geography
    2.1 Climate
3 Neighbourhoods and outlying communities
4 Cityscape and infrastructure
    4.1 Architecture
    4.2 Public transit
    4.3 Inter-city services
    4.4 Highways, streets and roads
    4.5 Bicycle and pedestrian pathways
    4.6 Navigable waterways
5 Demographics
6 Local government and politics
7 Education
8 Economy
9 Culture
    9.1 Museums and performing arts
    9.2 Historic and heritage sites
    9.3 Media
    9.4 Sports
10 International relations
    10.1 Sister cities
11 See also
12 References
13 External links

Figura 9.1. Una città in Wikipedia

Molti altri tipi di unità d'informazione di Wikipedia seguono modelli con lo stesso livello di accuratezza: i veicoli, i linguaggi, la flora, la fauna, i romanzi e così via. Basta navigare su Wikipedia per farsi un breve ma efficace corso sulla creazione di modelli per unità d'informazione. E neppure in questo caso questi modelli di unità d'informazione sono stati decisi da una commissione di standardizzazione. Essi sono invece il risultato del lavoro di migliaia di collaboratori che hanno pian piano costruito le unità d'informazione, completando le parti mancanti e rifinendo nei dettagli la struttura.

Persino le unità d'informazione come quella del Codex di WordPress sull'uso dei temi (Esempio 8.1, «Indice della pagina "Utilizzare i Temi" del Codex di WordPress»), che a primo acchito non sembrano seguire un modello, spesso hanno una struttura abbastanza coerente. La tipica struttura di questo modello di unità d'informazione è più o meno questa:

- Titolo dell'unità d'informazione (spesso con la stessa struttura infinito-sostantivo)
- Introduzione descrittiva
- Sezioni sui compiti principali (come ottenere, utilizzare e creare, in questo caso)
  - Introduzione all'esecuzione
  - Procedura per l'esecuzione
- Puntatori a informazioni correlate

Troverete questa struttura, con piccole variazioni, in molte unità d'informazione che hanno uno scopo simile. Quando si tratta di unità d'informazione, la conformità ad un modello è la norma, non l'eccezione. Se trovate un'unità d'informazione che sembra non avere modello o non conformarsi alla struttura comune alle unità d'informazione con uno scopo simile, scoprirete quasi sempre che quella unità d'informazione ha perso di vista il proprio scopo o non ne ha mai avuto uno ben definito.

Scoprire e definire i modelli di unità d'informazione

I modelli di unità d'informazione riflettono e danno forma allo scopo specifico e delimitato delle unità d'informazione. Perciò, per definire esplicitamente dei modelli di unità d'informazione, occorre cominciare dall'esame di cosa occorre per soddisfare lo scopo dell'unità d'informazione.

Dal momento che i modelli di unità d'informazione derivano per loro natura dallo scopo specifico e delimitato di un'unità d'informazione, potreste pensare che le vostre unità d'informazione si conformeranno di per sé a dei modelli senza alcun vostro sforzo di riflessione sui modelli in sé.

Sfortunatamente, non è così semplice. È vero che le unità d'informazione di tipo "ogni pagina è la prima" si conformano di per sé a modelli specifici, però ci sono anche molte unità d'informazione fatte male. Usare modelli ben definiti ed espliciti vi aiuterà a creare unità d'informazione di tipo "ogni pagina è la prima" ben fatte e faciliterà il lavoro di gruppo su una serie coerente di unità d'informazione di tipo "ogni pagina è la prima".

Creare modelli di unità d'informazione è un processo in due fasi: prima si scoprono i modelli esistenti, poi li si usano per definire i propri modelli. Fatto questo, passerete a documentare i vostri modelli e ad impostare il vostro sistema di redazione per supportarli. Il modo migliore per fare tutto ciò è adottare la redazione strutturata, di cui mi occuperò nel Capitolo 18.

Scoprire i modelli di unità d'informazione

Uno dei metodi più efficaci per scoprire i modelli di unità d'informazione consiste nell'esaminare più unità d'informazione esistenti che sono progettate per soddisfare uno stesso scopo. Potete fare una ricerca sul web, nella documentazione dei vostri concorrenti e nella documentazione che avete scritto voi stessi. Create una raccolta delle diverse fonti e scrivete liste dei dati e delle sezioni che si ripetono in ogni caso esaminato.

Nel farlo, ricordatevi che il vostro scopo non è definire un modello generico che si adatti a tutti i casi presi in esame così come li avete trovati. Il vostro obiettivo è molto più specifico: il tipo di informazioni richieste per soddisfare lo scopo specifico e delimitato del vostro modello di unità d'informazione. Le parole "specifico" e "delimitato" sono cruciali, in questo caso. Ciò che state cercando è una serie definita di informazioni specifiche che sono richieste per soddisfare le esigenze dell'utente, esigenze per le quali l'unità d'informazione viene appositamente progettata.

Definire i modelli di unità d'informazione

Dopo aver completato la fase di ricerca, è ora di dare una definizione dell'unità d'informazione. Questo è il momento per specificare i dettagli. Una ricetta non contiene una lista qualsiasi, ma una specifica lista di ingredienti. Ogni elemento di una lista di ingredienti, a sua volta, ha un formato specifico di questo genere:

```
[nome dell'ingrediente].............[quantità][unità di misura]
```

In un'API reference non ci sono semplicemente linee di codice. Ci sono segnature di funzioni, e una segnatura di funzione ha un formato specifico che qualsiasi programmatore capisce:

```
[tipo di dato di ritorno]? [nome della funzione] [[nome del parametro] [tipo
di dato del parametro]]
```

Anche se un'unità d'informazione segue per sua natura un modello, qualche autore potrebbe usare quel modello variando la struttura e scegliendo in modo diverso cosa includere e cosa escludere. Nel caso di un progetto di redazione sistematico, dovrete definire in modo preciso ogni modello di unità d'informazione, per assicurare coerenza e completezza.

Se utilizzate una metodologia strutturata (vedi Capitolo 18) potete codificare il modello di unità d'informazione in un database o con uno schema XML. Il modo in cui codificate il modello di unità d'informazione è comunque un dettaglio pratico. La cosa più importante è essere sicuri di aver incluso le informazioni che l'unità d'informazione deve contenere per soddisfare il suo scopo.

Per arrivare a questo, dovete cominciare dallo scopo specifico e delimitato che avete stabilito per ogni modello. Quali informazioni deve contenere ogni unità d'informazione per soddisfare il suo scopo specifico e delimitato? Di quali informazioni ha bisogno l'utente?

Rimanete concentrati sullo scopo specifico e delimitato. Può facilmente capitare di cominciare ad immaginare tutta una serie di informazioni che l'utente potrebbe volere. Segnatevi pure tutte queste idee, perché potrebbero essere utili per altri modelli che vi servono, ma non lasciate che invadano la definizione di questo vostro modello di unità d'informazione. Il lettore di una ricetta non ha bisogno di conoscere come si è evoluto il dragoncello, la storia del formaggio o come viene prodotta la pasta, per cucinarsi un piatto di Mac & Cheese al dragoncello.

Gestire le informazioni opzionali

Nel modello di unità d'informazione potrebbero essere previste parti opzionali, ma dovreste includerle solo se hanno una relazione significativa con lo scopo dell'unità d'informazione. Per esempio, un consiglio sull'abbinamento dei vini per una ricetta non è necessario per ogni lettore, ma ha una relazione diretta con lo scopo della ricetta, che è la possibilità di godersi una buona cena. La storia evolutiva del dragoncello, invece, sebbene possa interessare alcuni lettori, non è importante per godersi la cena, per cui non ha una relazione con lo scopo dell'unità d'informazione.

Non sto dicendo che i vostri contenuti non debbano mai includere questo genere di informazioni di contorno. In molte ricette vengono raccontati degli aneddoti divertenti, anche se non c'entrano nulla con la preparazione del piatto. Queste divagazioni possono però risultare fastidiose, se si esagera, e persino inopportune in un contesto professionale.

Soddisfare le esigenze commerciali

Oltre alle necessità del lettore occorre soddisfare le esigenze commerciali. Un'azienda crea contenuti per catturare l'attenzione e il denaro del lettore. Se avete intenzione di aggiungere informazioni di contorno alla definizione dei vostri modelli di unità d'informazione, dovete tener presente lo scopo commerciale della vostra azienda. Le informazioni di contorno sono d'aiuto per attrarre e trattenere il consumatore? Siete in grado di dimostrarlo o è solo una vostra opinione? In definitiva, ciascuna parte della definizione di un modello di unità d'informazione deve essere utile al lettore o a chi gestisce il contenuto, oppure (ancora meglio) ad entrambi.

Critica dei concetti di *concept, task* e *reference*

In anni recenti nella comunicazione tecnica si è imposta l'idea che ogni contenuto possa essere classificato con uno di questi tre modelli: *concept, task* o *reference* (N.d.T.: termini traducibili rispettivamente con "descrizione", "procedura" e "documento di consultazione"). I modelli di unità d'informazione di tipo "ogni pagina è la prima", tuttavia, sono più specifici e diversificati di questi tre. Dire che ogni unità d'informazione nella comunicazione tecnica deve essere considerata come *concept, task* o *reference* è come dire che ogni cosa deve essere un animale o un vegetale o un minerale, come si fa nel noto gioco di domande.

La questione non è stabilire se una classificazione così generica è vera, ma capire quale sia la sia utilità. Se si va a caccia di anatre serve un Labrador Retriever, non una iena. Per correre il Gran Premio di Monaco serve una macchina di Formula 1, non un pick-up. Se volete farvi un soufflé vi servono uova, non rape. Le categorie animali, vegetali e minerali non sono abbastanza precise per questi scopi. Allo stesso modo, una ricetta di cucina, la procedura per rifornire di carburante un missile balistico e le istruzioni per lavorare a maglia sono tutte di tipo *task*, ma sono ben diverse dal punto di vista del contenuto e della struttura.

Potremmo limitarci a considerare *concept, task* e *reference* come generiche unità d'informazione di tipo modulare e quindi estranee ai modelli di tipo "ogni pagina è la prima".[5] Tuttavia, al momento nell'ambiente della comunicazione tecnica si pensa diffusamente che qualsiasi unità

---

[5] Vi starete chiedendo perché a questo punto non tiro in ballo la specializzazione di DITA. La "specializzazione" è un meccanismo di DITA che permette di creare un modello specializzato derivandolo da uno dei tre modelli di base. Anche se è possibile usare la specializzazione per creare modelli di unità d'informazione di tipo "ogni pagina è la prima", alcuni esperti di DITA avrebbero da ridire, perché, per ottimizzare la possibilità di riutilizzo, secondo loro si dovrebbero assemblare le unità d'informazione di tipo "ogni pagina è la prima" a partire da moduli più piccoli, piuttosto che creare nuovi modelli autonomi. In ogni caso, il motivo principale per non usare il concetto di specializzazione qui è che, anche usandolo, non cambia il fatto che in generale si pensa alle unità d'informazione come *concept, task* o *reference*.

d'informazione creata per l'utente dovrebbe essere classificata con uno di questi tre modelli. È perciò importante giustificare la necessità di avere modelli di unità d'informazione più precisi. Il modello di un'unità d'informazione di tipo "ogni pagina è la prima" è definito e delimitato dal suo scopo. Se l'unità d'informazione è una ricetta, servono le parti di una ricetta, non di un sonetto o di una API *reference*. Di conseguenza, il modello dell'unità d'informazione dei Mac & Cheese al dragoncello è la ricetta, non il *task*. Le unità d'informazione di tipo ricetta possono anche ricadere nella categoria generale del *task*, allo stesso modo in cui la iena e il Labrador Retriever ricadono nella categoria generale degli animali, ma se volete scrivere un'unità d'informazione di tipo "ogni pagina è la prima" sulla preparazione dei Mac & Cheese al dragoncello vi serve lo specifico modello della ricetta.

Le origini dei concetti di concept, task e reference

I tre concetti di *concept*, *task* e *reference* arrivano dall'adozione che ne ha fatto DITA. Questi tre concetti sono un condensato dei sei tipi di blocco di Information Mapping:

- Principle (N.d.T.: "prescrizione")
- Process (N.d.T.: "processo")
- Procedure (N.d.T.: "procedura")
- Concept (N.d.T.: "spiegazione")
- Fact (N.d.T.: "asserzione")
- Structure (N.d.T.: "descrizione")

Nel tempo sono stati proposti altri elenchi di modelli per classificare le informazioni ma, ad eccezione del recinto ben custodito di Information Mapping, sono tutti sfumati a favore dei tre *concept*, *task* e *reference*.

Il problema è che comunemente i tre termini *concept*, *task* e *reference* sono stati ridotti all'idea di strutture precise: la *reference* è una tabella, il *task* è un compito e il *concept* è un blocco di testo. La Figura 9.2, «Immagine "Forme di help" (Tom Johnson)», tratta dal suo post "Unconscious Meaning Suggested from the Structure and Shape of Help" [6] ("Significati inconsci suggeriti da strutture e forme"), illustra bene questo punto.

In qualche modo siamo passati dalla meritoria idea che l'utente vuole informazioni utili per eseguire un certo compito (il contrario delle informazioni che si limitano a descrivere una

---

[6] http://idratherbewriting.com/2012/07/18/unconscious-meaning-suggested-from-the-structure-and-shape-of-help/

macchina) all'idea di fornirgli direttamente singole procedure. Talvolta questo passaggio avviene in nome del minimalismo, malgrado John Carroll abbia verificato che chi vuole apprendere non segue le procedure[8, p. 74].

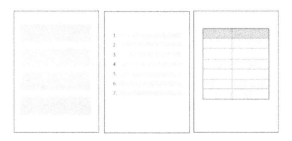

Figura 9.2. Immagine "Forme di help" (Tom Johnson)

Di sicuro questo non è l'approccio sostenuto da Information Mapping. Information Mapping preferisce utilizzare il termine *blocco* invece di topic per i suoi sei modelli di contenuto di base. I blocchi di informazioni non sono compiuti in sé. Essi sono creati per essere uniti in mappe e presentati al lettore nella forma di un documento ben strutturato, non in quanto blocchi di informazioni singoli. In Information Mapping l'assemblaggio delle mappe è ugualmente importante quanto la redazione dei blocchi di informazioni.

In DITA, invece, una mappa è solo un mezzo tecnico per assemblare le unità d'informazione. Al di là dell'idea che è utile mettere tabelle e procedure in file separati, DITA non ha nessuna teoria di design dell'informazione. Come si afferma nel white paper *Information Mapping® and DITA*[7]:

> Nessun principio [di redazione] è definito, ad eccezione dell'idea di topic autonomo.

Ancora:

> I principi di Information Mapping® forniscono delle linee guida ai redattori per fare in modo che i contenuti siano strutturati e presentati in maniera utile ed efficace per l'utente. Non c'è nulla del genere in DITA.

---

[7] http://www.informationmapping.com/in/resources/whitepapers/261-information-mapping-and-dita

Non che ci sia nulla di male. Non è sbagliato che una tecnologia sia separata da una filosofia di design, anche se l'una ha per scopo di fornire un supporto all'altra. Il problema di DITA non è la mancanza di una teoria di design dell'informazione, ma piuttosto il fatto che molte persone pensano che i concetti di *concept, task* e *reference* di DITA costituiscono una teoria di design dell'informazione.

Il risultato è che attualmente quando si parla di modelli di unità d'informazione il pensiero di tutti va immediatamente ai tre concetti di DITA. Per il concetto "ogni pagina è la prima" questo è un problema, poiché la tipica unità d'informazione in questo caso ha una definizione del modello molto più precisa, entro la quale possono trovare posto diversi tipi di blocchi di informazioni. Diventa perciò importante dedicare un po' di tempo ad esaminare perché i tre concetti *concept, task* e *reference*, per quanto utili in alcuni casi, non sono sufficienti né come modelli di unità d'informazione né come concetto su cui basare un modello di design dell'informazione.

Un compito non è una procedura

Il modello *task* di DITA è essenzialmente una procedura. Secondo la specifica 1.2 di DITA:

> I *task* sono i moduli fondamentali per fornire informazioni procedurali. Il modello *task* risponde alla domanda "Come si fa?" con istruzioni passo passo dettagliate, che specificano i prerequisiti da soddisfare, le azioni da eseguire e la loro corretta sequenza.
> — DITA 1.2 Specification[8]

Per Information Mapping una procedura è un blocco di informazioni. Essa ha una propria forma grafica, che segue certe regole ed ha un inizio e una fine definiti. Non c'è problema a creare e strutturare le procedure nella forma di blocchi separati. Ma non è la stessa cosa di unità d'informazione fatte per un compito.

Il compito è qualcosa che l'utente deve fare, un obiettivo da raggiungere. La procedura è una serie di istruzioni per usare una macchina. Usare una macchina non è mai l'obiettivo finale dell'utente. Uno degli obiettivi derivati dell'utente potrebbe essere cambiare lo stato del sistema, ma le operazioni richieste per cambiare lo stato non sono un obiettivo in sé. Una procedura, perciò, può far parte di un'unità d'informazione di tipo "ogni pagina è la prima" dedicata ad un compito, ma non costituisce un'unità d'informazione per un compito di per sé. In realtà, ci sono unità d'informazione dedicate a compiti che non richiedono alcuna procedura.

---

[8] http://docs.oasis-open.org/dita/v1.2/os/spec/archSpec/dita_task_topic.html#dita_task_topic

Buona parte della documentazione tecnica che ho scritto negli anni era realizzata per programmatori e il prodotto trattato era un linguaggio di programmazione, una API o un sistema operativo. Chi si occupa di programmazione informatica usa gli stessi strumenti per diversi compiti: programmi per scrivere il codice, programmi di debugging, compilatori eccetera. Nessuna attività di programmazione usa questi strumenti in modo particolare.

Per esempio, la creazione di regole per processare un flusso di dati in XML e la scrittura di codice per controllare l'accesso condiviso ad una porta seriale sono due attività di programmazione completamente diverse. Però, in entrambi i casi, i programmatori si trovano ad usare i programmi di scrittura, di debugging e i compilatori nello stesso modo in cui li usano per le altre attività di programmazione. I programmatori non hanno bisogno, né vogliono, che gli si dica come si fa a scrivere le funzioni o come si fa ad impostare un breakpoint in ogni unità d'informazione che tratta di programmazione. Di conseguenza, le unità d'informazione che riguardano compiti di programmazione di solito non contengono alcuna procedura.

Nella maggior parte dei casi si basano su esempi di codice, non su procedure. Volendo definire la struttura di un modello per questo tipo di unità d'informazione dedicata ai compiti di programmazione, sarebbe quasi certamente necessario includere un esempio di codice. Una procedura non sarebbe invece indispensabile. Il punto è che le procedure non sono realmente importanti nella tipica unità d'informazione per i compiti di programmazione.

Eseguire una configurazione è un altro tipo di compito, specialmente quando si tratta di sistemi operativi. A meno che non si disponga di uno strumento grafico di configurazione, di solito non si procede operando sulla macchina. La configurazione la si fa scrivendo un file di testo. Potrebbe essere un file XML o un file che contiene una serie di comandi di configurazione; in ogni caso, la configurazione del sistema non si presenta come una procedura. Di fatto, è piuttosto un tipo di pianificazione.

Per configurare correttamente un sistema operativo per gestire una macchina occorre raggiungere il giusto compromesso fra funzionalità, dimensionamento, velocità e sicurezza. Come detto nel Capitolo 8 è questione di fornire un supporto alle decisioni. Un'unità d'informazione per un compito di configurazione dedicata ai sotto-componenti di un sistema è per lo più una lista di controllo dei punti da valutare. Quanti canali di comunicazione serviranno? Di quanto spazio di memoria avrà bisogno ciascuna applicazione? Quanto spazio di stack? Così come un esempio di codice è fondamentale per un'unità d'informazione dedicata ad un compito di programmazione, allo stesso modo una lista di controllo è fondamentale per un'unità d'informazione dedicata ad un compito di configurazione. In entrambi i casi c'è poco spazio per procedure.

Per un progetto, noi stabilimmo un modello dedicato ad un tipo di unità d'informazione dedicato alla configurazione dei componenti di un sistema operativo in tempo reale. A causa di requisiti normativi il cliente doveva eseguire costosi controlli puntuali in caso di cambiamenti della configurazione o nel codice. Era perciò essenziale essere in grado di mostrare esattamente quali fossero gli effetti conseguenti alle modifiche del codice o nella configurazione e ridurre al minimo la necessità di cambiamenti del genere. Il modello di unità d'informazione venne perciò progettato con una forte enfasi sulla pianificazione e sulla comprensione delle esatte conseguenze delle decisioni di pianificazione.

La struttura generale dell'unità d'informazione includeva sezioni su Concetti di base (stabilire il contesto), Pianificazione (a sua volta strutturata in una serie di domande da porsi e metodi per trovare le risposte), Configurazione (che prevedeva un elenco di input, un elenco di output ed un diagramma di flusso), Assemblaggio e Impacchettamento. Non era un modello generico per unità d'informazione sulla configurazione. Era specifico per i requisiti commerciali di un certo prodotto e dovemmo dare delle definizioni precise di tutte queste parti per ottenere dei contenuti coerenti e accurati in ogni unità d'informazione per la configurazione.

La creazione di modelli per unità d'informazione dovrebbe sempre avere come scopo fare in modo che ogni unità d'informazione che segue un certo modello faccia la sua parte fino in fondo.

Un documento di consultazione è più di un'unità d'informazione

Un documento di consultazione è più di un'unità d'informazione, è un database. Non tutti i documenti di consultazione sono unità d'informazione o un insieme di unità d'informazione. Alcuni contengono solo semplici dati e una raccolta di semplici dati non è un'unità d'informazione, sia che i dati siano una decina sia che siano un milione.

Un database è un posto in cui cercare qualcosa. L'oggetto della ricerca può essere un semplice valore, come il valore di serraggio di un certo bullone o la tensione di un circuito. In questi casi, l'informazione che il lettore cerca e ottiene è un semplice numero, per quanto esposto in un certo contesto.

In altri casi un documento di consultazione potrebbe racchiudere contenuti in forma discorsiva e l'informazione che il lettore riceve potrebbe essere un'unità d'informazione di tipo "ogni pagina è la prima". Per esempio, una API *reference* consiste in gran parte di una serie di pagine, ognuna delle quali descrive una routine. Ogni pagina segue lo stesso modello: un certo numero di dati standard, come il tipo del valore di ritorno e gli argomenti, poi una descrizione generale della routine, di solito accompagnata da esempi d'uso.

Alcuni lettori leggono tutta l'unità d'informazione, almeno la prima volta, cosicché ogni singola pagina fa in effetti la parte di un'unità d'informazione. D'altra parte, un lettore potrebbe consultare una voce dell'API *reference* solo al fine di individuare il valore di ritorno di una chiamata di funzione o il tipo di un argomento, senza leggere null'altro. Il documento di consultazione è progettato per dare supporto a ricerche di diverso tipo e mirate a informazioni di diverso tipo.

Nel mondo della carta c'era la convenzione di rappresentare i documenti di consultazione sotto forma di tabelle. Se il documento è breve e riporta pochi dati, può bastare una tabella di una sola pagina. L'idea di *reference* come modello di unità d'informazione è spesso rappresentata da questo genere di tabelle. Ma queste sono unità d'informazione solo nel senso che sono brevi raccolte di informazioni che occupano una sola pagina. Nessuno definirebbe l'elenco telefonico come un'unità d'informazione, ma l'unica differenza rispetto a questo tipo di tabelle sta nel numero di voci che contiene.

L'uso di tabelle cartacee per scopi di consultazione sta rapidamente scomparendo man mano che la disponibilità di connettività Internet e di apparecchi in grado di connettersi si diffonde. Per esempio, è difficile aver a che fare con un libretto orario dei voli. Capita invece di prenotare un volo, incluse le coincidenze, con un'applicazione web interattiva. Anche i libretti orario di treni e autobus stanno sparendo, man mano che i pendolari contano sempre più sulle app per avere informazioni ed orari. Dobbiamo cominciare a pensare ai documenti di consultazione non come a schemi su una pagina, ma in termini di interazioni gestite da applicazioni.

Per esempio, confrontate l'esperienza di cercare un'auto usata su una rivista cartacea come Quattroruote o nei piccoli annunci della stampa locale con una ricerca su un sito interattivo come AutoCatch. Una fonte cartacea può ordinare le auto per anno, marca, tipo, prezzo o luogo dove si trovano, ma deve limitarsi ad un solo criterio. Se volete accedere ai contenuti in base ad un altro criterio (per esempio, tutte le decappottabili disponibili ad Ottawa e con cambio manuale) il massimo che potete sperare è che il catalogo abbia un indice secondo quel criterio. Se poi l'indice anche ci fosse, non c'è modo di ottenere una raccolta di tutti i risultati, per cui si finisce col riempire il catalogo di segnaposto o col ficcare goffamente le dita fra le pagine.

Inoltre nessun catalogo cartaceo può eguagliare Amazon, che è in grado di mettere il proprio catalogo in relazione con i nostri acquisti precedenti e con gli acquisti di persone che hanno abitudini di consumo in comune con noi, per creare un elenco personalizzato di oggetti che potrebbero interessarci.

Sappiamo che il modo in cui i contenuti sono organizzati e presentati gioca un grande ruolo nel grado di facilità con cui i lettori possono ottenerli, consumarli, capirli e agire di conseguenza. Però gli utenti hanno necessità diverse in diversi momenti, così come in generale utenti diversi hanno necessità diverse. Non esiste dunque possibilità che una determinata organizzazione dei contenuti sia soddisfacente per tutti in ogni occasione.

Un database può organizzare e fornire i contenuti a misura della richiesta immediata di un certo lettore. La carta può solo presentare una struttura generale e di compromesso per tutti. Dato che al giorno d'oggi i contenuti sono creati digitalmente e distribuiti online, non c'è motivo di rimanere legati ai limiti dell'organizzazione su carta.

Il termine database viene spesso usato in riferimento ai database relazionali, ma questi rappresentano solo un tipo di database. Un database è una raccolta di dati strutturata in modo tale da permettere ricerche affidabili. Non c'è dubbio che si possa usare un database relazionale per organizzare e memorizzare dati di consultazione, ma anche uno o più file XML con una struttura adeguata possono fungere da database.

Creare contenuti di consultazione sotto forma di database vi permetterà di avere a disposizione molte più opzioni quando si tratterà di visualizzarli e di renderli ricercabili. Come detto nel Capitolo 4, una API *reference* è un buon candidato per la navigazione multidimensionale, che richiede la disponibilità di un database. Una API *reference* su carta è di solito strutturata per libreria e per routine, ma il lettore potrebbe ritenere altri tipi di organizzazione ugualmente utili. Per esempio, potrebbe volere un elenco di tutte le routine che accettano o restituiscono una certa struttura di dati. Questo genere di elenchi sono così utili che le guide di programmazione spesso li includono nel testo.

Nella documentazione scritta sotto forma di libri, o anche di unità d'informazione, mettere assieme questi elenchi in genere richiede un intervento manuale e anche l'aggiornamento deve essere fatto a mano. Se i dati di una API *reference* fossero contenuti in un database, tali elenchi potrebbero essere prodotti al volo dagli script di generazione del documento.

Il web è così importante oggi per la comunicazione tecnica che non c'è motivo per continuare a creare contenuti di consultazione in una forma progettata solo a misura delle pubblicazioni stampate. Questo genere di contenuti dovrebbero essere creati in una forma che supporti un utilizzo interattivo. Anche se non prevedete di fornirli così già ora, di sicuro ve lo chiederanno in futuro, per cui vi conviene cominciare a prepararvi. Vi renderete anche subito conto che organizzare i contenuti di consultazione in forma di database offre vantaggi immediati al processo di pubblicazione, in particolare per quanto riguarda accuratezza, coerenza, tempestività e riutilizzo.

Per intenderci, non sto sostenendo che un database è un modo furbo per creare un documento di consultazione. Lo scopo di un documento di consultazione è mettere le persone in grado di fare ricerche e un database offre più opzioni di ricerca di un documento su carta. I documenti di consultazione sono database di per sé. Mettere su carta informazioni di consultazione significa adattare un database ai limiti della carta, dal punto di vista sia della loro strutturazione sia della loro presentazione. Ma non siamo più costretti entro i limiti propri della carta. Un documento di consultazione non è un'unità d'informazione: è un database. È ora di cominciare a considerarlo come tale.

Tutto il resto non è una descrizione

In ogni sistema che tenta di creare una classificazione completa di un qualche argomento, di solito c'è una categoria che in pratica raccoglie "tutto il resto". Fra i tre concetti di *task*, *concept* e *reference*, questa parte tocca al *concept*. Nella rappresentazione delle forme di help di Tom Johnson (Figura 9.2, «Immagine "Forme di help" (Tom Johnson)»), il *task* ha la forma di una procedura, la *reference* quella di una tabella e il *concept* quella di un blocco di testo. Il *concept*, dunque, rappresenta la semplicità e la genericità, ciò che non ha caratteristiche precise né una struttura particolare.

La redazione strutturata sta dunque tutta qui? *Task*, *reference* e poi tutto il resto? Non c'è dubbio che, per tante ragioni, ogni sistema di redazione strutturata ha bisogno di un qualche tipo di struttura generica per le unità d'informazione:

- A volte perché certe unità d'informazione sono discorsive e non hanno una struttura particolare.
- Altre volte certe unità d'informazione potrebbero avere una loro struttura, ma sono così poche che non vale la pena creare un modello apposito per loro.
- Altre volte ancora volete creare una struttura per certe unità d'informazione, ma non avete ancora le idee abbastanza chiare per farlo. Un'unità d'informazione generica vi serve per trattare questi casi in attesa di creare una struttura apposita.

E fin qui ci siamo. Però: importa qualcosa il nome che date a questo raggruppamento di unità d'informazione? C'è differenza fra i termini "generica" e *concept*? Sì, c'è eccome.

Per prima cosa, il termine "generica" vi ricorda che quell'unità d'informazione non ha un modello. Il termine *concept* sembra indicare che quell'unità d'informazione un modello ce l'ha e questo fatto potrebbe farvi pensare che, riguardo al modello, siete a posto.

In secondo luogo, la parola *concept* è una delle parole più indefinite della lingua inglese. In generale, indica un pensiero o un'idea, ma, come dice subito in poche parole il relativo articolo di Wikipedia[9]: "La parola **concept** è definita in modi diversi a seconda della fonte". Questi molteplici significati sono forse il motivo per cui questa parola è stata scelta come membro del terzetto, dato che probabilmente esiste un qualche suo significato applicabile ad un testo generico. Non è però il caso di denominare una categoria in un modo che funziona solo perché è ambiguo. Occorre evitare che qualche oggetto che appartiene a quella categoria abbia un certo significato e qualche altro oggetto ne abbia un altro. Le classificazioni sono utili solo a patto che le categorie siano chiare e non ambigue.

In terzo luogo, uno dei significati di *concept* ha a che fare con molti prodotti tecnologici. Molti prodotti sono progettati a partire da certi concetti di base che gli utenti devono capire per usare il prodotto. Quando un utente passa da una tecnologia ad un'altra (per esempio, dall'uso di un programma di scrittura non strutturata ad un metodo di scrittura strutturata, o dalla scrittura di libri alla scrittura di unità d'informazione di tipo "ogni pagina è la prima") deve imparare i concetti fondamentali della nuova tecnologia e capire quali sono le differenze rispetto alla tecnologia precedente.

In questo caso un concetto non è "tutto il resto" ma qualcosa di preciso. Fare confusione fra le unità d'informazione del genere "tutto il resto", per quanto siano utili, e questi concetti fondamentali, "veri" (per così dire), è pericoloso, perché i "veri" concetti possono perdersi nel chiacchiericcio indistinto di centinaia di unità d'informazione classificate come *concept*.

In quarto luogo, ci sono un bel po' di modelli di unità d'informazione che non possono essere in alcun modo classificati come *task* o *reference*, ma neppure sono "veri" concetti. E non sono neppure generici. Un esempio che mi viene in mente pensando alla mia esperienza di redattore tecnico per linguaggi di programmazione e sistemi operativi è l'unità d'informazione dedicata agli esempi di codice commentati.

I programmatori si aspettano anzitutto due cose dalla documentazione: una API *reference* accurata ed esempi pronti di codice. Unità d'informazione dedicate alle tecniche di programmazione sono

---

[9] https://en.wikipedia.org/wiki/Concept

certo utili e, in alcuni casi, per i programmatori è importante capire i concetti fondamentali di un linguaggio o di un sistema operativo. Ciò che qualsiasi programmatore davvero vuole è però una API *reference* ed esempi di codice.

Gli esempi di codice si meritano un modello di unità d'informazione specifico. Hanno una struttura precisa, che prevede l'esempio di codice con le relative annotazioni nonché informazioni sulle versioni supportate, sul linguaggio di programmazione, sulle risorse richieste e sui livelli di prestazione e sicurezza.

Anche le unità d'informazione con funzioni di guida trattate nel Capitolo 15 richiedono un apposito modello. Le unità d'informazione con funzioni di guida non sono *task* (in particolare, non vanno confuse con il tipo workflow, che appartiene alla famiglia dei *task*) e neppure "veri" *concept*. Esse sono piuttosto unità d'informazione che aiutano gli utenti ad orientarsi in una particolare tecnologia fornendo loro indicazioni su dove si collocano i vari elementi e su come le varie parti sono connesse fra loro. Mentre le unità d'informazione di tipo "vero" *concept* hanno per scopo di aiutare a capire, quelle con funzioni di guida sono fatte per orientare e pianificare.

Ci sono molti modelli di unità d'informazione non classificabili come *task* o *reference* ma solo uno può essere considerato come vero *concept*. La parola *concept* non è quella giusta per indicare "tutto il resto". E non serve a niente identificare *task* e *reference* come modelli e poi mettere tutto il resto sotto un'unica categoria, qualunque sia il nome che le vogliamo dare. Sarebbe come dividere il regno animale in gatti, cani e tutto il resto.

Le unità d'informazione di tipo "ogni pagina è la prima" definiscono il proprio contesto

Dato che il lettore può provenire da qualsiasi parte e spesso approda ad un'unità d'informazione in un modo approssimato (per esempio, con una ricerca su Google), un'unità d'informazione dovrebbe stabilire chiaramente il proprio contesto nell'ambito di un certo argomento. Come detto nel Capitolo 6, l'odore di informazioni è cruciale per il ricercatore di informazioni a caccia di contenuti. Stabilire il contesto corretto delle unità d'informazione rispetto al mondo reale è l'elemento chiave per dargli il giusto odore.

Se vi è capitato di finire nel bel mezzo di un sistema di help partendo da una ricerca e di esservi resi conto di non avere idea di dove vi trovavate, sapete già cosa significa non trovare un contesto, come capita con tante unità d'informazione.

Per esempio, la Figura 10.1, «Unità d'informazione sulla modifica di un ruolo» mostra un'unità d'informazione tratta dal sistema di help di Eclipse. Questa unità d'informazione fornisce ben poche informazioni di contesto ed è evidente che non è di tipo "ogni pagina è la prima". Unità d'informazione come questa sono purtroppo comuni nei sistemi di help.

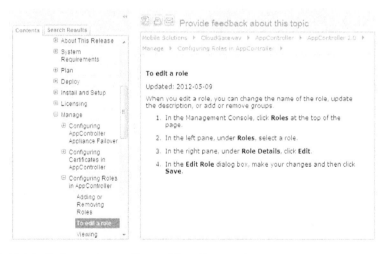

Figura 10.1. Unità d'informazione sulla modifica di un ruolo

Stabilire il contesto

Un'unità d'informazione autonoma deve stabilire il proprio contesto, in modo che il lettore possa arrivarci da qualsiasi parte capendo dove è approdato. La maggior parte delle unità d'informazione di tipo "ogni pagina è la prima" forniscono subito queste informazioni. Un paragrafo iniziale di una frase o due è spesso sufficiente per creare il contesto per le informazioni in arrivo.

La Figura 10.2, «Esempio di creazione del contesto» mostra un buon esempio di creazione di un contesto tratto dalla documentazione dell'App Engine di Google. In questo caso il contesto è il tipo di problemi di archiviazione dei dati di cui si parla nell'unità d'informazione. Questo contesto indica al lettore quale tipo di problemi verrà discusso e in quale ambiente tali problemi possono capitare. Se non ci fosse questa introduzione, il lettore potrebbe fare confusione su quale aspetto del problema viene affrontato dall'unità d'informazione.

> L'archiviazione dei dati in un'applicazione web scalabile può essere complessa. L'utente potrebbe trovarsi ad interagire con uno qualsiasi di decine di web server in un certo momento e la successiva richiesta dello stesso utente potrebbe finire ad un web server diverso da quello che ha gestito la richiesta precedente. Il singolo web server potrebbe dover utilizzare dati sparsi in decine di computer, magari in diversi paesi in tutto il mondo.
>
> Grazie all'App Engine di Google non dovete preoccuparvi di nulla di tutto ciò. L'infrastruttura di App Engine si occupa totalmente della distribuzione, della replica e del bilanciamento di carico dei dati grazie ad una semplice API, e voi avete a disposizione un potente motore di query…
>
> — *Uso del Datastore* [1]

Figura 10.2. Esempio di creazione del contesto

Dare un contesto ad un'unità d'informazione non significa metterla nell'indice generale o posizionarla in qualche modo fra gli altri contenuti. La Figura 10.1, «Unità d'informazione sulla modifica di un ruolo», indica il posto dell'unità d'informazione nell'indice generale, ma serve a poco per farvi capire dove essa si colloca rispetto all'argomento trattato. Il lettore approda ad un'unità d'informazione perché cerca informazioni, non una certa posizione in un libro. In fin dei conti, lo scopo del lettore è acquisire conoscenze sul mondo reale. Dare un contesto ad un'unità d'informazione significa posizionare l'argomento dell'unità rispetto al mondo reale. Aggiungere

---

[1] https://developers.google.com/appengine/docs/go/gettingstarted/usingdatastore

nell'unità d'informazione un collegamento ipertestuale che dice Torna all'indice non dà un contesto a quella unità.

Ci sono molti modi per stabilire il contesto. Un buon titolo è già un ottimo punto di partenza. Ugualmente importante è un primo breve paragrafo scritto appositamente, come nella Figura 10.2, «Esempio di creazione del contesto». La presenza di buone informazioni sul contesto è un'evidente ed ovvia differenza fra unità d'informazione di tipo "ogni pagina è la prima" e unità d'informazione che sono state create spezzettando libri. La Figura 10.3, «Articolo di Wikipedia su Ottawa», è un esempio di informazioni di contesto tratte dall'articolo di Wikipedia dedicato ad Ottawa.

Figura 10.3. Articolo di Wikipedia su Ottawa

Il primo paragrafo della Figura 10.3, «Articolo di Wikipedia su Ottawa» contestualizzano la città di Ottawa dal punto di vista geografico e politico. Venite subito informati di quale Ottawa si parla. Poche frasi brevi e dirette informano il lettore di cosa tratta questa unità d'informazione.

Un altro modo per stabilire il contesto è usare un'immagine. Il contesto di una ricetta di solito è chiaro, ma lo si può rendere ancora più chiaro e facile da assimilare con una fotografia, come nell'Esempio 7.1, «La ricetta dei Mac & Cheese al dragoncello». Un'occhiata alla fotografia basta per rendervi conto se è un piatto che volete cucinare.

Un altro mezzo per stabilire il contesto sono i metadati.[2] Un buon esempio è la voce sulla sula piediazzurri (Blue-footed Booby[3]) tratta da *All About Birds* (Figura 10.4, «Sula piediazzurri (Blue-footed Booby)»). La collocazione della sula piediazzurri nella tassonomia linneana degli animali è indicata nella cornice attorno al contenuto. L'utilizzo di una cornice con i metadati mette questa informazione a disposizione sempre nello stesso punto di ogni pagina, senza sottrarre spazio all'unità d'informazione vera e propria. In questo esempio le informazioni di contesto sono anche navigabili, perché ci sono collegamenti ipertestuali per spostarsi nella tassonomia per nome e forme degli uccelli e per visionare specie simili e correlate.

Figura 10.4. Sula piediazzurri (Blue-footed Booby)

Come nel caso della navigazione multidimensionale, i metadati sono efficaci nello stabilire il contesto solo se il lettore conosce già la classificazione che sta alla base dei metadati stessi. Se la classificazione è oscura per il lettore non sarà di alcun aiuto per stabilire il contesto. È però possibile fornire più di una classificazione a servizio di lettori differenti. Per esempio, *All About Birds* permette di capire il contesto in base alla tassonomia linneana, se il lettore la conosce, ma fornisce anche fotografie e la possibilità di usare altri tipi di metadati, come la forma e il colore degli uccelli.

---

[2] I metadati sono etichette applicate ai contenuti per identificare il loro argomento (tratteremo i metadati nel Capitolo 19).

[3] https://www.allaboutbirds.org/guide/Blue-footed_Booby/id

Il contesto e l'imprecisione delle ricerche

Quando si cerca documentazione sul web a volte si finisce nella documentazione relativa ad una versione del prodotto diversa da quella che si possiede. Qui i problemi sono due. Il primo: nel caso di contenuti derivati dallo spezzettamento di libri, la singola pagina potrebbe non avere informazioni su quale sia la versione trattata. Il secondo problema è che, se approdate su una pagina relativa alla versione sbagliata, potrebbe non esserci un modo facile per passare alla stessa pagina dedicata però alla versione giusta.

Se finite su una pagina di *All About Birds* dedicata ad un uccello che non è esattamente quello che cercate, avete un bel po' di strade per arrivare a quello giusto. Nella maggior parte dei sistemi di help, se finite in un'unità d'informazione che non è esattamente quella che cercate, spesso non c'è modo di arrivare a quella giusta.

Atlassian ha risolto il problema molto bene nella documentazione di Confluence. Se trovate una pagina che non è relativa all'ultima versione, in alto compare un banner che vi avvisa e un collegamento ipertestuale a quella stessa pagina dell'ultima versione (Figura 10.5, «Collegamento ipertestuale all'ultima versione con informazioni di contesto»). Potrei suggerire un solo miglioramento: aggiungere un menu a discesa che permetta di andare alla stessa pagina di qualsiasi versione.

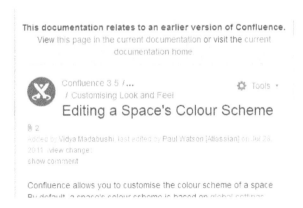

Figura 10.5. Collegamento ipertestuale all'ultima versione con informazioni di contesto

L'articolo di Wikipedia su Ottawa (Figura 10.3, «Articolo di Wikipedia su Ottawa») ha un altro simpatico strumento per stabilire il contesto che varrebbe la pena fosse imitato in ogni caso in cui si ha un'ampia raccolta di contenuti. Se una parola ha più di un significato entro la raccolta di contenuti (in questo caso, se c'è più di un soggetto trattato dall'enciclopedia il cui nome è

Ottawa), all'inizio della pagina c'è una riga di disambiguazione che indica quale significato è trattato dall'articolo e fornisce un collegamento ipertestuale ad una lista di altri articoli sul soggetto.

> Questo articolo tratta della capitale del Canada. Se stai cercando altri significati, vedi Ottawa (disambigua)[4].

Una tale soluzione mette in evidenza un problema presente in Google e in altri motori di ricerca. Il problema è che restituiscono i risultati più popolari. In fin dei conti, sono fatti per questo. Questo però significa che soggetti meno comuni che per caso sono denominati con gli stessi termini di quelli più comuni finiscono in fondo nei risultati di ricerca. Occorre avere delle buone conoscenze delle tecniche di ricerca per comporre un'interrogazione che restituisca i risultati voluti. Invece nel caso di Wikipedia non c'è bisogno di competenze di questo genere, perché è possibile spostarsi verso le unità d'informazione meno note direttamente all'inizio di quelle più note. Questo è il genere di aiuti che tutti dovrebbero fornire.

---

[4] https://it.wikipedia.org/wiki/Ottawa_(disambigua)

Le unità d'informazione di tipo "ogni pagina è la prima" presuppongono che il lettore sia competente

Gli autori scrivono i libri dando per scontato che saranno letti dall'inizio alla fine da lettori con un'ampia varietà di conoscenze e competenze. Di conseguenza, gli autori spesso pensano che il lettore tipico non sia del tutto competente per leggere il libro e impiegano molto tempo e spazio per spiegare i concetti di base e fornire le informazioni di partenza. Tutto questo è una fastidiosa perdita di tempo per il lettore che è già competente. Questo è il rischio che si corre quando si forniscono le informazioni seguendo una sequenza unica per tutti i lettori.

Si tratta di un approccio inappropriato per le unità d'informazione di tipo "ogni pagina è la prima" e viola molte altre caratteristiche proprie di questo genere di unità d'informazione, come lo scopo specifico e delimitato, il fatto di mantenersi sullo stesso livello di dettaglio e di seguire un modello. Un'unità d'informazione di tipo "ogni pagina è la prima" andrebbe scritta per lettori competenti.

L'Esempio 7.1, «La ricetta dei Mac & Cheese al dragoncello», contiene l'istruzione "cuocete la pasta". Non spiega come si fa a cuocere la pasta. Dà per scontato che lo sai o che puoi impararlo da solo. Allo stesso modo, dà per scontate delle conoscenze nelle seguenti istruzioni:

- "Aggiungete la farina..."
- "Cuocete a fuoco lento per 10 minuti..."
- "Rompete l'uovo..."
- "Aggiungete le cipolle e fate soffriggere..."

Sapete come si aggiunge la farina? Sapete cosa significa cuocere a fuoco lento? Sapete spaccare un uovo (senza far finire l'uovo per terra o il guscio in padella)? Sapete far soffriggere una cipolla? Questa ricetta è scritta per un cuoco provetto e dà per scontato che una persona del genere sappia fare tutte queste cose.

Se non ve la cavate così bene come è sottinteso dalla ricetta, siete forse spacciati e non potrete cucinarvi un po' di Mac & Cheese al dragoncello? Certo che no. Potete fare le vostre ricerche e imparare come si fa. Se volete sapere come si fa soffriggere la cipolla, fate una ricerca con "soffriggere la cipolla" e troverete un'ottima unità d'informazione di tipo "ogni pagina è la prima" su Reluctant Gourmet (Figura 11.1, «Come si prepara il soffritto»).

Figura 11.1. Come si prepara il soffritto

Imparate le necessarie nozioni, potete tornare alla ricetta dei Mac & Cheese al dragoncello e prepararvene un bel piatto.

Certo, quando si tratta di contenuti tecnici non sempre il web ci viene in aiuto. Alcune informazioni possono essere specifiche di un certo prodotto e in questo caso occorre fornirle nella documentazione. Però il principio resta valido. Ogni unità d'informazione dovrebbe partire dai corretti presupposti riguardo a quanto sia competente il proprio lettore. Se è prevedibile che non tutti i lettori siano competenti, si dovrebbero fornire le unità d'informazione di cui avranno bisogno per formarsi a sufficienza. Inoltre ci si dovrebbe assicurare che tali lettori possano trovare queste unità d'informazione.

Quando si scrivono unità d'informazione sui prerequisiti per gli utenti che non sono competenti per leggere le unità d'informazione principali, anche tali unità d'informazione dovrebbero essere unità d'informazione di tipo "ogni pagina è la prima" e a loro volta dovrebbero presupporre che i propri lettori siano competenti per leggerle. Se c'è poi bisogno di altre unità d'informazione per aiutare i lettori a leggere quelle unità d'informazione, vanno create anch'esse.

L'unità d'informazione su come si prepara il soffritto è al servizio di uno *scopo derivato* del lettore. Preparare il soffritto non sarà mai lo scopo principale del lettore. Però, quando il lettore deve preparare il soffritto per una ricetta, questa unità d'informazione è utile a questo scopo derivato. Fornire risposte agli scopi derivati dei lettori è una parte importante del lavoro dei comunicatori tecnici.

Conoscenze obbligatorie: lettore *versus* argomento

Quando si tratta del livello richiesto di competenza, occorre distinguere fra le informazioni che l'unità d'informazione deve fornire e le conoscenze che il lettore deve già avere. Un lettore onesto potrà rimproverare ad un'unità d'informazione la mancanza di informazioni proprie dell'argomento trattato. Un tale lettore non rimprovererà all'unità d'informazione la mancanza di informazioni relative a cose che tocca a lui sapere.[1] Il fatto che si debba soffriggere la cipolla prima di aggiungerla ai Mac & Cheese al dragoncello è un'informazione imposta dall'argomento. Senza questo passaggio, il sapore del piatto non sarebbe quello giusto. È un'informazione specifica che riguarda la preparazione del piatto e non un qualcosa che chi cucina dovrebbe capire da solo. Non importa quanto si è bravi in cucina: la ricetta deve dare questa informazione.

Non sapere come si fa è invece un problema di conoscenze che riguarda il lettore. È una questione che riguarda in generale il fatto di saper cucinare e, se non sapete come si fa il soffritto, significa che manca qualcosa alle vostre competenze culinarie. Nella comunità di chi cucina la mancanza di questa competenza riguarda voi in particolare, non è un problema delle ricette che prevedono di fare un qualche tipo di soffritto.

---

[1] Dobbiamo però notare che meno competente è il lettore, meno è in grado di distinguere fra le conoscenze che lui stesso deve già avere e le informazioni che l'argomento in sé deve fornire.

Spesso i redattori tecnici ricevono lamentele dai clienti (direttamente, oppure attraverso il servizio vendite o il supporto tecnico) che riguardano conoscenze che il cliente stesso dovrebbe già avere. Quando questo succede, si è tentati di aggiungere qualche informazione al manuale nel punto in cui il lettore si è trovato in difficoltà. Se si tratta di un manuale cartaceo, una cosa del genere potrebbe andare. Potrebbe essere un problema per il lettore trovare le informazioni che mancano al di fuori del manuale.

Il problema è che, ogni volta che aggiungiamo queste informazioni di dettaglio al manuale, il manuale si allunga e diventa più complicato. Dato poi che arrivano informazioni del genere solo su certi aspetti problematici e non su altri, il livello della trattazione del manuale diventa sempre più variato. Può andare a finire che nella stessa procedura un passo è dettagliatissimo e quello dopo è molto generico. Potreste ritrovarvi con una funzionalità spiegata a livello di scuola elementare e quella dopo a livello di master universitario.

Immaginate come potrebbe essere la ricetta dei Mac & Cheese al dragoncello se includesse tutte le informazioni realmente necessarie al lettore. Sarebbe lunga parecchie pagine e il cuoco provetto (per il quale la ricetta è stata scritta) avrebbe difficoltà a trovare i veri e propri passaggi della ricetta in mezzo a tutte quelle digressioni e aggiunte. Un'unità d'informazione di tipo "ogni pagina è la prima" deve presupporre che il lettore sia competente evitando di fornire tutte le informazioni ai lettori che non lo sono, se sono informazioni che tocca a loro conoscere. In caso contrario l'unità d'informazione perderà ogni facilità d'uso per il lettore competente.

Dire che un'unità d'informazione è autonoma significa che non manca alcuna informazione di quelle necessarie in base all'argomento. Non significa che fornisce anche le informazioni che il lettore dovrebbe già sapere (cosa che sarebbe irragionevole pretendere). La maggior parte dei lettori avrà comunque bisogno di tali informazioni. Per procurarsele, il lettore avrà in alcuni casi la necessità di consultare altre unità d'informazione. Per aiutarlo, un'unità d'informazione ben fatta abbonda di collegamenti ipertestuali verso altre unità d'informazione, cosa che vedremo nel Capitolo 13.

Per poterla considerare autonoma, un'unità d'informazione deve soddisfare la ragionevole aspettativa che il lettore avrà di disporre di un'unità d'informazione così fatta. Non deve risolvere il problema di tutte quelle informazioni mancanti che dipendono dal lettore stesso.

Capire se il lettore è competente

Capire se il lettore è competente non è un processo arbitrario o soggettivo. È una conseguenza dello scopo specifico e delimitato dell'unità d'informazione. Il lettore competente è un lettore che sa tutto quello che c'è da sapere per perseguire lo scopo specifico e delimitato dell'unità d'informazione, tranne le informazioni relative all'argomento particolare dell'unità d'informazione.

Il giusto livello di competenza per una certa unità d'informazione è probabilmente equivalente al livello di competenza posseduto da chi esegue quel tale compito con regolarità. Certamente occorre definire cosa si intende per "regolarità" nel caso dell'esecuzione di ogni specifico compito. Ci sono cose che vengono fatte più spesso di altre. Quel che occorre capire è il livello di competenza di un certo utente che esegue quel tal compito secondo un ritmo normale. Se il ritmo normale è una volta al giorno è verisimile che il livello di competenza sia molto più alto che se il ritmo normale fosse di una volta ogni cinque anni.

Occorre considerare anche il genere di attività svolte dalla persona che esegue il compito. Per esempio, se una persona fa una certa cosa una volta ogni tre mesi probabilmente alla fine non ne saprà molto, ma se esegue ogni giorno compiti che sono simili, ha obiettivi simili e usa strumenti simili (e questi compiti richiedono conoscenze dello stesso genere), allora probabilmente imparerà molto di più.

Scegliere il livello di comprensione

La stessa idea può essere applicata a livelli diversi di comprensione. Per esempio, esaminiamo l'articolo "Why You Generally Shouldn't Put Metals in the Microwave[2]" ("Perché non si devono di regola mettere oggetto metallici nel microonde") tratto dal sito web Today I Found Out. È evidente che l'articolo dà per scontate alcune conoscenze di fisica ed elettronica:

> Per prima cosa, vediamo un po' come funziona un forno a microonde. Fondamentalmente, un forno a microonde è un apparecchio piuttosto semplice. In pratica è un magnetron accoppiato ad una sorgente di energia ad alta tensione. Il magnetron emette le microonde all'interno di una scatola metallica. Le microonde così generate rimbalzano nel forno finché vengono assorbite da molecole di vario tipo per perdita dielettrica, col risultato che le molecole si scaldano.

---

[2] http://www.todayifoundout.com/index.php/2010/08/why-you-generally-shouldnt-put-metals-in-the-microwave/

L'articolo è chiaramente destinato ad un pubblico di appassionati più che alla persona normale che vuole cucinare, dato che dà per scontato la conoscenza della "perdita dielettrica".

Certamente, si potrebbe scrivere questo articolo anche per un pubblico meno competente. Nel farlo, però, risulterebbe molto più breve, senza i dettagli tecnici, oppure molto più lungo, dovendo spiegare cose come la perdita dielettrica. In altre parole, non è possibile semplicemente riscrivere l'articolo usando un linguaggio più terra terra e aspettarsi che funzioni allo stesso modo, ma per un pubblico più ampio.

Questo articolo non si limita a spiegare perché non si dovrebbero mettere oggetti metallici nel microonde, ma spiega come le cose funzionano con sufficiente livello di dettaglio da permettere ad un lettore competente sull'argomento di ricavarne conoscenze concettuali o di capire in quali casi si potrebbe invece fare. Quando si punta ad un pubblico diverso non cambiano solo le parole, ma anche il livello di interesse e le capacità di quel pubblico di estrarre conoscenze dalle informazioni, il che, a sua volta, significa modificare lo scopo dell'unità d'informazione.

Di conseguenza, scegliere il destinatario di una certa unità d'informazione non significa solo scegliere le parole adatte, ma anche dare per scontato che quel tipo di destinatario abbia un certo livello di interesse e un certo grado di abilità nell'estrapolare le informazioni. Se l'unità d'informazione riguarda un argomento di interesse generale ed è scritta per il web, decidere il tipo di destinatario è una decisione piuttosto arbitraria. Se invece il destinatario è di tipo tecnico, queste supposizioni non sono arbitrarie, ma derivano direttamente dal compito. Il compito ci indica il livello di interesse e di estrapolazione che possiamo aspettarci, il che a sua volta ci fa capire chi svolge di solito quel lavoro, cosa sa e cosa si aspetta di riuscire a fare usando le informazioni che gli vengono fornite.

Certo, ogni singolo utente è diverso in quanto a conoscenze tecniche e grado di interesse. Se non c'è possibilità di occuparsi di ogni singola persona, è giocoforza scrivere tenendo presente un livello di interesse comune a più persone. In generale l'obiettivo è puntare a fornire un livello di conoscenze che metta il lettore in grado di portare a termine un compito nuovo o aumentare la sua efficienza nell'eseguire compiti già noti. In definitiva, occorre agevolare l'azione, evitando di soddisfare innumerevoli curiosità. Quindi, attenzione ai livelli di conoscenza che sono richiesti per eseguire compiti concreti.

Evitare etichette arbitrarie

Per rimanere in tema, le etichette "principiante", "intermedio" ed "esperto" non servono a nulla nello stabilire quale sia il livello di competenza. Sono giudizi, non qualifiche. In *The Nurnberg Funnel*, John Carroll ne discute in questi termini:

> Il termine principiante è un problema per chi progetta corsi di formazione. Utilizzarlo significa mettere a nudo un punto di vista tecnocratico sull'apprendimento che risulta offensivo. Gli adulti che devono imparare qualcosa non possono mai essere considerati dei principianti. Sono esperti, anche se lo sono in campi diversi da quello in cui stanno imparando.
> —John Carroll, *The Nurnberg Funnel*[8, p. 87]

Le persone, quando affrontano un compito, non tengono conto della classificazione in principiante, intermedio o esperto decisa dall'autore della documentazione. Le responsabilità e le aspirazioni di una persona non dipendono da ciò che il prodotto può fare o dal modo in cui la documentazione è organizzata.

Le competenze richieste da un compito sono specifiche del compito stesso. Ci sono competenze più o meno facili da ottenere. Inoltre ogni lettore approda all'unità d'informazione con una diversa gamma di competenze. Un insieme di unità d'informazione di tipo "ogni pagina è la prima" ben fatto permette a ciascun lettore di scegliere il suo proprio percorso in base alle sue particolari necessità. Livelli artificiosi, quali principiante, intermedio ed esperto, non aiutano il lettore a crearsi il suo proprio percorso.

Se nella vostra azienda i ruoli sono ben definiti e le responsabilità ben distinte, potrebbe essere una buona idea utilizzare tali ruoli per definire quale sia l'utente competente per ogni unità d'informazione o modello di unità d'informazione. Invece le classificazioni artificiose o mal definite causeranno solo confusione e frustrazione agli utenti.

Livello di competenza e trovabilità

Si sa che molte persone, quando fanno ricerche, non sono davvero competenti per il compito che vogliono eseguire. Gli mancano spesso informazioni di base e competenze. Eppure, la trovabilità migliora se date per scontato che chi fa ricerche sia effettivamente competente. Come mai? È semplice: perché loro stessi presumono di essere competenti. Se non lo pensassero, cercherebbero qualcos'altro.[3] Per raggiungere il lettore dovete scrivere unità d'informazione su argomenti che lo interessano e dare per scontato che sia competente. È l'unico modo per attirare la loro attenzione. A questo punto, fornite ogni unità d'informazione di un chiaro paragrafo che crei il contesto. Al lettore non competente dovrebbe bastare per capire che gli manca qualche informazione di base. Se poi aggiungete collegamenti ipertestuali alle informazioni di base richieste, il lettore se le può procurare e diventare competente.

---

[3] Chi pensa di non essere competente per un certo compito probabilmente si metterà alla ricerca di informazioni che gli permettano di diventare competente, e rispetto a questa ricerca si considererà competente a farla. In definitiva, quasi sempre ci si considera competenti rispetto all'oggetto della propria ricerca.

Le unità d'informazione di tipo "ogni pagina è la prima" si mantengono su un unico livello

Ogni oggetto di trattazione ha diversi livelli: livelli di dettaglio, di astrazione; livelli di interesse, che può essere strategico, tattico o operativo; può presentare anche argomenti che interessano diversi livelli di un'organizzazione, o riguardano diversi livelli di un sistema multi-livello o i diversi ruoli che operano su tali livelli. La maggior parte delle persone hanno bisogno di informazioni che riguardano più livelli per eseguire tutti i loro compiti o un unico compito complesso. È comunque meglio che un'unità d'informazione si mantenga su un unico livello.

Spostarsi su diversi livelli è necessario quando si studia. Per studiare un argomento talvolta occorre approfondire i dettagli per riuscire a comprendere in pratica un principio generale. Quando ci si occupa dei dettagli talvolta occorre comprendere un principio generale che spiega perché un certo dettaglio funziona in un certo modo (e non nel modo che ci si aspettava).

Se però avete fame di pizza non vi interessa vedere la mucca che ha prodotto il latte con cui è fatto il formaggio o il contadino che ha coltivato i pomodori. Chi è alla ricerca di informazioni ha già fatto una scelta riguardo al livello di astrazione che gli interessa e questa scelta dipende da come formula la domanda o da come sceglie fra i risultati che la ricerca produce. Se scrivete un'unità d'informazione che inizia dicendo "pizza" e poi cambia in "mucca" un paio di paragrafi dopo, al lettore non piacerà. Se voleva "mucca" avrebbe cercato "mucca".

Ogni lettore decide da sé quando è il momento di cambiare livello, secondo la sua personalità e le circostanze. Ci sono lettori che preferiscono assimilare il livello generale prima di agire. Ce ne sono che preferiscono immergersi nei dettagli e farsi un quadro generale in un secondo tempo. Alcuni vogliono solo seguire procedure senza capirle. Altri hanno troppa fretta per eseguire fino in fondo un compito specifico. Altri ancora stanno preparando un progetto e vogliono una vista d'assieme che li aiuti a delineare per sommi capi la strategia migliore. È quindi meglio lasciare che ognuno decida da sé quando è il caso di cambiare livello.

L'Esempio 7.1, «La ricetta dei Mac & Cheese al dragoncello», contiene l'istruzione "cuocete la pasta". Non si addentra nei dettagli di come si fa a cuocere la pasta. La cottura della pasta è come una ricetta di base, che probabilmente è facile trovare scritta sulla scatola. Non ha senso che la ricetta dei Mac & Cheese al dragoncello riporti i dettagli su come si cuoce la pasta. La ricetta giustamente si mantiene sul livello più generale che riguarda i dettagli di preparazione specifici dei Mac & Cheese al dragoncello.

Allo stesso modo, l'articolo del Codex di WordPress sull'uso dei temi (Esempio 8.1, «Indice della pagina "Utilizzare i Temi" del Codex di WordPress») si mantiene su un solo livello. Per esempio, nell'introduzione fornisce agli utenti un'introduzione di base ai temi, che è sufficiente per permettere ad un utente di decidere se vuole installarli o no.

> Un tema di WordPress è un insieme di file che serve a dare forma ad un'interfaccia grafica con un design omogeneo per un blog. Questi file sono chiamati **file di template**. Un tema modifica l'aspetto grafico del blog senza modificare il software del blog stesso.
> —Dall'Esempio 8.1, «Indice della pagina "Utilizzare i Temi" del Codex di WordPress»

Se questo articolo si dilungasse sui dettagli di come è fatto un file di template, ciò sarebbe un cambio di livello. Non è necessario capire i file di template nei dettagli per installare ed usare i temi. L'articolo però fornisce un collegamento ipertestuale verso l'unità d'informazione dedicata ai file di template, in modo che il lettore che vuole tali dettagli possa spostarsi su quel livello.

I libri cambiano livello a discrezione dell'autore

La maggior parte dei libri non si mantengono su un unico livello.[1] Nei libri (questo compreso) è l'autore che decide quando trattare il quadro generale e quando immergersi nei dettagli. Questo libro è partito da un livello generale, occupandosi di come l'accesso e l'uso delle informazioni è cambiato nel contesto del web, ed ora è passato ad approfondire le caratteristiche di dettaglio di singole unità d'informazione. Più avanti amplierà la vista per esaminare il modo in cui le unità d'informazione funzionano considerate insieme e come si scrivono e si gestiscono. Decidere a che punto inserire questi cambiamenti nel livello di dettaglio ha costituito una parte importante del lavoro di pianificazione e di scrittura del libro, nonché oggetto di lunghe discussioni fra i revisori, l'editore e me. Ho deciso io, in anticipo, quando mostrarvi il quadro generale e quando spostare la vostra attenzione sui dettagli. Ciò è una conseguenza inevitabile della struttura lineare dei libri. La maggior parte dei libri sono pensati per essere letti secondo una sequenza precisa e questo comporta che un libro cambi livello quando e dove ha scelto il suo autore.

---

[1] I libri di cucina sì, perché in effetti sono raccolte di unità d'informazione, cioè non seguono una vera e propria sequenza narrativa.

Certo, talvolta chi scrive è in una posizione più adatta per prendere queste decisioni rispetto al lettore. L'autore ha una visione complessiva della materia, può anticipare certi passaggi che potrebbero risultare confusi e può scegliere di presentare le sue idee in una sequenza che eviti la confusione. Questo è uno dei caratteri distintivi di un buon libro. D'altra parte sono pochi gli autori con un talento del genere e il lettore impaziente, impegnato a concludere ciò che deve fare, raramente è così paziente od obbediente da sottomettersi alla sequenza stabilita dall'autore, per quanto possa essere stata ben pianificata. Inoltre al giorno d'oggi il lettore è più che mai libero di prendere il controllo della sequenza da solo.

La tendenza a cambiare livello è di solito vera per la maggior parte dei libri, ma lo è in particolare per i manuali tecnici. La tipica organizzazione di un manuale tecnico consiste nel suddividere l'argomento in aree funzionali e dedicare un capitolo ad ogni area. Ogni capitolo comincia con l'introduzione alla relativa area funzionale e poi scava fino a livelli sempre più dettagliati.

Ecco un esempio preso da un libro scelto più o meno a caso dalla sezione sulla programmazione della mia libreria. L'Esempio 12.1, «Esempio di indice generale di un manuale tecnico», mostra una parte dell'indice generale di *Thinking in Java*, di Bruce Eckel:

Esempio 12.1. Esempio di indice generale di un manuale tecnico

7: Polimorfismo
    Costruttori e polimorfismo
        Ordine delle chiamate al costruttore
        Ereditarietà e finalize()
        Comportamento dei metodi polimorfi all'interno dei costruttori
    Progettazione con l'ereditarietà
        Ereditarietà pura *versus* estensione
        Downcasting e identificazione del tipo a run-time

In questo esempio sono evidenti i cambiamenti di livello. L'autore comincia con il concetto generale di polimorfismo, scende di livello per discutere più in dettaglio sulla relazione fra costruttori e polimorfismo, poi scende ulteriormente per discutere dettagliatamente una funzione. A questo punto il capitolo risale di botto di livello per trattare in modo più astratto questioni di progettazione, poi di nuovo scende di livello per addentrarsi nella trattazione del downcasting e dell'identificazione del tipo a run-time.

Questi cambiamenti di livello sono tipici di come si struttura un capitolo di un libro. Ma è totalmente diverso da come è strutturata un'unità d'informazione autonoma. Per esempio, vediamo l'articolo di Wikipedia sul polimorfismo[2], che si mantiene al livello della trattazione del concetto generale. Questo articolo include esempi di pseudocodice (Esempio 12.2, «Esempio di codice polimorfo tratto da Wikipedia») per dare esempi esplicativi, ma non si immerge mai nei dettagli di sintassi.

Esempio 12.2. Esempio di codice polimorfo tratto da Wikipedia

```
program Adhoc ;

function Add ( x , y  : Integer ) : Integer ;
begin
   Add  : = x  + y
end;

function Add ( s , t  : String ) : String ;
begin
   Add  : = Concat ( s , t  )
end;

begin
   Writeln (Add ( 1 , 2 ) ) ;
   Writeln (Add ( 'Hello, ' , 'World!' ) ) ;
end.
```

L'articolo è troppo lungo per riprodurlo; inoltre, poiché gli articoli di Wikipedia vengono continuamente modificati, potrebbe non essere più sviluppato su un solo livello quando lo leggerete. Una cosa interessante riguardo al modo in cui funziona Wikipedia è che un articolo potrebbe non rispondere in ogni momento a tutti i criteri delle unità d'informazione di tipo "ogni pagina è la prima", ma, durante il processo di aggiustamento, la maggior parte degli articoli assumono quelle caratteristiche con notevole coerenza.

Scrivere rimanendo su uno stesso livello non è qualcosa di forzato. Chi scrive lo fa senza sforzo, se considera ciò che scrive come un'unità d'informazione autonoma. La sfida che attende i comunicatori tecnici, specie quelli che hanno scritto libri per tanti anni, è concepire i loro progetti come insiemi di unità d'informazione autonome. Vedremo meglio come gestire un argomento di ampio respiro che comporta molte unità d'informazione autonome nel Capitolo 15.[3]

---

[2] https://en.wikipedia.org/wiki/Polymorphism_(computer_science)
[3] Notate che questo riferimento ad una parte successiva del libro conferma che ci siamo appena spostati verso un concetto ad un livello più alto, e come la promessa di parlarne a tempo debito eviti che il lettore se ne occupi subito.

Mantenere le unità d'informazione su un unico livello

Mantenere un'unità d'informazione su un unico livello può essere una sfida impegnativa per il redattore abituato a scrivere libri. Per creare unità d'informazione che rimangano su un unico livello la cosa importante è tenere a mente le seguenti caratteristiche di "ogni pagina è la prima", che a questo punto vi dovrebbero suonare familiari:

- **Autonomia:** Nel Capitolo 7 abbiamo visto che un'unità d'informazione di tipo "ogni pagina è la prima" è come un'auto, non una pinza freno; è un'unità di contenuto che può assolvere ai propri compiti da sola. Analogamente, quando siete in viaggio vi servirà magari un posto per dormire e un mezzo per spostarvi. Però non è che aggiungete letto e bagno alla vostra auto. Se lo fate, l'auto diventa un camper, cioè un tipo di veicolo molto più costoso e goffo che non è adatto per le altre cose che fate di solito con la vostra auto, come andare a far la spesa o a prendere i bambini a scuola. Il camper non è un'unità d'informazione, è un grosso libro sgraziato. È roba da leggere durante le vacanze, non una guida rapida. Un'auto, in quanto mezzo di trasporto autonomo, rimane sul livello del trasporto e lascia che altri si occupino del livello dell'alloggio. Se l'unità d'informazione comincia a sembrare un'auto con un materasso fissato sul tettuccio, è un buon indizio che state cambiando livello e che è ora di creare un'altra unità d'informazione.

- **Scopo specifico e delimitato:** C'è un'ottima ragione per cui il titolo del Capitolo 8 contiene due aggettivi separati: specifico e delimitato. Per quanto lo scopo possa essere specifico, si trova sempre il modo di aggiungere informazioni supplementari. La parola delimitato è essenziale ed i limiti che essa impone li potremmo considerare principalmente di tipo verticale. Certo, ci sono sempre tante altre domande dietro lo scopo dell'unità d'informazione, ma i limiti le escludono. Certo, ci sono sempre dettagli, eccezioni e tante piccole cose interessanti da sapere, ma i limiti le escludono. A volte è necessario mantenere la disciplina mettendo per iscritto i limiti che sono stati stabiliti per ogni modello di unità d'informazione. "Non mettere la classificazione biologica degli ingredienti nella ricetta", "Non riportare tutta la sintassi dei comandi di ogni programma usato per questo compito" o "Non aggiungere qualcosa solo perché il product manager ha detto che dovrebbe stare da qualche parte nel manuale".

- **Conformità ad un modello:** Il modello di un'unità d'informazione, di cui abbiamo parlato nel Capitolo 9, è uno dei modi migliori per mantenere un'unità d'informazione sullo stesso livello. Se vi sembra che certe informazioni che volete aggiungere forzino i confini del modello, è probabile che stiate tentando di cambiare livello. Un motivo per usare i metodi di redazione strutturata e definire i vostri modelli di unità d'informazione il più possibile nel dettaglio è che ciò vi rende più facile accorgervi quando state oltrepassando i limiti posti dal modello.

D'altra parte, se vi accorgete che l'unità d'informazione sta cambiando livello e il relativo modello è inefficace nell'evitarlo, probabilmente occorre che rendiate più restrittiva la definizione del modello, per evitare che altre unità d'informazione fuoriescano dal livello appropriato. Per ulteriori informazioni sulla redazione strutturata, vedi il Capitolo 18.

■ **Contestualizzazione:** Stabilire il contesto di un'unità d'informazione (Capitolo 10) è anch'esso d'aiuto nel mantenerla sullo stesso livello. Il contesto dell'unità d'informazione orienta i lettori, rendendoli consapevoli di essere o no competenti. Orientando il lettore anche voi vi orientate e stabilite cosa vi aspettate che l'unità d'informazione debba comprendere (o escludere) per soddisfare il proprio scopo specifico e delimitato. Oltre a svolgere la funzione di orientare il lettore, la sezione dell'unità d'informazione che stabilisce il contesto è il punto migliore in cui fornire collegamenti ipertestuali per aiutare il lettore non competente a trovare le informazioni di cui ha bisogno per diventare competente. Risolvere questi problemi all'inizio ha l'effetto di mitigare i timori che potreste avere riguardo all'incapacità del lettore a seguire il resto dell'unità d'informazione.

■ **Considerare il lettore come competente:** Nel Capitolo 11 abbiamo visto che un'unità d'informazione di tipo "ogni pagina è la prima" presuppone che il lettore sia appropriatamente competente a raggiungere lo scopo specifico e delimitato. Quando i libri o le unità d'informazione cambiano livello, ciò succede di solito perché l'autore era preoccupato che qualche lettore non sapesse come si fa soffriggere la cipolla. In una raccolta di unità d'informazione di tipo "ogni pagina è la prima" il modo corretto di aiutare i lettori non competenti è fornire delle unità d'informazione che il lettore può usare per diventare competente e collegamenti ipertestuali che puntano a queste unità d'informazione (navigazione di tipo bottom-up). La tentazione di cambiare livello in un'unità d'informazione sorge quasi sempre dal timore che il lettore potrebbe non essere competente per capire qualcosa che avete appena scritto. In momenti del genere è importante avere modo di eliminare questa paura. Se non siete sicuri che tutti i lettori saranno competenti a capire una certa informazione, segnatevela in una lista di possibili unità d'informazione (è preferibile che sia una lista aggiornata centralmente).

Segnarsi le possibili mancanze di competenza è importante perché è difficile prevedere tutte quelle che potrebbero avere i lettori. Quando ne scoprite una, segnatevela sempre e mettetela a disposizione del vostro gruppo di lavoro. Ciò vi aiuterà a farvi un'idea dei vostri lettori e delle loro necessità. È però altrettanto importante che non vi mettiate a rimediare a queste mancanze cambiando livello all'interno dell'unità d'informazione. Farlo non solo crea problemi all'unità d'informazione, ma fa perdere un'informazione importante per il resto del gruppo. Non si dovrebbe mai creare un'unità d'informazione che abbia altri scopi oltre a quello di supportare un'altra unità d'informazione.

Non voglio dire che cambiare livello è sbagliato quando si progetta un libro o un capitolo. Sotto molti punti di vista, cambiare livello funziona bene se un libro viene letto nell'ordine stabilito dall'autore (sono sicuro che lo state facendo con questo libro). Non funziona, però, nelle unità d'informazione di tipo "ogni pagina è la prima". Unità d'informazione e capitoli sono elementi completamente diversi e non è possibile creare unità d'informazione ben fatte facendo a pezzi i libri.

Le unità d'informazione di tipo "ogni pagina è la prima" abbondano di collegamenti ipertestuali

> I collegamenti ipertestuali sono la prova evidente che l'autore ha rinunciato a qualsiasi pretesa di essere completo o anche solo esauriente: essi invitano il lettore a muoversi nella rete nella quale sono inseriti, il che equivale ad ammettere che le attività del pensiero sono un qualcosa che richiede collaborazione.
>
> —David Weinberger, *Too big to know*[28]

È sorprendente come l'uso dei collegamenti ipertestuali sia controverso nei campi della comunicazione tecnica e della gestione dei contenuti. Molti redattori pensano che i collegamenti ipertestuali siano solo una distrazione, una tentazione per il lettore ad abbandonare il testo che sta leggendo.[1] La teoria del foraggiamento delle informazioni sembra suggerire che il motivo per cui le persone abbandonano una zona di caccia alle informazioni non è la presenza di collegamenti ipertestuali, ma la mancanza di informazioni appetitose che possano essere facilmente catturate e assimilate. Per essere chiari, le persone si distraggono quando il contenuto è noioso o inutile. Tuttavia, la teoria del foraggiamento delle informazioni ci dice anche che quanto più è facile spostarsi in un nuovo terreno di caccia alle informazioni, tanto più è probabile che il lettore abbandoni una zona per un'altra. È dunque probabilmente vero che aggiungere collegamenti ipertestuali fa sì che le persone abbandonino il contenuto che stanno leggendo, se quel contenuto non è molto nutriente. La domanda è: ce ne dovrebbe importare qualcosa?

Se hai faticato a lungo e duramente per creare qualcosa è naturale sentirsi offesi quando le persone sembrano non apprezzare il tuo lavoro. Se vi è capitato di passare ore in cucina a preparare un bel pasto solo per sentire i vostri familiari criticarlo e lamentarsi mezz'ora dopo perché hanno ancora fame, sapete quanto è sgradevole vedere la propria fatica svalutata. Quella spiacevole

---

[1] Sono state condotte molte ricerche sull'effetto dell'uso dei collegamenti ipertestuali sul web, e le conclusioni sono discordanti. Ho passato in rassegna la letteratura e ne ho dato una revisione critica nell'articolo "Re-Thinking In-Line Linking: DITA Devotees Take Note! [http://thecontentwrangler.com/2012/05/03/-re-thinking-in-line-linking-dita-devotees-take-note/]" ("Ripensare i collegamenti ipertestuali: prendetene nota, voi seguaci di DITA!"), pubblicato su The Content Wrangler.

sensazione probabilmente vi ha fatto dire ai vostri familiari di chiudere la bocca e mangiare. È una reazione comprensibile.

Naturalmente sappiamo da tempo che gli utenti raramente si mettono seduti a leggere i manuali nell'ordine previsto. Gli danno un'occhiata qui e là, cercano esempi, e mezz'ora dopo si lamentano perché non riescono a far funzionare il prodotto. "Ma leggiti il benedetto manuale!", borbottiamo scocciati. Forse gli utenti si sono sempre comportati così, eppure questo non ci impedisce di prendercela con loro, né di tentare di progettare i nostri prodotti informativi in modo che gli impediscano di farlo.

Il design dell'informazione di tipo "ogni pagina è la prima", invece, non parte dalla premessa che lo scopo è impedire all'utente di vagare libero. Piuttosto parte dal riconoscimento che questo è il comportamento normale degli utenti e dall'ammissione che, date le loro limitate conoscenze e la fretta che hanno di eseguire i loro compiti, il foraggiamento delle informazioni è veramente il tipo di comportamento più adeguato per cercare informazioni che la maggior parte delle persone può tenere nella maggior parte dei casi. E comunque, anche se non siete d'accordo sul fatto che il foraggiamento delle informazioni sia la soluzione migliore, è comunque quello che gli utenti effettivamente fanno. Non possiamo batterlo. Nei libri ci abbiamo provato in tutti i modi, senza successo. È ora che cominciamo ad agevolarlo, piuttosto.

Il design dell'informazione di tipo "ogni pagina è la prima" è costruito attorno a due presupposti: 1) per trattenere il lettore occorre dargli i contenuti di cui ha bisogno, e 2) se il lettore vuole spostarsi verso un contenuto migliore per le sue esigenze, dovremmo aiutarlo a farlo. Significa che dobbiamo abbondare in collegamenti ipertestuali.

Dato che un'unità d'informazione di tipo "ogni pagina è la prima" non è collegata ad altre unità d'informazione che le facciano da nodo-padre o nodo-figlio, è grazie alla presenza dei collegamenti ipertestuali che essa si colloca all'interno del dominio del proprio argomento, si posiziona nel giusto contesto e mette il lettore in grado di muoversi efficacemente. I collegamenti ipertestuali non sono un elemento accessorio delle unità d'informazione di tipo "ogni pagina è la prima" (come invece spesso succede nei contenuti strutturati come un libro), ma un elemento chiave dell'approccio "ogni pagina è la prima". Nell'architettura dell'informazione di tipo bottom-up la navigazione avviene principalmente a partire dalla pagina corrente, la quale costituisce il centro del proprio spazio locale di contenuti.

Dal punto di vista dell'autore, i collegamenti ipertestuali hanno lo scopo di trattenere il lettore all'interno del contenuto che ha scritto. È più probabile che il lettore che sta foraggiando si sposti in un altro terreno di caccia, se è facile farlo. Aggiungendo i collegamenti ipertestuali potete condurre il lettore ad altre zone di informazione che voi stessi avete creato, riducendo la tentazione per loro di spostarsi nel contenuto dei concorrenti.

I collegamenti ipertestuali e la democratizzazione del sapere

Val la pena notare la differenza che c'è fra il mondo della carta e quello del web anche nel caso della democratizzazione del sapere. Nel mondo della carta si accettava il fatto che determinate conoscenze erano di fatto di proprietà di determinati gruppi di persone. Per accedere a quelle conoscenze si doveva seguire un preciso percorso che dava diritto a diventare membro di un gruppo. Il punto non è che il sapere era fisicamente tenuto sotto chiave, ma che era scritto in una maniera che presupponeva l'aver seguito il percorso di ammissione. Era scritto per i privilegiati.

Per secoli le informazioni sono state solitamente pubblicate in riviste specializzate destinate ad un pubblico specializzato, del quale si poteva dare per scontata la capacità di comprensione con un ragionevole grado di certezza. Persino la conoscenza dell'esistenza di queste riviste e degli argomenti di cui si occupavano era in larga parte dominio della comunità accademica. D'altra parte non c'era altra possibilità, poiché il costo della carta implicava che non ci fosse spazio da sprecare per mettere alla pari il lettore non competente. Se non eri competente per leggere una rivista, dovevi arrangiarti per farti una cultura.

Il contenuto del web, invece, è a disposizione del mondo intero. Chiunque, senza distinzioni di cultura o competenze, può approdare ai contenuti che abbiamo scritto. Certo, si possono nascondere i contenuti con un accesso riservato, ma anche in questo caso il contenuto è utilizzato nel contesto del web. Nascondere i contenuti in questo modo non li rende riservati a chi è competente, come si potrebbe fare nascondendoli a tutti.

Dunque, la situazione è che c'è una massa di lettori non competenti che si imbattono nei contenuti che avete creato. Questa gente non è più esclusa a causa del fatto che non è qualificata. L'intero web è a loro disposizione per permettergli di trovare le informazioni di cui hanno bisogno per diventare competente e poter leggere i vostri contenuti.

Quindi il web democratizza le informazioni sia mettendole facilmente a disposizione sia rendendo più facile decodificare e approfondire le informazioni di difficile comprensione. A qualcuno tutto questo può non piacere per niente, perché preferisce un mondo in cui le informazioni qualificate sono riservate agli esperti e i dilettanti sono esclusi. Si è scritto molto su pro e contro di questa evoluzione.[2] È una discussione che va oltre gli scopi di questo libro, ma non c'è dubbio che i collegamenti ipertestuali siano un importante fattore di democratizzazione del web. (Come scrive David Weinberger "i collegamenti ipertestuali sovvertono la gerarchia."[16]) Dal punto di vista commerciale ciò significa che i collegamenti ipertestuali mettono i vostri contenuti a portata di molte più persone, e questo è un bene perché aumenta le vendite della vostra azienda.

Uso dei collegamenti ipertestuali e trovabilità

Nella navigazione di tipo bottom-up, che il lettore usa comunque (indipendentemente dal fatto che voi lo aiutiate a farlo o no), i collegamenti ipertestuali sono parte essenziale della trovabilità. Quando il lettore approda ad un'unità d'informazione potrebbe sì essere vicino alle informazioni di cui ha bisogno, ma potrebbe non essere proprio nel posto giusto o potrebbe volere di più. In entrambi i casi gli serve un modo per spostarsi facilmente verso l'area più ricca di informazioni pertinenti.

Jared Spool ha verificato che i lettori riescono meglio a trovare le informazioni usando collegamenti ipertestuali invece dello strumento per la ricerca messo a disposizione dal sito web.

> Complessivamente gli utenti hanno trovato la risposta corretta nel 42% dei casi. Usando il sistema di ricerca interno del sito (non abbiamo preso in considerazione i motori di ricerca di Internet), invece, hanno avuto successo nel 30% dei casi. Comunque, nel caso di compiti eseguiti usando solo collegamenti ipertestuali, gli utenti hanno raggiunto il 53% di successi.
> ... i risultati dei nostri test suggeriscono che i progettisti sarebbero più efficaci se si concentrassero invece sulla creazione di collegamenti ipertestuali ben fatti.
> — "Why On-Site Searching Stinks"[3] ("Perché qualcosa non va con la ricerca interna dei siti web")

Naturalmente resta poi da fornire del contenuto invitante come punto di arrivo del collegamento ipertestuale. Ogni collegamento ipertestuale dovrebbe puntare ad un'unità d'informazione di tipo "ogni pagina è la prima" ben fatta, che soddisfi il motivo per cui il lettore lo ha cliccato. Creare collegamenti ipertestuali utili che portano a contenuti di qualità renderà più facile la vita ai vostri lettori e ridurrà la tentazione per loro di abbandonare i vostri contenuti.

---

[2] Per la tesi pessimista, vedi *The Shallows*, di Nicholas Carr[7]. Per la tesi ottimista, vedi *Too Big to Know*, di David Weinberger[28].

[3] http://www.uie.com/articles/search_stinks/

Dunque, i collegamenti ipertestuali nelle unità d'informazione di tipo "ogni pagina è la prima" svolgono un ruolo maggiore rispetto a quanto fanno riferimenti incrociati e note a piè di pagina nei libri. Potete pensare ai collegamenti ipertestuali non come a citazioni o riferimenti ma come al modo normale di esprimere ogni affinità di contenuto significativa presente nei vostri contenuti.

In particolare, ci sono due importanti motivi per i quali il materiale usato per stabilire il contesto dovrebbe abbondare di collegamenti ipertestuali:

Il primo è che è assai probabile che il lettore si renda conto di non essere abbastanza competente proprio mentre sta leggendo le informazioni di contesto. La sezione dedicata alla contestualizzazione è ricca di affinità di contenuto, proprio perché la sua funzione è di posizionare l'unità d'informazione all'interno del dominio dell'argomento. Se ci sono collegamenti ipertestuali che seguono queste affinità di contenuto, essi forniranno gran parte di ciò che serve al lettore per diventare competente.

Il secondo è che i sistemi di ricerca dei contenuti e altri metodi simili possono essere imprecisi, sia per i limiti della tecnologia dei motori di ricerca sia per i limiti delle capacità del lettore nell'utilizzare i termini di ricerca. Questo grado di imprecisione può portare il lettore a finire in un'unità d'informazione laddove in realtà voleva arrivare ad un'altra unità d'informazione correlata. Aggiungere un collegamento ipertestuale verso unità d'informazione correlate fornisce al lettore il mezzo per percorrere l'ultimo miglio e raggiungere il contenuto di cui ha veramente bisogno.

I collegamenti ipertestuali sono importanti anche per chi si è già nutrito ma ha ancora fame. I collegamenti ipertestuali che seguono le linee dell'affinità di contenuto li aiutano a trovare facilmente il prossimo pasto. Certo, non potete dire al lettore cosa deve fare dopo. È il loro percorso, non il vostro. Mettete collegamenti ipertestuali lungo le linee delle affinità di contenuto e lasciate al lettore la scelta di quale strada prendere.

A questo proposito, è di fondamentale importanza adottare un approccio sistematico alla creazione di collegamenti ipertestuali lungo le linee di affinità di contenuto. Come commenta Sean Carmichael, riassumendo una presentazione tenuta da Jared Spool:

> I siti web sono pieni di collegamenti ipertestuali. Che questi collegamenti ipertestuali siano utili agli utenti per fare quel che devono è un altro par di maniche. I collegamenti ipertestuali devono guidare gli utenti mentre seguono l'odore di informazioni. Un collegamento

ipertestuale vago o impreciso spesso porta l'utente sulla strada sbagliata e contribuisce ad aumentare la probabilità di fallimento.
—Sean Carmichael, "Jared Spool – The Secret Lives of Links"[4] ("Jared Spool – la vita segreta
dei collegamenti ipertestuali")

I collegamenti ipertestuali dovrebbero aiutare il lettore a seguire l'odore di informazioni e a spostarsi lungo le linee delle affinità di contenuto fra le unità d'informazione.

---

[4] https://uie.fm/shows/spoolcast/jared-spool-the-secret-lives-of-links

Scrivere unità d'informazione di tipo "ogni pagina è la prima"

Come faccio a scrivere unità d'informazione di tipo "ogni pagina è la prima" e trattare una argomento di ampio respiro usando solo unità d'informazione?

Scrivere unità d'informazione di tipo "ogni pagina è la prima"

L'unità d'informazione di tipo "ogni pagina è la prima" non è una novità. Come dimostrano gli esempi riportati nei capitoli precedenti, le unità d'informazione di tipo "ogni pagina è la prima" si possono trovare dappertutto sul web. E neppure sono esclusive del web. Saggi ed articoli di giornali e riviste hanno adottato il format "ogni pagina è la prima" per secoli. Quel che c'è di diverso al giorno d'oggi è la facilità con la quale i lettori del web possono spostarsi da un contenuto ad un altro. Questo comportamento premia i contenuti che vengono incontro ad uno stile di lettura del genere, ovvero contenuti di tipo "ogni pagina è la prima". Sia che voi già forniate contenuti tecnici sul web, abbiate intenzione di farlo in futuro o non intendiate farlo mai, sappiate che i vostri lettori leggono nel contesto del web e gli farete un favore se scrivete unità d'informazione di tipo "ogni pagina è la prima".

Non c'è nulla di nuovo riguardo a come si scrivono unità d'informazione di questo tipo. La maggior parte dei redattori più esperti già lo fanno senza pensarci, quando scrivono un articolo o danno un contributo ad una voce di Wikipedia. Più difficile per un redattore è creare un'intera serie di unità d'informazione di tipo "ogni pagina è la prima" che sia sufficiente per un'ampia trattazione, come la documentazione di un prodotto di una certa complessità.

Libri di testo *versus* assistenza all'utente

La maggior parte dei manuali per l'utente seguono quello che potremmo chiamare "modello del libro di testo". Implicitamente o esplicitamente essi sono progettati per essere letti secondo un certo ordine. Anche se l'autore può aspettarsi che qualcuno non leggerà in quel modo, quel modello è comunque adottato per scriverli. I libri di testo hanno un'impostazione di tipo top-down e sono isolati rispetto ad altri contenuti.

Molte discussioni riguardo vantaggi e svantaggi della scrittura basata su unità d'informazione sembrano trascurare il cambiamento del punto di vista dell'utente, che è conseguente allo spostamento dai tradizionali manuali di tipo libro di testo alle unità d'informazione autonome, così come consegue dallo spostamento dai mezzi di comunicazione di tipo top-down, come la carta, all'impostazione bottom-up del web e dei sistemi simili al web. Le unità d'informazione non sono semplicemente un modo diverso di scrivere e assemblare i documenti, né hanno solo a che fare con la possibilità di riutilizzo. E neppure sono fatti per migrare i contenuti sul web. Il vero significato del passaggio alle unità d'informazione è l'abbandono del modello di documentazione basato sul concetto di libro di testo in favore di un modello di assistenza all'utente.

Il modello del libro di testo presuppone che il lettore voglia imparare qualcosa su un argomento e che, se intende agire in base a ciò che impara, lo farà in seguito. Il modello dell'assistenza all'utente presuppone che il lettore, mentre legge, stia facendo qualcosa, abbia incontrato un imprevisto e abbia bisogno di un aiuto immediato. Esso presuppone che il lettore si immerga nel lavoro, finché è in condizioni di farlo, e che utilizzi ogni risorsa disponibile per continuare a lavorare.

Non sto dicendo che gli autori dei manuali stile libro di testo davvero si aspettino o anche tentino di incoraggiare un comportamento del tipo prima impara, poi esegui. I redattori che seguono l'approccio minimalista senza dubbio incoraggiano i procedimenti per tentativi e sono disponibili ad aiutare le persone a risolvere i problemi quando questi si presentano. Però, farlo è difficile entro i limiti della struttura di tipo top-down a libro di testo di una guida utente tradizionale.

Qualche elemento di assistenza all'utente c'è sempre stato nella documentazione e l'assistenza all'utente ben fatta si è sempre basata su unità d'informazione.[1] Tuttavia, nelle organizzazioni che prendono sul serio l'assistenza all'utente (nel senso di fare il contrario di limitarsi a fare a pezzi un libro di testo e chiamarlo help, cosa che in troppi ancora fanno), si tende a considerarla come separata dalla documentazione vera e propria, che continua ad essere scritta nella forma tradizionale del libro di testo. Passare alle unità d'informazione di tipo "ogni pagina è la prima" significa adottare il modello dell'assistenza all'utente per il grosso della documentazione vera e propria. Questo passaggio, e con esso il passaggio allo stile di scrittura dell'assistenza all'utente, non implica l'abbandono di ogni tentativo di educare l'utente. Al contrario, significa proprio passare ad uno stile che si è dimostrato il più efficace a scopi formativi. Come risulta dai test condotti da John Carroll, gli utenti non imparano bene da libri progettati nella forma di istruzioni sistematiche. Le persone imparano facendo, commettendo errori e correggendoli. Non leggono in maniera sistematica, ma seguono un proprio ragionamento che è determinato dai loro bisogni

---

[1] Un certo tipo di assistenza all'utente è incorporata nell'interfaccia. In questo caso, le unità d'informazione sono diverse dalle normali unità d'informazione di tipo "ogni pagina è la prima", in parte perché il contesto è già chiaro ed in parte a causa dello spazio limitato. D'altra parte un help incorporato che funziona è su misura per singole funzionalità, e il redattore potrebbe non avere spazio per prendere in considerazione altri contesti operativi. Perciò non considero questo tipo un vero e proprio sostituto dell'assistenza all'utente, ad eccezione del caso di apparecchi semplici laddove il contesto operativo è chiaro. L'approccio migliore è inserire collegamenti ipertestuali che portino dalle unità d'informazione incorporate alle unità d'informazione di tipo "ogni pagina è la prima" seguendo linee di affinità di contenuto.

e interessi immediati. È interessante il fatto che Carroll ha verificato che persino quelli che credono di essere sistematici nell'apprendimento alla fine si sono rivelati non esserlo.

> Quasi tutti hanno affermato prudentemente che avrebbero letto con attenzione prima di fare qualsiasi cosa. Due di loro addirittura si erano portati carta e penna per prendere appunti durante la lettura. Nessuno si è attenuto a questa intenzione a lungo. Uno si è scusato perché ci avrebbe costretto a guardarlo leggere sia il Manuale utente sia il libro su LisaProject prima che si mettesse ad usare il sistema. Due minuti dopo si stava occupando del Profile (l'unità disco rigido). Un altro è partito prendendo in mano il Manuale utente e dicendoci che era abituato in primo luogo a leggere attentamente tutto. Di fatto ha letto il manuale per meno di nove minuti prima di dedicarsi al sistema e ha ripreso in mano il manuale almeno due ore dopo.
>
> — *The Nurnberg Funnel*[8, p. 52]

Rinunciare al modello del libro di testo è difficile non solo per i redattori: gli stessi utenti sono convinti che gli piace e che lo usano, anche se in realtà non è vero. Carroll ha anche verificato che alcuni soggetti del test si sentivano a disagio a causa della mancanza di organizzazione gerarchica in una parte della documentazione, persino quando riuscivano meglio usando informazioni non gerarchiche.

Certo, parliamo degli anni Ottanta dello scorso secolo, quando ancora quasi nessuno aveva visto un sistema informativo interattivo, a parte il web. Non dobbiamo trascurare la lezione che le persone possono sentirsi a disagio quando i contenuti sono organizzati in modo insolito, ma oggi tale lezione va applicata nel contesto culturale del web, dove è abitudine comune spostarsi facendo ricerche ed usando i collegamenti ipertestuali (per molti è normale, più dell'usare un indice generale dei contenuti di tipo gerarchico). L'abitudine culturale alle gerarchie ha sicuramente ancora influenza su tutti noi, ma sta crollando man mano che le persone accumulano esperienza con mezzi di comunicazione non gerarchici.

L'adozione di un approccio di assistenza all'utente, perciò, non significa abbandonare l'intenzione di educarlo, ma andare nella direzione di un tipo di formazione che incoraggi e dia supporto ai comportamenti che le persone adottano normalmente (anche se non se ne rendono conto) e che consistono nel crearsi un loro proprio percorso. Non è neppure una preferenza o una scelta che le persone fanno. Piuttosto, è la conseguenza del fatto che la loro idea del mondo è per loro più reale di qualsiasi cosa leggano e che è l'esperienza fatta nel mondo reale quel che ci vuole per modificare tale idea. Come ha scritto Carroll (il corsivo è suo):

Il problema non è che le persone non sono in grado di seguire semplici passi di istruzioni, ma che di fatto non lo fanno. Le persone vivono nell'azione (Winograd and Flores, 1986), riescono a capire solo attraverso le azioni concrete che compiono nella realtà. Le persone si trovano in un mondo più reale per loro di una serie di passi di istruzioni (Suchman, 1987), un mondo che fornisce un ricco contesto di consuetudini per qualsiasi compito. Le persone sono sempre all'opera a provare cose, a riflettere sulle cose, a tentare di mettere in relazione ciò che già sanno con ciò che succede, a rimediare agli errori. In poche parole, *sono troppo occupati ad imparare per mettersi ad usare le istruzioni*. È questo il paradosso del dare un senso alle cose (Carroll and Rosson, 1987).

— *The Nurnberg Funnel*[8, p. 74]

Il modo migliore di insegnare è non imporre una determinata sequenza e neppure suggerirla, ma invece dare supporto al percorso personale di ogni lettore attraverso i contenuti.

Scrivere un'unità d'informazione

Il lettore decide quando e in che ordine leggere le unità d'informazione che avete scritto. La lettura sarà intervallata da altre attività, compresa la lettura dei contenuti di altri. Inoltre leggerà le vostre unità d'informazione singolarmente e non come parte di una documentazione più ampia. Perciò il modo giusto per scrivere unità d'informazione è scriverle una alla volta. Naturalmente, chi gestisce la documentazione dovrà avere una visione più ampia, ma, in quanto redattori, dovreste sforzarvi di scrivere una sola unità d'informazione alla volta, concentrandovi su di essa e sul suo scopo specifico e delimitato. Il modo migliore per farlo è focalizzarsi sulle caratteristiche delle unità d'informazione di tipo "ogni pagina è la prima", che abbiamo visto nella Parte II, «Le caratteristiche delle unità d'informazione di tipo "ogni pagina è la prima"». Vediamo come ciascuna di queste caratteristiche possono aiutarvi nella scrittura.

Le unità d'informazione sono autonome

Un'unità d'informazione di tipo "ogni pagina è la prima" è autonoma, il che significa che anche scriverla è un'attività autonoma, nel senso che, mentre scrivete, dovreste concentrarvi su quella unità d'informazione e solo quella.

Quindi dovreste evitare di saltare avanti e indietro da un'unità d'informazione ad un'altra mentre scrivete e dovreste avere un piano ed un obiettivo autonomi per l'unità d'informazione che state scrivendo.

Ci sono due motivi per evitare di saltare avanti e indietro da un'unità d'informazione ad un'altra.

Il primo è che cambiare attività crea un sovraccarico cognitivo e rende difficile immergersi nel flusso e restare concentrati, cosa che è necessario fare per completare un compito mentalmente impegnativo con efficacia ed efficienza.[2]

Il secondo è evitare di considerare inconsciamente l'unità d'informazione come parte di qualcosa di più ampio. Certo, è necessario stabilire un piano d'insieme delle unità d'informazione, ma, nel momento in cui state scrivendo un'unità d'informazione di tipo "ogni pagina è la prima", è meglio considerarla come un'unità d'informazione concepita indipendentemente per assolvere uno scopo specifico per un lettore competente. Quell'unità d'informazione potrebbe essere tutto quello di cui un lettore competente ha bisogno per portare a termine il compito, per cui dovreste scriverla con lo stesso grado di indipendenza.

Per ottenere un tale grado di indipendenza è utile farsi un piano separato per ogni unità d'informazione. Ovviamente non dovete fare un'eccessiva pianificazione per ogni unità d'informazione. Vi serve un piano proporzionale alla lunghezza dell'unità d'informazione. Come minimo il vostro piano dovrebbe fissare lo scopo, specifico e delimitato, e il modello dell'unità d'informazione. Un'altra ottima strategia è scrivere i metadati che servono prima di scrivere l'unità d'informazione (me ne occuperò nel Capitolo 19).

Le unità d'informazione hanno uno scopo specifico e delimitato

Se riuscite a tenere a mente solo una delle caratteristiche dell'approccio "ogni pagina è la prima" mentre scrivete, dovrebbe essere questa: definire lo scopo specifico e delimitato dell'unità d'informazione. Ricordate che l'unità d'informazione è un aiuto per eseguire un compito e che il compito non è semplicemente una procedura.

Stabilire i limiti dello scopo dell'unità d'informazione è importante quanto decidere lo scopo in sé. Val la pena annotarsi gli aspetti dell'argomento trattato che è ovvio non siano inclusi nell'unità d'informazione. Vi aiuterà ad evitare ogni divagazione su quegli aspetti mentre scrivete. Capita spesso, mentre si scrive, che la mente sia occupata dalle implicazioni e dalle questioni secondarie che nascono da ciò che abbiamo appena scritto, specialmente se, come si dà spesso il caso, mettere le cose per iscritto ci ha portato a renderci conto di qualche nuovo aspetto dell'argomento. È facile che la penna segua le mente nella tana del coniglio appena scoperta. Ci servono paletti di confine evidenti per ricordarci di rimanere aderenti allo scopo che abbiamo fissato.

---

[2] Vedi https://it.wikipedia.org/wiki/Flusso_(psicologia) sul concetto di flusso.

Naturalmente queste idee vaganti non devono andare perse. Esse possono indicare un'affinità di contenuto che dovrete affrontare nel contesto più ampio della documentazione. Le dovreste mettere da parte e rivitalizzare nel processo di sviluppo delle unità d'informazione. Appuntarsi queste idee ha il doppio vantaggio di alimentare il processo di pianificazione e di soddisfare il desiderio della vostra mente di catturarle, lasciandola libera di tornare a concentrarsi sul compito principale.

Un secondo aspetto positivo di fissare esplicitamente i limiti dello scopo dell'unità d'informazione è che vi aiuta ad assicurarvi di avere davvero in mente uno scopo definito. A volte un'idea di scopo che sembra chiara può rivelarsi informe e approssimativa non appena ci si appresta a darle sostanza. Fissare i confini aiuta ad assicurarsi che ci sia effettivamente qualcosa di concreto attorno al quale si possa tracciare un confine.

Di nuovo, siate semplici e concisi. Occorre evitare che la pianificazione prenda il sopravvento sulla redazione: basta pensare giusto a quel che serve per evitare alla scrittura di uscire dai binari.

Le unità d'informazione seguono un modello

Avere a disposizione una buona serie di modelli è di grande aiuto nella pianificazione e creazione di un'unità d'informazione. Un modello ben fatto evita gran parte del lavoro di pianificazione che sarebbe richiesto dalle unità d'informazione che lo seguono. Un modello di unità d'informazione è di per sé un piano applicabile alle unità d'informazione che vi si conformino.

Per esempio, se vi capitasse di scrivere un'unità d'informazione sulla configurazione del sistema integrato citato nel Capitolo 9 sapreste già che vi servono le sezioni su Concetti di base, Pianificazione, Configurazione, Assemblaggio e Impacchettamento. Sapreste anche che la sezione Pianificazione consiste in una serie di domande alle quali l'utente deve rispondere, con indicazioni su come trovare le risposte, e che la sezione Configurazione contiene un diagramma di flusso e una lista di input e output. Avere a disposizione queste informazioni significa che buona parte del lavoro di pianificazione è già fatto e che potete passare alla fase della ricerca.

Una volta che avete definito lo scopo specifico e delimitato di un'unità d'informazione, avete definito i fondamenti di un modello. Per portare a termine un certo tipo di scopo (come preparare un piatto, usare una API, configurare un modulo di un sistema integrato) vi serviranno gli stessi tipi di informazione per ogni esemplare di quel tipo. L'insieme dei tipi di informazione richiesto da ogni scopo costituisce il modello delle unità d'informazione su un certo argomento. Per essere sicuri di realizzare un'unità d'informazione approfondita e corretta (cioè di centrare il suo scopo specifico) occorre accertarsi di aver inserito tutte le informazioni necessarie. Questo significa che dovete essere sicuri che l'unità d'informazione è conforme al proprio modello.

I modelli di unità d'informazione possono essere definiti e descritti in molti modi. Wikipedia è piena di tali modelli, ma in questo caso si vede che non sono gli effetti di un'imposizione. Questi modelli crescono invece nel tempo man mano che le persone aggiungono informazioni mancanti e adeguano gli articoli alle regole in evoluzione adottate per quel tipo di contenuto. È verisimile che non abbiate tempo per un processo evolutivo di questo genere, per cui vi servirà un approccio più strutturato e pianificato alla definizione dei modelli di unità d'informazione.

Questo approccio può concretizzarsi in molti modi. Potreste descrivere il modello in una guida di stile, fissarlo in un template di FrameMaker, Word o di un wiki, oppure trasformarlo in una tabella di database o in uno schema XML. Quanto più il metodo scelto è rigoroso ed efficiente nel guidare il lavoro degli autori, tanto migliore sarà il grado di aderenza che si ottiene. Secondo la mia esperienza, le persone sovrastimano di molto la propria capacità di adottare correttamente un modello scritto in una guida di stile o in un template. Dopo che un modello rigoroso è stato creato e i contenuti esistenti sono stati adattati in base al modello, le persone si stupiscono di quanta parte del contenuto originale che avevano creato manchi.

Il punto fondamentale nel lavoro di creazione dei vostri modelli di unità d'informazione, tuttavia, sta semplicemente nel concentrarsi sulle informazioni realmente necessarie ai fini dello scopo specifico e delimitato del modello. Mentre elaborate i vostri modelli evitate di perdervi in problemi generici di stile o questioni riguardanti gli stili delle tabelle, o altre faccende del genere. Queste cose porteranno sempre fuori strada l'elaborazione del modello. Risolvete questo genere di cose in altra sede, oppure limitatevi a seguire le regole standard che altri hanno già definito per risolverle.

Spesso il modo più semplice per creare un modello di unità d'informazione è esaminare diverse unità d'informazione di varia fonte e individuare i tratti che hanno in comune. Se una fonte contiene informazioni non inserite dalle altre, applicate il test dello scopo specifico e delimitato. Se le informazioni sono estranee allo scopo specifico e delimitato adottato dal modello, escludetele. Se le informazioni sono attinenti allo scopo, includetele.

Ricordate che il fine di questa operazione non è ottenere un modello universale che includa tutti gli esempi che avete preso in considerazione. Molti di questi esempi conterranno troppo poche o troppe informazioni. Piuttosto, sfruttate gli esempi per cercare di capire che cosa è davvero essenziale per lo scopo specifico e delimitato dell'unità d'informazione. Magari finirete col dover adattare ciascun esempio al modello che avete elaborato, ma tutti alla fine lo seguiranno perfettamente.

State anche attenti a non cominciare ad allargare i vostri modelli per accogliere informazioni correlate. Questo porterebbe a modelli meno strutturati che sarebbe più difficile adottare e usare come banco di prova. Se pensate che un modello già pronto possa essere adatto a trattare nuovi contenuti, applicate la procedura di creazione di un modello nuovo a questi contenuti e poi fate un confronto fra i due modelli. Se i due modelli sono equivalenti, uniteli. Se non lo sono, è probabile che alla base delle differenze ci sia un motivo preciso, che riflette una differenza di fondo fra i rispettivi scopi specifici e delimitati. In tal caso, tenete distinti i due modelli.

Per scrivere una nuova unità d'informazione stabilite quale dei vostri modelli è adatto al suo scopo e seguitelo. Se vi ritrovate a voler includere informazioni che non sono previste dal modello, fatevi queste domande:

- Ho definito e delimitato correttamente lo scopo dell'unità d'informazione? (Capitolo 8)
- Ho identificato il modello corretto ai fini dello scopo? (Capitolo 9)
- Sto facendo un tentativo di cambiare livello entro l'unità d'informazione perché temo che il lettore potrebbe non capire qualcosa? (Capitolo 12)
- Sto cercando di costringere in una sola unità d'informazione contenuti che sono propri di due diverse unità o suddividere il contenuto di un'unità in due?
- Mi sono imbattuto in un caso limite, strano e particolare? Casi del genere capitano e la soluzione migliore è spesso scrivere un'unità d'informazione generica, senza seguire un modello, piuttosto che aggiungere ad un modello già creato le eccezioni di ogni caso limite. Così facendo il modello si mantiene di norma semplice da capire, da adottare e da verificare.

Se queste scappatoie non bastano, segnatevi quelle informazioni come un difetto nella definizione del modello. Nel caso che i vostri modelli siano definiti in un sistema di redazione strutturata, usate un modello generico finché non avete perfezionato il modello giusto da usare per l'unità d'informazione. Tenete sempre traccia del fatto che avete deviato dal modello e perché.

Se stabilite lo scopo specifico e delimitato dell'unità d'informazione e poi vi rendete conto che non avete nessun modello adatto, prendete nota che è necessario creare un nuovo modello e procedete a scrivere l'unità d'informazione secondo un modello generico, cercando, per quanto possibile, di raccogliere idee per il nuovo modello man mano che procedete. Il materiale così creato darà un importante contributo quando definirete il nuovo modello.

Le unità d'informazione definiscono il proprio contesto

Quando lavorate ad una qualsiasi unità d'informazione dovreste partire dal presupposto che il lettore arriverà all'unità d'informazione attraverso una ricerca, un collegamento ipertestuale, consultando un indice generale o un indice analitico, oppure seguendo un qualche altro percorso diretto. Ci arriverà direttamente, senza aver letto altro. Per lui è la pagina di partenza. Perciò la prima cosa da fare è aiutarlo a capire se si trova davvero nel posto giusto. Per farlo, occorre che l'unità d'informazione definisca il proprio contesto.

Se la vostra documentazione è provvista di un qualsiasi sistema di navigazione locale, è facile dare per scontato che qualsiasi lettore userà quel sistema per arrivare ai contenuti e che, navigando in tal modo, si renderà conto del contesto prima di arrivare al contenuto che cerca. Questa ipotesi non è certa. Per prima cosa, non è garantito che le persone useranno il sistema di navigazione. Le persone fanno sempre più spesso ricerche per procurarsi le informazioni[3], per cui è probabile che arrivino attraverso una ricerca. Dato che le persone non sempre sono così brave a fare ricerche e i motori di ricerca non sempre sono efficaci nell'indicare il contesto dei risultati della ricerca, la gente spesso finisce nell'unità d'informazione sbagliata e si confonde. Le vostre unità d'informazione devono perciò orientare il lettore, così come dovrebbe fare la prima pagina di qualsiasi documento. Il punto chiave da tenere a mente riguardo alla contestualizzazione, però, è che sta tutto nel merito dell'argomento trattato. Non parliamo di cose tipo "Benvenuti nella documentazione dell'aggeggio di XY" o "Congratulazioni per aver acquistato un aggeggio di XY". Non si tratta di contestualizzare rispetto alla documentazione. Si tratta di informare il lettore di quale parte del mondo reale è documentata dall'unità d'informazione. La definizione del contesto indica di cosa parla l'unità d'informazione e di qual è il posto del suo argomento nel mondo.

Il contesto di un'unità d'informazione nel mondo reale e nell'ambito delle azioni dell'utente è chiarito anche dai metadati assegnati all'unità (tornerò sui metadati nel Capitolo 19). Una tecnica utile è visualizzarli, specialmente in un box o in una cornice attorno al testo. Abbiamo discusso questo approccio a proposito dell'articolo di Wikipedia sul cratere di Manicouagan e trattando di *All About Birds* nel Capitolo 4. Però, se avete intenzione di riutilizzare i vostri contenuti in diverse posizioni o diversi mezzi di comunicazione, non affidatevi solo ai metadati per definire il contesto. Alcuni mezzi di comunicazione non sono in grado di visualizzare i metadati, o lo fanno male. Piuttosto, usate il primo paragrafo del testo per definire il contesto.

---

[3] http://www.nngroup.com/articles/incompetent-search-skills/

Scrivetelo breve e sintetico. Non cadete nella trappola di pensare che è vostro dovere spiegare tutto quello di cui parlate nel paragrafo dedicato alla definizione del contesto. Tenete presenti i limiti che avete fissato per l'unità d'informazione. Allo stesso tempo, proseguite e aggiungete collegamenti ipertestuali che da quei punti portino ad unità d'informazione che li trattano.

Le unità d'informazione presuppongono che il lettore sia competente

Per un autore può risultare difficile adattarsi all'idea di presupporre che il lettore sia competente, allo stesso modo del mantenersi su un livello (e infatti le due cose sono strettamente correlate). Uno scopo ben definito e delimitato può essere d'aiuto e un modello di unità d'informazione ben fatto può esserlo ancor più.

Per esempio, la Figura 10.2, «Esempio di creazione del contesto» include la frase "L'infrastruttura di App Engine si occupa totalmente della distribuzione, della replica e del bilanciamento di carico dei dati grazie ad una semplice API, e voi avete a disposizione un potente motore di operazioni...". Questa affermazione presuppone che il lettore sappia cosa significhi distribuzione, replica, bilanciamento di carico dei dati, API e motore di query. Il lettore competente, in questo caso, è qualcuno che si occupa di progettazione di applicazioni web guidate dai dati, e ci si aspetta che chi lavora in quel campo sappia queste cose.

Certo, qualche lettore potrebbe non conoscere alcune di queste informazioni. Se ha lavorato solo su piccoli sistemi potrebbe sapere ben poco di bilanciamento di carico dei dati o di replica. Però, dato che l'unità d'informazione ha definito il proprio contesto, il lettore è avvertito immediatamente che potrebbe dover imparare qualcosa di nuovo prima di occuparsi di quest'argomento. L'unica cosa che manca sono collegamenti ipertestuali alle opportune fonti di informazione. Dal momento che si tratta di concetti generali, non specifici di Google, il lettore potrebbe trovare le sue fonti facendo una ricerca, ma questo significherebbe dover fare un ulteriore sforzo e non lo incoraggerebbe a rimanere all'interno dei contenuti offerti da Google. Un strategia migliore sarebbe fornire già all'interno del contenuto collegamenti ipertestuali a quelle fonti di informazione.

Tenete anche a mente che quello che state definendo è un presupposto, non un particolare individuo o un requisito comune al ribasso. Parecchi lettori arriveranno nella vostra unità d'informazione senza essere pienamente competenti, per un verso o per l'altro. Il mondo non è fatto di gruppi omogenei di impiegati con lo stesso livello di preparazione. Ogni lettore non competente è diverso ed è impossibile scrivere un'unità d'informazione che preveda ogni possibile caso. Piuttosto, scrivete per il lettore competente (quella persona che esegue quel tipo di compito ogni giorno) e fornite collegamenti ipertestuali che seguano le linee dell'affinità di contenuto per aiutare il lettore non competente a riempire le sue lacune.

Questo è il motivo per cui è necessario che vi segniate le affinità di contenuto nelle quali vi imbattete nei vostri contenuti. Queste affinità vi aiutano a gestire il flusso di creazione delle unità d'informazione in modo da essere sicuri di tenere in conto anche i lettori non competenti.

Buona parte del processo di definizione dei modelli delle unità d'informazione consiste nel definire qual è il lettore competente. Il modello stesso dovrebbe farvi capire quale grado di competenza potete dare per scontato e voi dovreste riflettere su qual è il lettore competente prima di cominciare a scrivere una qualsiasi unità d'informazione.

E non dimenticate che la definizione del lettore competente cambia fra le diverse unità d'informazione. Nel caso della documentazione creata sul modello del libro l'immagine del lettore era spesso definita una volta per tutte per l'intera documentazione, cosa che è assolutamente non realistica. In altri casi si stabilivano livelli diversi di competenza, ma solo come classificazioni ampie, come principiante, intermedio ed esperto.

Le competenze effettive delle persone non si adattano ad una classificazione così semplice. Le competenze necessarie per comprendere ed eseguire un certo compito sono in certo grado specifiche e diverse da un compito all'altro. Perciò, quando delineate il vostro lettore competente per una certa unità d'informazione, dovete darne una definizione in termini di specifiche conoscenze ed esperienze relative all'argomento dell'unità d'informazione.

Le unità d'informazione si mantengono su un unico livello

Quando si scrivono libri è normale cambiare livello. I bravi autori di libri studiano attentamente come e a che punto farlo. Pianificare i cambiamenti di livello significa provare a stabilire la sequenza migliore per aiutare il lettore a capire l'argomento.

La strategia "ogni pagina è la prima", invece, riconosce che non è possibile standardizzare o pianificare il processo di comprensione e che certamente non ne possiamo immaginare uno generico che sia valido per un'intera classe di lettori. Il lettore cambia livello quando se la sente, per cui le unità d'informazione di tipo "ogni pagina è la prima" non vogliono imporre cambi di livello. Esse si mantengono su un unico livello.

Questa differenza radicale fra unità d'informazione e libri è uno degli scogli maggiori che un redattore incontra quando passa dalla scrittura dei libri a quella delle unità d'informazione. Quando si imbatte in un dettaglio, l'istinto da autore di libri lo spinge ad occuparsene all'istante.

Se passate a scrivere unità d'informazione di tipo "ogni pagina è la prima", dovete riprogrammare quell'istinto. Non intendo dire che dovete cancellarlo totalmente. I momenti in cui si intuisce che è opportuno un cambio di livello o che si può aiutare il lettore a capire un concetto di base sono importanti nel caso delle unità d'informazione di tipo "ogni pagina è la prima" tanto quanto lo sono quando si scrivono libri. Quel che cambia è il modo di farlo.

In un libro, è l'autore a decidere se cambiare o no livello; nel caso di "ogni pagina è la prima", l'autore fornisce al lettore supporto per decidere da sé. Questi momenti ricorrono sempre negli snodi di affinità di contenuto.

Un buon esempio è l'istruzione "soffriggi la cipolla" nella ricetta dei Mac & Cheese al dragoncello. Spiegare come si fa soffriggere la cipolla non rientra nello scopo specifico e delimitato della ricetta. Però l'autore potrebbe accorgersi in quel momento che non tutti i lettori potrebbero sapere come si fa soffriggere la cipolla. L'autore di un libro si troverebbe a dover decidere se cambiare livello, aggiungendo la spiegazione di come si fa soffriggere la cipolla, o dare per scontato che il lettore possa informarsi da sé e quindi proseguire.

Per un autore di unità d'informazione di tipo "ogni pagina è la prima", invece, le cose funzionano diversamente. Non se ne parla di cambiare livello (sarebbe una violazione del principio per cui lo scopo deve essere specifico e delimitato), ma è un'occasione per riconoscere e segnarsi un'affinità di contenuto e magari provvedere fornendo un collegamento ipertestuale.

A seconda del processo di redazione adottato, il redattore dovrà trovare una fonte e aggiungere il collegamento ipertestuale da sé, oppure usare etichette semantiche per contrassegnare l'affinità di contenuto e lasciare al software il compito di creare il collegamento ipertestuale (questo processo è descritto nel Capitolo 20). In entrambi i casi è utile prendere nota dell'affinità di contenuto nel sorgente dell'unità d'informazione o altrove, se lo strumento di redazione permette di farlo. La lista delle affinità di contenuto raccolte durante il lavoro sui contenuti è molto importante per pianificare e gestire le unità d'informazione. Per quanto possiate aver riflettuto a fondo e pianificato le unità d'informazione, la gestione sistematica e la registrazione delle affinità di contenuto vi indicherà diverse unità d'informazione che vi erano sfuggite durante la pianificazione, spesso anche molto importanti.

Le unità d'informazione abbondano di collegamenti ipertestuali

Proprio perché sono autonome e seguono un modello conforme ad uno scopo specifico e delimitato, le unità d'informazione di tipo "ogni pagina è la prima" ben fatte devono abbondare di collegamenti ipertestuali verso altri contenuti per aiutare il lettore a procurarsi facilmente tutte le informazioni supplementari di cui ha bisogno.

Nelle unità d'informazione di questo tipo l'aggiunta di collegamenti ipertestuali non dovrebbe essere un'attività sporadica o soggettiva. È un'attività di fondamentale importanza per organizzare le unità d'informazione secondo l'approccio bottom-up, per cui va svolta in maniera sistematica. Come detto sopra, gestire e annotare le affinità di contenuto in cui vi imbattete è una parte importante del processo di scrittura. Le unità d'informazione di tipo "ogni pagina è la prima" hanno collegamenti ipertestuali che seguono le linee delle affinità di contenuto, quindi il compito di fornire un buon numero di collegamenti ipertestuali richiede assolutamente che si annotino e si gestiscano le affinità di contenuto proprie dell'unità d'informazione.

Il Capitolo 20 descrive un metodo per gestire le affinità di contenuto e generare i relativi collegamenti ipertestuali, ma se tale metodo non può essere utilizzato con gli strumenti che usate dovete comunque trovare il modo di appuntarvi e gestire le affinità di contenuto creando collegamenti ipertestuali basati su di esse.

Dal punto di vista del redattore, quindi, il criterio fondamentale non è aggiungere indiscriminatamente tanti collegamenti ipertestuali, ma annotarsi e gestire in maniera sistematica le affinità di contenuto che riguardano le unità d'informazione.

La questione dello stile

È diventato quasi un assioma della scrittura basata sulle unità d'informazione che i redattori che scrivono unità d'informazione debbano adottare uno stile omogeneo. I motivi sono sia a livello generale sia a livello di dettaglio. A livello di dettaglio, molti sistemi di redazione basati su unità d'informazione, specialmente nel campo della comunicazione tecnica, sono specializzati nell'uso delle unità d'informazione come moduli per costruire documenti diversi. Di conseguenza, se ogni documento creato a partire da moduli deve sembrare come se fosse scritto dalla stessa mano, ogni redattore deve scrivere allo stesso modo.

Questa esigenza è indipendente dal metodo di scrittura delle unità d'informazione di tipo "ogni pagina è la prima". Non c'è alcuna ragione specifica per la quale lo stile di una certa unità di contenuto di tipo "ogni pagina è la prima" debba essere lo stesso usato in altre unità d'informazione sullo stesso argomento. "Ogni pagina è la prima", quindi non ci si aspetta alcuna forma di continuità fra un'unità d'informazione e la seguente. In molti casi il lettore leggerà altre unità d'informazione su altri argomenti fra una visita e l'altra alle unità d'informazione che avete scritto. In effetti, il lettore, man mano che si sposta nel web e si imbatte in frequenti cambiamenti di stile, si abitua a qualsiasi stile, eccetto quelli davvero pessimi. Ogni unità d'informazione è un prodotto informativo a sé e il lettore che viaggia nel web non si aspetta di incontrare sempre lo stesso stile.

Quindi, a meno che non vogliate costruire unità d'informazione di tipo "ogni pagina è la prima" a partire da unità d'informazione più piccole e modulari, non c'è alcuna ragione di dettaglio per preoccuparsi di garantire uniformità di stile.

Il motivo a livello generale per perseguire uniformità di stile è l'esigenza di natura commerciale che tutti i contenuti aziendali si adeguino ad una determinata immagine. Se è un'esigenza dell'azienda, occorre naturalmente adeguarsi. Vale però la pena considerare alcune ragioni per le quali un'azienda farebbe bene ad assumere un diverso orientamento.

Vediamo i risultati di un sondaggio riportati in "What every blog needs to be great"[4] ("Cosa serve a un blog per avere successo") da Jesse Stanchak:

> SmartPulse (il nostro sondaggio settimanale fra i lettori tenuto su SmartBrief on Social Media[5]) raccoglie le impressioni dei migliori addetti marketing riguardo a tecniche e questioni aperte dei social media. Ecco la domanda del sondaggio della scorsa settimana: **Quale delle seguenti qualità è più importante per il successo di un blog?**
>
> - Individualità - 43,41%
> - Contenuto originale ed interessante - 35,66%
> - Nicchia di mercato - 11,63%
> - Intensa promozione sui canali dei social media - 5,04%
> - Ottimo livello di SEO - 2,71%
> - Collegamento con marchi o personaggi famosi - 1,55%
>
> Jesse Stanchak, editor di SmartBrief on Social Media, in un intervento su Smartblogs.com[6].

---

[4] http://www.smartbrief.com/original/2010/09/what-every-blog-needs-be-great
[5] http://www2.smartbrief.com/signupSystem/subscribe.action?pageSequence=1&briefName=socialbusiness
[6] http://www.smartbrief.com/originals

Il 43,41% dei partecipanti al sondaggio ha scelto l'individualità, addirittura a preferenza di un contenuto originale ed interessante. È solo un piccolo sondaggio, che riguarda i blog, ma ci sono altre ragioni per credere che l'individualità abbia un forte ruolo sul web al giorno d'oggi. Le constatazioni di David Weinberger che il web ci consente di avere accesso all'esperienza tanto quanto il possesso dell'autorità e che ormai ci fidiamo più dei social network che delle istituzioni, suggeriscono che in ogni caso un tono aziendale incolore e anonimo non sia la scelta più efficace. Persino Apple, notoriamente formale e inquadrata, ha costruito il suo marchio essenzialmente sulla personalità di un solo uomo: Steve Jobs.

Le unità d'informazione con stile e tono individuali spesso si fanno notare e, perciò, è più probabile che vengano incluse fra quelle scelte dal lettore. Questo succede a maggior ragione quando l'unità d'informazione arriva da una persona nota che il lettore conosce e di cui si fida. Se volete impostare funzionalità social nella vostra documentazione non potete aspettarvi di riuscire a creare una comunità attorno ad una documentazione incolore e anonima. La gente si fa trascinare dagli altri. Mettete nome e foto dell'autore su ogni unità d'informazione di tipo "ogni pagina è la prima" e otterrete una base di partenza molto più solida per costruire una comunità attorno alla vostra documentazione. Atlassian è un esempio di azienda che riporta il nome dell'autore (ma non la foto) su ogni unità d'informazione della sua documentazione (N.d.T.: solo fino alla versione 4, in uso al momento della stesura di questo libro).

Documenti di consultazione

Nel Capitolo 8 ho paragonato la documentazione ad una rete di autobus. Le unità d'informazione sono mezzi di trasporto fra punti definiti. Naturalmente la rete non è completa o perfetta. Non può soddisfare qualsiasi viaggio. Ci sono percorsi che non sono abbastanza trafficati per far sì che un servizio regolare sia economicamente conveniente. A volte il lettore dovrà cercarsi il percorso da sé.

Il lettore non rimane del tutto bloccato nel caso non gli si fornisca l'unità d'informazione giusta per il suo scopo. Le persone sono, in vario grado, intelligenti, coraggiose, determinate e pazienti e, se riescono a mettere assieme poco a poco abbastanza informazioni sicure, possono crearsi un loro proprio metodo. Di fatto, alcuni membri della comunità degli utenti dei vostri contenuti daranno il meglio in questa sfida (e, in più, spesso lasceranno una traccia del loro percorso a beneficio degli altri, contribuendo così alla coda lunga).

Ma persino i più intrepidi si trovano in imbarazzo se non riescono ad andare al sodo. Le informazioni per la consultazione sono il fondamento di una documentazione efficace.

La documentazione ideale dovrebbe presentarsi in questo modo: una base costituita da un database di informazioni certe, solido e ben organizzato, sul quale si erige una rete facile da navigare costituita da unità d'informazione di dimensioni appropriate, che collegano centri di interesse pertinenti.

In una documentazione di tipo "ogni pagina è la prima" i documenti di consultazione giocano un ruolo speciale. Dato che la documentazione di tipo "ogni pagina è la prima" utilizza i collegamenti ipertestuali, capita spesso che le unità d'informazione possano avere collegamenti diretti con i documenti di consultazione. In tal genere di documentazione, perciò, un documento di consultazione è il punto di arrivo per un gran numero di collegamenti ipertestuali. Quando c'è una solida base di contenuti di consultazione è più facile che le unità d'informazione si mantengano su un unico livello e rispettino il proprio scopo specifico e delimitato.

Tutorial

Un tutorial è un insieme sistematico di istruzioni e, come ha dimostrato John Carroll, spesso le istruzioni sistematiche non funzionano bene. D'altra parte (come lo stesso Carroll ha verificato) il lettore non ha sempre ben chiaro cosa vuole e spesso richiede dei tutorial. Ma i tutorial sono compatibili con l'approccio "ogni pagina è la prima"?

Se vi aspettavate che il lettore si sieda e segua fino in fondo un tutorial di qualche ora, la risposta probabilmente è no. Di conseguenza, vi sarete affidati all'autoformazione, che è una disciplina a sé stante. Se però la vostra aspettativa è, più realisticamente, che il lettore probabilmente seguirà il tutorial solo per qualche minuto prima di mettersi a fare di testa sua, allora la risposta è sì.

La diretta conseguenza della creazione di tutorial di tipo "ogni pagina è la prima", anche se ne create diversi e la loro complessità aumenta via via, è che non dovrebbero essere scritti come se l'utente se li studierà tutti uno dopo l'altro. Come qualsiasi unità d'informazione di tipo "ogni pagina è la prima", i tutorial dello stesso genere andrebbero scritti in base al presupposto che il lettore sia competente nel seguire qualsiasi tutorial voglia scegliere. I tutorial del tipo "ogni pagina è la prima" dovrebbero stabilire il proprio contesto, in modo che il lettore possa capire se è competente, e fornire collegamenti ipertestuali alle informazioni che il lettore può utilizzare se ha bisogno di diventare competente.

Per praticità spesso i tutorial sono scritti in sequenza, in modo che uno diventi il punto di partenza per il successivo. Questa impostazione può essere gestita fornendo a parte assieme ad ogni tutorial dei punti di partenza già pronti.

Come ogni altro tipo di unità d'informazione anche il tutorial è ricco di affinità di contenuto e, fornendo collegamenti ipertestuali che seguono le linee delle affinità di contenuto, si può aiutare l'utente a colmare le lacune di cui si rende conto man mano che avanza nel tutorial. In altre parole, un'unità d'informazione di tipo tutorial dovrebbe essere scritta come qualsiasi unità d'informazione di tipo "ogni pagina è la prima". Dovrebbe essere autonoma, avere uno scopo specifico e delimitato, seguire un modello, mantenersi su un unico livello, presupporre che il lettore sia competente e avere molti collegamenti ipertestuali.

Video

I video sono sempre più importanti nella comunicazione tecnica. Spesso sono gli utenti ad essere in prima fila a pubblicare i propri video su YouTube, ma anche i professionisti della comunicazione tecnica stanno arrivando. I video che spiegano procedure sono quasi sempre essenzialmente di tipo "ogni pagina è la prima".

I video di solito sono autonomi, a meno che non facciano parte di un vero e proprio corso, come su lynda.com[7]. Forse è ancora più importante con i video, piuttosto che con i testi, assicurarsi che siano autonomi e indipendenti. Dato che i video non possono contenere collegamenti ipertestuali e non supportano la visione a salti e per sommi capi, l'utente non riesce a costruirsi un proprio percorso, almeno durante la visione del video. Perciò un video deve essere pensato come un tutt'uno.

Un video ben fatto parte sempre stabilendo il contesto. Da questo punto di vista, a volte i video sono in vantaggio sui testi perché possono usare diversi tipi di mezzi di comunicazione per stabilire il contesto. Come vale in generale per i video, anche quando si tratta di stabilire il contesto si dovrebbe pensare anzitutto in termini visivi piuttosto che narrativi.

I video danno in genere per scontato che chi guarda sia competente, dato che approfondimenti e digressioni distraggono e infastidiscono ancor più che non in un testo.

---

[7] https://www.lynda.com/

Una caratteristica interessante dei video è che sono molto più difficili da elaborare rispetto ad un testo. L'elaborazione di un video ha quasi sempre a che fare con l'assemblaggio di singole riprese nel video completo. È parte del processo di produzione tipico di un video, allo stesso modo di come la revisione editoriale fa parte del processo tipico di produzione di un testo. Quando il video è finito è molto improbabile che qualcuno ci rimetta mano e lo modifichi in maniera significativa o aggiunga nuove parti. L'ambientazione, le luci, la voce narrante, la qualità delle riprese, persino il flusso narrativo sono così difficili da riprodurre che di solito è più facile girare un nuovo video piuttosto che modificarne uno già fatto.

Un effetto collaterale è che tutto questo aiuta a mantenere i video su un unico livello. In molti casi un testo che presenta salti e passa da un livello ad un altro è il risultato di revisioni effettuate nel tempo da diversi redattori (che hanno spesso conoscenze e competenze diseguali e lavorano con più o meno tempo a disposizione).

Un altro fattore che spinge per mantenere i video su un unico livello è che livelli di astrazione differenti richiedono di per sé stili visuali diversi. Le informazioni che spiegano procedure di solito richiedono immagini dell'apparecchio o della schermata di cui si parla, mentre informazioni più astratte vengono solitamente meglio rappresentate facendo uso di analogie che possono prendere la forma di animazioni o immagini di oggetti del mondo reale.

I documentari veri e propri, naturalmente, usano diversi stili e metafore visuali e possono cambiare livello per esporre una narrazione completa. Come l'autore di un libro, anche il produttore di un documentario decide quando è il caso di cambiare livello. Però in un video di tipo "ogni pagina è la prima", allo stesso modo di un'unità d'informazione dello stesso tipo, è meglio mantenersi su un unico livello e lasciare che sia il lettore a scegliere se e quando cambiare livello selezionando un'altra unità d'informazione o un altro video.

I video e l'uso dei collegamenti ipertestuali

Uno dei problemi principali di un video, rispetto al testo, è che non c'è alcun modo efficace di includere un collegamento ipertestuale. Non è una cosa impossibile a farsi, ma non funziona molto bene. I collegamenti ipertestuali danno al lettore la possibilità di fermarsi e poi decidere se riprendere a leggere l'unità d'informazione, seguire una qualche affinità di contenuto oppure spostarsi in un livello superiore o inferiore. Per prendere queste decisioni chi guarda ha bisogno di fermarsi un momento, e i riproduttori video non sono ancora in grado di capire quando chi guarda potrebbe voler passare ad un'altra unità d'informazione. (Mentre sto scrivendo, girano indiscrezioni su cellulari che utilizzeranno la loro fotocamera per tenere sotto controllo gli occhi e fermare la riproduzione di un filmato quando si distoglie lo sguardo, per cui avere una pausa nella riproduzione quando si sta pensando di seguire un collegamento ipertestuale potrebbe non essere così inverosimile nel momento in cui leggerete questo libro.)

Dunque, la maggior parte dei video non contengono collegamenti ipertestuali, almeno per ora. Però i video sono spesso inseriti in pagine con molti collegamenti ipertestuali, come sa qualunque utente di YouTube. In effetti, YouTube non sarebbe quello che è se fosse solo un riproduttore di video. La peculiarità di YouTube è la presenza di collegamenti ipertestuali verso altri video che sono presenti a cornice del video in riproduzione. Questi collegamenti ipertestuali includono video simili, video caricati dalla stessa persona, video dello stesso artista e video simili a quelli che chi guarda ha già visto in precedenza. Guardare YouTube è proprio come sgranocchiare i popcorn: uno tira l'altro. Probabilmente si finisce invece col raccogliere e guardare il proprio personale festival del cinema.

In definitiva, se utilizzate i video nella vostra documentazione considerate la possibilità di inserirli in una cornice, in modo da aggiungere collegamenti ipertestuali ad argomenti correlati.

I video come unità d'informazione

Dal momento che i video hanno così tanto in comune con le unità d'informazione di tipo "ogni pagina è la prima", ha senso che, ai fini organizzativi, li consideriamo come se fossero unità d'informazione. Potete certo fornire una lista di video, se volete, ma non ha senso tenerli separati dalle unità d'informazione testuali, chiusi nella loro nicchia. I video sono adatti a certi tipi di contenuto e le unità d'informazione testuali ad altri. Quando l'utente si muove fra i contenuti è senza dubbio appropriato che riceva ogni contenuto attraverso il mezzo di comunicazione più adatto.

Dato che non sempre sono disponibili i mezzi tecnici per vedere un video, in particolare se c'è anche una parte audio, è una buona idea fornire in alternativa un'unità d'informazione testuale con contenuti equivalenti. Può essere una trascrizione del video, ma, se una tale trascrizione è equivalente ai contenuti del video, o non avete sfruttato a fondo i vantaggi offerti dal linguaggio visuale e audio di questo mezzo di comunicazione oppure la vostra unità d'informazione semplicemente non è adatta ad un video. Perciò sarebbe meglio creare anche un'unità d'informazione testuale gemella del video, per così dire, scritta come "ogni pagina è la prima".

Le due unità d'informazione gemelle, cioè la versione testuale e quella video, dovrebbero essere posizionate vicine, per quanto possibile. Il modo più semplice per farlo potrebbe essere inserire il video all'interno dell'unità d'informazione testuale. Un'alternativa, se il sistema di pubblicazione la supporta, è fare in modo che ci sia un collegamento ipertestuale reciproco, per esempio con un'interfaccia a schede, in modo che il lettore/spettatore possa spostarsi a piacere fra le due versioni.

In entrambi i casi occorre che le due unità d'informazione gemelle compaiano nei risultati di ricerca come se fossero una sola e, sicuramente, che il lettore/spettatore che, tramite una ricerca, ne trova una, possa immediatamente arrivare all'altra. Accoppiare testo e video in questo modo può essere molto utile per risolvere i problemi di SEO (N.d.T.: *Search Engine Optimization*, ovvero le tecniche per migliorare la posizione di un sito web nei risultati dei motori di ricerca) e di collegamenti ipertestuali propri dei video. Può essere anche una soluzione per il caso di quegli spettatori/lettori che si spazientiscono perché non possono saltare da un punto all'altro di un video o guardarlo per sommi capi. Essi possono passare alla versione testuale, se non possono proprio aspettare di arrivare alla fine del video. Le unità d'informazione gemelle sono anche una possibilità da tenere in conto per dare un'alternativa ai lettori che hanno bisogno di contenuti accessibili.

I video come oggetti

Non tutti i video sono per forza delle unità d'informazione. A volte video ed animazioni sono un modo efficace di mostrare un processo fisico o spiegare un concetto, come potrebbe fare una fotografia o un disegno. Così come fotografie e disegni non sono di per sé unità d'informazione, allo stesso modo non lo sono i video. Se un video non è di tipo "ogni pagina è la prima", allora è necessario inserirlo all'interno di un'unità d'informazione di quel genere (o in una voce di consultazione), così come si farebbe con una fotografia o con un disegno.

Le unità d'informazione di tipo "ogni pagina è la prima" e il quadro generale

I redattori spesso chiedono come possa la scrittura basata sulle unità d'informazione gestire il quadro generale. Le unità d'informazione (questa è la loro obiezione) non prevedono un modo per mettere tutto assieme. La conseguenza è che l'utente si perde in un mare di unità d'informazione, non riesce a comprendere il significato complessivo del sistema e non capisce da dove deve cominciare.

Le unità d'informazione di tipo "ogni pagina è la prima" sono la scelta normale quando si scrive su un argomento considerato a sé o separatamente su un singolo aspetto di un argomento più vasto. Se però vi viene richiesto di documentare in modo completo un argomento ampio, sia che siate soli o in un gruppo, può risultare difficile stabilire come farlo scrivendo unità d'informazione di tipo "ogni pagina è la prima". Può sembrare meglio scrivere un libro invece di un insieme di unità d'informazione separate.

Però, il fatto che l'argomento sia ampio non significa che il lettore leggerà tutto in una volta. Di solito il lettore vuole leggere solo le informazioni rilevanti per il compito che deve eseguire.

Non voglio dire che i lettori non sono interessati ad imparare cose nuove. Il punto è che la maggior parte di loro non ha intenzione di mettersi a sedere e imparare tutto prima di fare alcunché. Di fatto la maggior parte preferirebbe imparare il più possibile mentre fa le cose ed usare la documentazione solo quando non riesce ad andare avanti o non ha altri aiuti. (Potremmo dire che apprendiamo sempre facendo qualcosa e che le informazioni servono solo a sostenere l'azione.)

Persino nei settori industriali soggetti a regolamentazione e a rischio sicurezza, dove l'apprendimento sul campo non è permesso per evitare incidenti, raramente ci si aspetta che i lavoratori possano avere una preparazione completa solo leggendo la teoria. Si usano simulatori e affiancamento per permettere l'apprendimento sul campo senza correre rischi di fare danni. Vengono definiti dei livelli di responsabilità nei quali le informazioni trasmesse dalle istruzioni scritte sono approfondite nella pratica ma sotto supervisione.

I libri e il quadro generale

Molti manuali dedicati a prodotti rendono un pessimo servizio all'utente riguardo al quadro generale. Consideriamo come la maggior parte di essi se ne occupa. Raramente si trova un capitolo dedicato al quadro generale. Le consuetudini degli ambienti accademici ci spingerebbero a cominciare con un'introduzione teorica. Ma a questo punto il minimalismo si ripropone e insiste sulla necessità di cominciare subito con l'azione. E che farcene dell'introduzione? Sarebbe stupido metterla alla fine o ficcarla da qualche parte nel pieno della trattazione, per cui finisce esclusa.

E il quadro generale? Come lo trattiamo? In generale, quel che succede è che esso finisce per essere disseminato all'interno della struttura a capitoli del libro. Ci si aspetta che il lettore si faccia il quadro generale dell'argomento un poco per volta, man mano che avanza nella lettura sequenziale del libro, e nel mentre che è indaffarato e piacevolmente intrattenuto da tutte le belle informazioni di uso pratico che sta leggendo ed eseguendo. Il quadro generale non è esplicito, ma deve essere desunto dalla progressione del libro.

Molti sostenitori del tradizionale indice generale sostengono esattamente questa posizione: che è l'indice che fornisce al lettore il quadro generale. L'indice generale non sarebbe solo una sequenza: è il riepilogo generale del senso dell'argomento. Non c'è da meravigliarsi, quindi, che i redattori sentano la necessità di mettere in fila le unità d'informazione secondo una determinata sequenza per fornire all'utente il quadro generale. È questo che sono abituati a fare nei libri.

Affidare all'indice generale o, in generale, alla sequenza dei capitoli, una parte del significato dei contenuti, mi pare che sia un design dell'informazione di bassa qualità, anche nel mondo dei libri. Perché funzioni, è necessario che il lettore legga effettivamente l'indice generale e il libro stesso, secondo la sequenza prevista, in un tempo abbastanza breve. Se anche lo facesse, non sono sicuro che il lettore tipico riuscirebbe a capire o anche a farsi un'idea del significato implicito nell'ordinamento dei contenuti. L'indice generale è uno strumento di navigazione, non un mezzo di trasmissione dei contenuti.

Sono certo che in un sistema di help e sul web qualsiasi informazione o significato implicito nell'ordinamento delle unità d'informazione, che sia sequenziale o gerarchico, è destinato a perdersi, dato che il lettore spesso arriva ai contenuti in modo casuale.

In ogni caso, nella comunicazione tecnica il messaggio non può essere implicito. Le informazioni di cui ha bisogno il lettore devono essere esposte esplicitamente e non sottintese dall'indice generale o dalla sequenza dei capitoli.

L'importanza del quadro generale

L'approccio "ogni pagina è la prima" non esclude assolutamente la necessità di fornire il quadro generale. Piuttosto, tale approccio considera il quadro generale come un importante supporto all'azione, un supporto di cui l'utente ha bisogno quando prova ad eseguire un compito che richiede di conoscere appunto il quadro generale. L'approccio "ogni pagina è la prima", però, riconosce anche che il lettore non cerca il quadro generale finché non lo fa di proposito e che a nulla serve imporlo se il lettore non è pronto.

Qualcuno potrebbe obiettare che spesso l'utente spreca tempo e fatica sbagliando proprio perché non ha presente il quadro generale. È vero, ma è anche vero che non è possibile dare istruzioni all'utente finché egli stesso non si degna di dare un'occhiata alla documentazione. Strutturare la documentazione come un libro di testo, supponendo che l'utente si studierà tutto il libro prima di fare qualsiasi cosa, e poi dargli la colpa se qualcosa va storto perché non l'ha fatto: questa è una strategia che non funziona. Sappiamo che le persone non si comportano così. Dobbiamo fornire le informazioni in un modo adeguato a come l'utente si comporta nella realtà.

A questo proposito, dobbiamo riallacciarci all'idea che il compito principale della documentazione è il supporto alle decisioni, che abbiamo trattato nel Capitolo 8. Sappiamo che la probabilità che l'utente legga la spiegazione del quadro generale nello stile del libro di testo è minima. Tuttavia, se documentiamo singoli compiti concentrandoci nel dare supporto alle decisioni, il quadro generale avrà sempre un qualche peso nell'azione. E, se l'unità d'informazione sul compito ha molti collegamenti ipertestuali, come dovrebbe, questi collegamenti devono puntare ad un'unità d'informazione dedicata al quadro generale.

Ben poche sono le persone che partono dal quadro generale. Il quadro generale è un'astrazione difficile da collocare nel modo in cui si considera un certo problema, se non è accompagnato da una qualche esperienza pratica. Il bisogno di avere un quadro generale di solito sorge dal bisogno di dare un senso ad una determinata esperienza pratica. È quando si ritrova bloccato o in difficoltà nell'eseguire una specifica e concreta azione che l'utente cerca la documentazione. Ed è in quel momento che, indicandone il rilievo ai fini dell'esecuzione del compito, il redattore può far valere l'importanza della comprensione del quadro generale.

Scrivere l'unità d'informazione dedicata al quadro generale

Compito dell'unità d'informazione dedicata al quadro generale è dare informazioni di interesse generale senza entrare troppo nei dettagli. Non è il riassunto di un libro o di un percorso di istruzioni, è la vista a volo d'uccello dell'argomento. Come qualsiasi unità d'informazione di tipo "ogni pagina è la prima", dovrebbe essere autonoma e mantenersi su un unico livello.

Un buon esempio di unità d'informazione del genere è l'articolo "What Is Google App Engine?" ("Cos'è l'App Engine di Google?") nella documentazione del Google App Engine. È significativo che sulla home page del sito dedicato all'App Engine quest'unità d'informazione non sia presentata come un punto di partenza. Essa è elencata sotto il titolo Dive Deeper ("Approfondisci"), come mostrato nella Figura 15.1, «Posizione dell'unità d'informazione App Engine Basics sulla home page del sito dedicato all'App Engine». (Stranamente, il titolo del collegamento ipertestuale "App Engine Basics" non è uguale al titolo dell'articolo corrispondente "What is Google App Engine".)

Chiunque sia l'autore di questa struttura, è chiaro che conosce il minimalismo, poiché la colonna Get Started raccoglie giusto le informazioni per cominciare. Si dà per scontato che il bisogno di un'unità d'informazione sul quadro generale verrà in seguito, quando il lettore sarà pronto ad approfondire i dettagli, ed è proprio sotto la colonna dei dettagli che tale unità si trova.

Figura 15.1. Posizione dell'unità d'informazione App Engine Basics sulla home page del sito dedicato all'App Engine

Le unità d'informazione dedicate al quadro generale tendono ad essere lunghe e questa non fa eccezione, per cui non posso riprodurla qui; un indice e qualche annotazione basteranno per dare un'idea di come funziona.

Cos'è l'App Engine di Google?
  L'ambiente applicativo
    La sandbox
    L'ambiente run-time di PHP
    L'ambiente run-time di Java
    L'ambiente run-time di Python
    L'ambiente run-time di Go
    Memorizzazione dei dati
      L'archivio dati
    Gli account Google
    I servizi di App Engine
      URL Fetch
      Mail
      Memcache
      Manipolazione delle immagini
    Task schedulati e code di task
  Flusso di sviluppo
  Quote e limiti
  Ulteriori informazioni…

Figura 15.2. L'indice di "Cos'è l'App Engine di Google?"

La Figura 15.2, «L'indice di "Cos'è l'App Engine di Google?"» mostra l'indice dell'unità d'informazione. In un certo senso questo indice sembra l'indice generale di un libro, ma l'unità d'informazione non si avvicina neppure lontanamente all'estensione di un libro e si mantiene strettamente sul livello principale. Non si immerge mai nei livelli inferiori, ma fornisce dei collegamenti ipertestuali ad essi, quando necessario.

> L'ambiente di sviluppo per Python fornisce ricche API per Python per l'archivio dati, gli account Google e per i servizi URL fetch e email. App Engine fornisce anche un semplice framework per applicazioni web in Python chiamato webapp2 che permette di cominciare con facilità a costruire applicazioni.

Figura 15.3. Un dettaglio tratto da "Cos'è l'App Engine di Google?"

La parte mostrata nella Figura 15.3, «Un dettaglio tratto da "Cos'è l'App Engine di Google?"» tratta delle API per Python per accedere all'archivio dati, agli account di Google eccetera, ma non si dilunga a parlare delle API: il quadro generale è che ci sono API disponibili e che esse rispondono alle principali esigenze. I dettagli riguardo a cosa sia disponibile nelle API e a come usarle non fanno parte del quadro generale. Possiamo facilmente immaginare che un manuale per l'utente di tipo tradizionale che fosse scritto per l'App Engine si sarebbe subito addentrato nei dettagli delle API. Un'unità d'informazione di tipo "ogni pagina è la prima" dedicata al quadro generale, invece, non cambia livello e, di conseguenza, aiuta il lettore a farsi un'idea del quadro generale nel momento in cui egli è pronto.

Trovare il bandolo della matassa

Farsi il quadro generale di un prodotto complesso non è affare che si risolva con pochi minuti di lettura. Non è quello il modo in cui impariamo. Costruiamo il quadro generale nel tempo, attraverso l'esperienza e l'immersione nel contesto. Per quanto un'unità d'informazione sul quadro generale sia ben fatta, nessun lettore capirà all'istante il quadro generale subito dopo averla letta. Il ruolo dell'unità d'informazione dedicata al quadro generale, entro un insieme di unità d'informazione ben collegate da collegamenti ipertestuali, è, in primo luogo, quello di fornire orientamento. Essa aiuta l'utente a identificare la parte del prodotto sulla quale deve concentrare l'attenzione e fornisce un veloce accesso alle unità d'informazione che descrivono quella parte.

Il lettore che ha bisogno del quadro generale non sempre vuole la panoramica completa. Cerca semplicemente il bandolo della matassa. Vuole un punto da cui cominciare.

Naturalmente questo è il tipo di esigenza al quale è destinata la venerabile Guida rapida (N.d.T.: orig. *Getting Started Guide*). Però le guide rapide di solito finiscono per essere dei tutorial costruiti sulla supposizione che l'utente si aspetti delle lezioni e che tutti gli utenti siano alla ricerca dello stesso bandolo. Nessuna delle due supposizioni è fondata, alla luce di quanto si sa del comportamento dell'utente.

Ciò che la maggior parte degli utenti vuole è un modo per andare avanti. Non vogliono l'intero quadro generale. Vogliono solo trovare la porta con su scritto "entrata". Ogni utente, però, cerca una porta diversa; ogni utente ha una diversa cultura, diverse credenze, vede il mondo a modo suo ed ha un diverso scopo. Per questo l'unità d'informazione dedicata al quadro generale può giocare un secondo ruolo: quello di una stanza piena di porte. In tal caso, anche se un utente non afferra l'intero quadro generale l'unità d'informazione ad esso dedicata fornisce comunque il contesto nel quale è possibile scegliere la porta giusta. L'unità d'informazione del quadro generale, perciò, può essere il posto nel quale il lettore arriva con movimento bottom-up o il posto da dove può cominciare l'esplorazione del contenuto che gli interessa.

Non sto suggerendo di sbarazzarsi delle guida rapida. Il nome "guida rapida" è familiare e rassicurante per l'utente e questo è sufficiente per giustificare il suo uso, anche se possiamo tranquillamente fare a meno della parola "guida", dal momento che scriviamo unità d'informazione e non guide (N.d.T.: si riferisce alla parola *Guide* nell'espressione inglese *Getting Started Guide*, che verrebbe così ridotta a *Getting Started*, mantenendo intatto il significato equivalente a "guida rapida"). Un'unità d'informazione usata per una guida rapida dovrebbe comunque seguire l'indicazione da sempre data dal minimalismo, cioè evitare tutorial artificiosi e mettere il lettore in condizioni di cominciare le sue attività di lavoro il prima possibile.

Le unità d'informazione con funzioni di guida

Un passo al di sotto del quadro generale (e in accordo con l'idea che i diversi lettori vogliano cominciare a lavorare ai rispettivi progetti e non a finti progetti da esercitazione) spesso c'è bisogno di unità d'informazione che definisco *con funzioni di guida*.

Un'unità d'informazione con funzioni di guida mostra al lettore il percorso complessivo che conduce a portare a termine un obiettivo nell'uso del prodotto. Non è un'unità d'informazione per principianti, perché non presuppone che l'utente voglia fare qualcosa di molto semplice tanto per fare pratica. Un'unità d'informazione di questo genere, invece, tratta l'intera gamma di compiti e funzionalità in un modo tale da aiutare l'utente a conquistare un solido punto di partenza per cominciare a risolvere un problema. Però non dà alcun dettaglio. I dettagli sono riservati alle unità d'informazione dedicate ai compiti che costituiscono il grosso della documentazione. Le unità d'informazione di tipo "ogni pagina è la prima" si mantengono su un unico livello. Quelle con funzioni di guida si collocano ad un livello al di sotto dell'unità per il quadro generale e al di sopra delle unità per flussi di lavoro o singoli compiti.

Il ruolo dell'unità d'informazione con funzioni di guida è di instradare l'utente sul percorso giusto. Nella maggior parte dei casi è questo il motivo per cui l'utente vuole anzitutto farsi un'idea del quadro generale: il suo obiettivo è farsi un piano d'attacco per un certo tipo di problemi. Certamente val la pena creare una chiara unità d'informazione per il quadro generale, ma il vero o proprio orientamento dell'utente verso il percorso corretto è compito dell'unità d'informazione con funzioni di guida.

Esempio 15.1. L'unità d'informazione con funzioni di guida "Photoblogs and Galleries" ("Blog fotografici e gallerie")

Blog fotografici e gallerie
Una fotografia vale più di mille parole.

Ci sono molti modi di mostrare le immagini in WordPress, dal semplice inserimento a gallerie vere e proprie, fino a blog fotografici che non hanno bisogno di testi. Diamo un'occhiata a qualcuno degli script disponibili per realizzare blog fotografici e gallerie.

Blog fotografici

I blog fotografici sono diversi da un normale blog. I blog normali si basano soprattutto sulle parole e usano le immagini in modo occasionale. I blog fotografici si basano sulle immagini invece che sulle parole.

Il modo più semplice per cominciare con un blog fotografico su WordPress è installare il plugin "YAPB (yet another photo blog)" di Johannes Jarolim o il plugin PhotoQ Photoblog.

YAPB aggiunge a WordPress tutte le funzionalità standard di un blog fotografico con una configurazione minima. Esso include il ridimensionamento automatico delle immagini, supporto al formato exif e altri strumenti. Sul sito di Johannes ci sono collegamenti ipertestuali a temi con YAPB incorporato[7], altrimenti potete farlo da voi.

L'approccio di PhotoQ è un po' diverso. Esso vi mette a disposizione una coda di caricamento nella quale potete inserire le fotografie che devono essere inserite sul blog fotografico. PhotoQ è fatto per gestire automaticamente la lavorazione delle immagini e supporta il caricamento in serie, il ridimensionamento automatico delle immagini, il formato exif, l'aggiunta di filigrana e la pubblicazione automatica via job di cron. PhotoQ è compatibile con la maggior parte dei temi di WordPress senza bisogno di modifiche ed include un'opzione di autoconfigurazione apposita per alcuni dei temi più diffusi realizzati appositamente per la gestione di fotografie. (N.d.T: Questo paragrafo conteneva alcuni link ipertestuali attualmente non funzionanti.)

Per un esempio di unità d'informazione con funzioni di guida si veda l'articolo del Codex di WordPress intitolato "Photoblogs and Galleries"[9] ("Blog fotografici e gallerie"). L'Esempio 15.1,

---

[7] http://johannes.jarolim.com/blog/wordpress/yet-another-photoblog/ready-to-use-templates/
[9] https://codex.wordpress.org/Photoblogs_and_Galleries

«L'unità d'informazione con funzioni di guida "Photoblogs and Galleries" ("Blog fotografici e gallerie")» ne mostra la parte iniziale. Questa unità d'informazione si conclude con un lungo elenco di risorse correlate (qui non riportato).

Questo articolo non è un'unità d'informazione di quadro generale per WordPress considerato nel suo complesso. E neppure fornisce istruzioni specifiche su come eseguire un compito in particolare. Si occupa invece di un argomento di livello piuttosto generale: come creare un blog fotografico o una galleria. Lo fa introducendo il lettore alla differenza fra un blog fotografico ed un blog normale (e con ciò stabilendo il contesto), per poi passare alle varie soluzioni e risorse disponibili. Il lettore dovrà leggere altre unità d'informazione per avere istruzioni dettagliate su come usare gli strumenti suggeriti (anche se magari si limiterà ad installarli e metterli subito alla prova). Il punto è che questa unità d'informazione aiuta il lettore a capire cosa si può fare e a scegliere come procedere. In altre parole, mette il lettore sulla strada giusta.

CAPITOLO 16

Sequenza di compiti versus sequenza di unità d'informazione

Una delle obiezioni che spesso mi vengono rivolte dai redattori è che l'insistenza dell'approccio "ogni pagina è la prima" sull'importanza di eliminare i rapporti di dipendenza sequenziali rende difficile fissare una successione di unità d'informazione, per esempio nel caso in cui tali unità costituiscano un flusso di lavoro. A mia volta chiedo a loro: se c'è un flusso di lavoro, non dovreste creare un'unità d'informazione che descriva esplicitamente quel flusso? Un flusso di lavoro è troppo importante per essere indicato solo da una forma di indice generale.

Seguire flussi di lavoro costituisce una parte rilevante dell'utilizzo di un gran numero di prodotti. Se il flusso di lavoro è descritto solo dalla sequenza delle unità d'informazione e non è documentato in nessun altro modo, l'unico mezzo per evidenziarlo è un indice generale.

Una cosa del genere non va certamente bene sul web, dove le persone spesso approdano ai contenuti in seguito ad una ricerca, senza aver visto o utilizzato l'indice generale. Penso che non sia una buona soluzione anche nel caso dei sistemi di help, perché qui il lettore potrebbe arrivare all'unità d'informazione attraverso la ricerca interna o l'indice analitico, piuttosto che dall'indice generale. E sospetto che non sia una buona cosa neppure in un libro, dove, anche se il lettore comincia dall'indice generale, probabilmente non si renderà conto che alcune voci dell'indice descrivono un flusso di lavoro.

Una maniera molto diffusa di rappresentare una sequenza di compiti in un libro è mettere in ordine parti e capitoli secondo la stessa sequenza dei relativi compiti da eseguire. Questa soluzione non risolve tutti i problemi, perché molti flussi di lavoro sono più complessi di una sequenza lineare e contengono molto spesso rami secondari, azioni da ripetere ed eccezioni. Inoltre molti compiti ricorrono in diversi flussi, il che provoca ripetizioni nell'indice o il ricorso a scomodi riferimenti incrociati.

La soluzione di "ogni pagina è la prima" al problema di mettere in sequenza i compiti è scrivere un'unità d'informazione separata per il flusso di lavoro, nella quale dare la descrizione generale della sequenza e fornire collegamenti ai singoli compiti nel corretto ordine.

È meglio adottare questo approccio piuttosto che posizionare le unità d'informazione in una sequenza predeterminata. Esso permette di create diversi flussi di lavoro, ognuno dei quali può essere descritto con maggior chiarezza in un'unità d'informazione dedicata. In questo modo si evita anche la complicata spiegazione delle alternative presenti nel flusso di lavoro che è necessaria quando esse sono contenute in una sequenza unica. Non c'è neppure bisogno di riutilizzare una stessa unità d'informazione per un compito che ricorre in punti diversi della documentazione.

In conclusione, indipendentemente dal mezzo di comunicazione, un flusso di lavoro dovrebbe sempre essere descritto in un'unità d'informazione a sé stante. Dato che i flussi di lavoro di solito sono composti da una serie di compiti o procedure, un'unità d'informazione per un flusso può fare riferimento a tali compiti e procedure e inserire collegamenti ipertestuali che puntano alle relative unità d'informazione.

Non voglio dire che dovreste evitare di fornire una serie lineare di istruzioni anche in situazioni in cui ci sono in ballo aspetti di sicurezza. In quei casi è appropriato fornirla. Per esempio, nel caso di una lista di controllo per un pilota di aeroplano. Oppure la procedura di spegnimento di una centrale nucleare. In situazioni come queste una sequenza lineare precisa è quel che ci vuole. E comunque, proprio perché si parla di sicurezza, procedure di questo genere dovrebbero sempre essere descritte in un'unità d'informazione e non affidate implicitamente all'indice generale.

Vedo anche un altro rischio. In ogni caso in cui l'informazione è implicita (nell'indice generale, nell'ordine dei capitoli o in qualsiasi altro modo) c'è il pericolo che il redattore stesso non arrivi ad avere ben chiaro il quadro generale. Esigendo dai redattori che mettano per iscritto esplicitamente un flusso di lavoro che era dato per implicito, è possibile evidenziare eventuali carenze nella loro stessa comprensione del flusso. (Si dice a ragion veduta che non si impara mai veramente qualcosa finché non si prova ad insegnarla.)

Ultima osservazione: se ci sono informazioni importanti lasciate implicite nell'ordinamento del documento o nella struttura dell'indice generale, i revisori saranno in grado di accorgersi di queste informazioni e di controllare eventuali carenze? (Per esperienza personale, la risposta a questa domanda è decisamente no.)

Il processo a ritroso

In un commento sul mio blog, Rebecca Hopkins ha sollevato una questione importante.

> Poniamo che stai cercando nell'help qualche informazione su come si crea una lettera. Dato che la creazione di una lettera è una sotto-procedura di molti moduli, se non conosci già la

procedura principale andrai a ritroso: da come si crea una lettera per un caso a come si crea il caso; da come si crea una lettera per una campagna a come si crea una campagna. L'indice generale ti permette di farlo andando a ritroso.

—Rebecca Hopkins, commento sul blog Every Page is Page One[1]

Quando parliamo dell'uso dell'indice generale per andare a ritroso in un sistema di help, probabilmente ci stiamo riferendo al caso comune che capita quando una ricerca ci porta su un contenuto che non è un'unità d'informazione di tipo "ogni pagina è la prima", non è autonomo e non è in grado di essere d'aiuto da solo. In questo casi quel che serve è semplicemente andare a ritroso nell'indice generale per trovare il punto d'inizio di un qualche contenuto che sia autonomo a sufficienza da essere utile.

Questo però non è il caso descritto dalla Hopkins. Ella si riferisce al problema di quando si finisce su un'unità d'informazione che sia autonoma, nel senso che il suo obiettivo è perseguire uno scopo preciso, ma che, allo stesso tempo, descrive un compito che è parte di una o più attività più ampie. È quello che spesso succede quando il lettore comincia ad eseguire un compito senza leggere la documentazione, si blocca per una difficoltà e, solo a questo punto, consulta la documentazione. Il motivo per cui l'utente si blocca spesso non dipende di per sé dal compito che stava eseguendo in quel momento, ma da qualcosa che ha fatto prima. A questo punto egli ha bisogno di andare a ritroso, non solo nella documentazione, ma nel lavoro svolto precedentemente.

In questi casi, gli indici generali sono un mezzo poco efficace per andare a ritroso. Il meglio che permettono di fare è muoversi a ritroso lungo un singolo asse. Il problema è che utenti diversi avranno bisogno di andare a ritroso lungo assi diversi, alla ricerca di specifiche spiegazioni e procedure necessarie come prerequisiti. L'indice generale, che è in grado di indicare un solo percorso a ritroso, deve per forza fare una scelta e dare supporto ad uno solo dei motivi che l'utente potrebbe avere per ripercorrere l'argomento. Un approccio migliore è fare in modo che sia l'unità d'informazione stessa a fornire il modo per andare a ritroso, magari nella parte dedicata a stabilire il contesto.

---

[1] http://everypageispageone.com/2013/02/19/a-new-approach-to-organizing-help/#comment-117378

Introduzione:

Questa pagina documenta gli agganci della API (Application Programming Interface) disponibili per gli sviluppatori di plugin per WordPress, e come usarli.

Questo articolo presuppone che abbiate già letto <u>Scrivere un plugin</u>, che fornisce una panoramica (abbastanza dettagliata) su come si crea un plugin. Questo articolo si occupa in maniera specifica della API degli "agganci", conosciuti anche come "filtri" e "azioni", che WordPress utilizza per attivare i plugin.

Questi agganci possono essere anche usati nei temi, come <u>si spiega qui</u>.

— <u>API dei plugin dal Codex di WordPress</u>

Figura 16.1. Informazioni per andare a ritroso fornite assieme a quelle di contesto

La Figura 16.1, «Informazioni per andare a ritroso fornite assieme a quelle di contesto» mostra un esempio semplice di questa soluzione tratta dal Codex di WordPress. Quest'unità d'informazione è un'introduzione alle API di WordPress. Nei paragrafi dedicati a stabilire il contesto essa contestualizza le API in quanto mezzo per scrivere plugin o temi. L'uso delle API fa parte di una più ampia attività il cui scopo è creare un plugin o un tema, per cui il lettore che capita al primo tentativo in questa unità d'informazione potrà aver bisogno di andarsi a vedere le informazioni sui plugin o sui temi. L'unità d'informazione gli fornisce dei collegamenti ipertestuali per fare proprio questo.

È possibile dare supporto a questo genere di percorso a ritroso in un certo argomento rendendo navigabile il contesto di un'unità d'informazione.

CAPITOLO 17

"Ogni pagina è la prima" e il minimalismo

Una delle idee di fondo del design dell'informazione "ogni pagina è la prima" arriva direttamente dagli studi di John Carroll che sono alla base della creazione del minimalismo: la sua osservazione che quello che lui chiama "approccio sistematico alle istruzioni", dove tutto è preparato per il lettore in modo sistematico, semplicemente non funziona. Le persone non agiscono in maniera sistematica.

> Durante l'apprendimento le persone spesso finiscono anche per saltare informazioni essenziali, se queste non rispondono adeguatamente alle immediate necessità operative, oppure saltano da un manuale all'altro per mettere assieme al volo le procedure personalizzate che gli servono.
>
> — *The Nurnberg Funnel*[8, p. 8]

"Ogni pagina è la prima" come piattaforma per il minimalismo

"Ogni pagina è la prima" si fonda sulla semplice idea che le persone non leggono in modo lineare o sequenziale, una constatazione confermata da numerosi studi sul comportamento dei lettori sul web[1] così come da altri studi, come quelli di Carroll, che hanno evidenziato lo stesso tipo di comportamento nel caso dei manuali cartacei.[2] L'approccio "ogni pagina è la prima" è pensato per adeguarsi a questo comportamento non-lineare del lettore e facilitarlo, invece di opporre resistenza e svalutarlo. Lo fa proponendo alcune soluzioni:

---

[1] Vedi, per esempio, http://www.nngroup.com/articles/how-users-read-on-the-web/, http://www2.parc.com/istl/groups/uir/publications/items/UIR-2001-07-Chi-CHI2001-InfoScentModel.pdf e http://www.uie.com/articles/three_click_rule/.

[2] Capita certamente che si legga anche in modo lineare, o si voglia farlo. Succede quando il lettore ha bisogno di capire un nuovo concetto prima di agire, quando diversi passaggi di un ragionamento devono essere messi assieme per dare fondamento ad un'idea e nei casi in cui è richiesto un certo livello di astrazione e non c'è possibilità di imparare a tentativi. Però, nel caso della comunicazione tecnica, non è ragionevole aspettarsi che l'utente stia lì a continuare a leggere senza metter mano al prodotto. Se anche fosse necessario leggere molto per capire il prodotto, l'utente accetterà di farlo solo dopo essersi messo alla prova nella pratica. I contenuti di supporto che consulterà nel frattempo possono indirizzarlo verso la necessità di leggere tutto, ma questi contenuti devono comunque essere di tipo "ogni pagina è la prima".

- Rendendo autonoma ogni unità d'informazione, cioè eliminando dipendenze sequenziali dalle unità d'informazione precedenti o successive, esso mette il lettore in grado di scegliere una qualsiasi unità d'informazione in qualsiasi momento.

- Avendo uno scopo specifico e delimitato, le unità d'informazione di questo tipo non contengono informazioni estranee e si concentrano sul motivo per il quale il lettore le cerca.

- Stabilendo il proprio contesto, le unità d'informazione aiutano il lettore a capire facilmente dove si trova.

- Seguendo un modello, le unità d'informazione assecondano il lettore nella lettura a salti e a sommi capi, o quando vuole approfondire una specifica informazione.

- Considerando il lettore come competente, le unità d'informazione non sprecano il suo tempo con introduzioni che non gli interessano.

- Fornendo numerosi collegamenti ipertestuali che seguono le linee dell'affinità di contenuto, le unità d'informazione aiutano l'utente a spostarsi liberamente all'interno dell'argomento e a individuare le informazioni giuste per procedere oltre.

Queste indicazioni sono molto simili a quelle che potrebbe dare lo stesso Carroll:

> Per risolvere questi problemi e fare in modo che i contenuti possano essere appropriatamente letti in qualsiasi ordine è necessario un approccio diverso al modo in cui si organizzano le istruzioni. Quel che ci vuole è un alto grado di modularità, una struttura costituita da piccole unità autonome. L'organizzazione interna delle unità deve essere ottimizzata in modo che l'utilizzatore non ci si perda dentro; le connessioni fra le diverse unità devono essere organizzate in modo semplice, in modo da rendere più facile spostarsi da un punto all'altro. Nell'apprendimento non si può eliminare la necessità di avere già delle conoscenze da cui cominciare, ma si può tentare di minimizzare i problemi e gli effetti secondari che capitano quando le conoscenze necessarie non ci sono. Il fatto che le persone tentino di eseguire compiti difficili senza essere pronte dovrebbe motivarle e fornire loro una guida all'acquisizione delle competenze (richieste come prerequisiti) che precedentemente potevano essere sembrate inutili.
>
> — *The Nurnberg Funnel*[8, p. 85]

Durante le sue ricerche, Carroll ha creato e testato un insieme di quelle che ha definito "carte per l'esplorazione guidata". Il modo in cui tali schede erano costruite era, per molti aspetti, lo stesso delle unità d'informazione di tipo "ogni pagina è la prima".

> L'organizzazione del mazzo di carte era pensata per aiutare a raggiungere velocemente i primi risultati: era evidente che si potevano usare anche solo le prime carte per entrare nel vivo. Allo stesso tempo, le carte erano pensate anche per un uso casuale. Ogni carta tentava di guidare una specifica procedura senza fare riferimento ad informazioni presenti nelle altre carte. In questo modo, ogni carta poteva, in linea di principio, essere letta all'inizio e poi ripresa indipendentemente dalle altre. Pensavamo che così avremmo incoraggiato e fornito supporto ai tentativi opportunistici di trovare soluzione ai problemi da parte dei partecipanti al test.
>
> — *The Nurnberg Funnel*[8, pp. 115–118]

Le carte erano autonome e il loro utilizzo non dipendeva da un determinato ordinamento.

> Le carte erano modulari dal punto di vista dell'organizzazione interna dei loro contenuti. Ognuna conteneva lo scopo, suggerimenti, punti di controllo e rimedi. Queste quattro parti della procedura erano rappresentate graficamente su ogni carta come blocchi separati, per rendere evidente ai partecipanti le loro diverse funzioni.

Ogni carta seguiva uno specifico modello.

> Lo scopo era brevemente descritto come l'argomento della carta...

Ogni carta cominciava stabilendo il proprio contesto nell'ambito dell'argomento.

> Nelle carte abbiamo provato ad adeguarci alle conoscenze ed esperienze che presumibilmente i partecipanti già possedevano. Per esempio, abbiamo provato a sfruttare sempre le comuni conoscenze nell'uso di una tastiera.

Le carte presupponevano che il lettore fosse competente ed erano scritte in base ad una definizione di tale competenza.[3]

---

[3] Sebbene gli studi condotti da Carroll siano precedenti all'avvento di Internet, essi sono importanti ai nostri fini perché dimostrano che le persone adottavano il comportamento di foraggiamento delle informazioni anche nel caso dei manuali cartacei.

L'approccio "ogni pagina è la prima" è minimalista?

Naturalmente, ci sono alcuni principi del minimalismo che non sono necessari per le unità d'informazione di tipo "ogni pagina è la prima". Le carte create da Carroll fornivano dei suggerimenti, non una serie di passi procedurali. L'approccio "ogni pagina è la prima" non dà indicazioni al riguardo. Da questo punto di vista si può scrivere un'unità d'informazione di tipo "ogni pagina è la prima" sia in senso minimalista sia in senso sistematico. L'approccio "ogni pagina è la prima" non si identifica di per sé con il minimalismo ed è aperto alla possibilità che non sempre il minimalismo sia la scelta migliore. Però questo approccio trae una robusta ispirazione dagli studi del minimalismo e fornisce una buona piattaforma sulla quale creare una documentazione di impostazione minimalista.

A qualcuno la struttura più ampia di un'unità d'informazione di tipo "ogni pagina è la prima" potrebbe sembrare meno minimalista di una procedura ridotta all'osso o di un modello di tipo task. Non mi sembra un'osservazione fondata. Anzitutto, il minimalismo non è particolarmente entusiasta delle procedure, dato che ritiene che le persone raramente le eseguono correttamente. Perciò, anche se fornire alle persone solamente una procedura è attenersi al minimo possibile, questo non è minimalismo, poiché manca l'invito ad esplorare ed imparare.

La parte di orientamento nel contesto prevista dalle unità d'informazione di tipo "ogni pagina è la prima" potrebbe sembrare proprio il tipo di materiale introduttivo che il minimalismo raccomanda di non mettere per niente. Non lo è. Piuttosto, stabilire il contesto è necessario al fine dell'obiettivo del minimalismo, che è quello di passare all'azione. Non è possibile passare veramente all'azione se non sai a che punto sei.

Un risultato chiave degli studi del minimalismo è la constatazione che il lettore si muove fra le informazioni per i fatti suoi invece di attenersi al percorso stabilito dall'autore. Un principio chiave di "ogni pagina è la prima" è creare contenuti che aiutino, e non frustrino, il lettore quando si appresta a scegliere il suo proprio percorso. Non significa che il lettore leggerà sempre un'unità d'informazione di tipo "ogni pagina è la prima" per intero, dall'inizio alla fine. Piuttosto, l'approccio "ogni pagina è la prima" ammette che il lettore spesso se ne va nel bel mezzo di un'unità per passare temporaneamente ad un'unità d'informazione di livello superiore o inferiore. Il lettore potrebbe rendersi conto di non essere competente e di aver bisogno di altre informazione, oppure potrebbe giungere alla conclusione che quella non è l'unità d'informazione giusta e che ne deve cercare un'altra. Raccomandando di seguire un modello ben definito per ogni unità d'informazione, l'approccio "ogni pagina è la prima" ammette anche e favorisce l'esplorazione autogestita di un'unità d'informazione da parte del lettore.

Il punto non è identificare un determinato percorso tale che tutti i lettori lo seguano nella giusta sequenza, ma ottimizzare in generale il modo in cui essi si spostano nelle informazioni. Tentare di spezzettare i contenuti in parti così piccole da rendere impossibile al lettore uscire da una di esse prima di aver letto tutto non è il modo migliore per raggiungere questo risultato.

Il lettore cerca le informazioni in base all'argomento e, se anche non vuole leggere tutto subito, c'è un limite nella suddivisione del materiale oltre il quale diventa difficile per lui trovare ciò che cerca. Per esempio, se un lettore sta compilando la lista della spesa magari gli serve solo avere la lista degli ingredienti di una ricetta, ma scrivere gli ingredienti in un'unità d'informazione separata non renderebbe più facile trovarli o leggerli. Al contrario, separare la lista degli ingredienti la renderebbe più difficile da trovare, senza parlare della maggiore difficoltà che si incontrerebbe per cucinare il piatto.

La possibilità per il lettore di selezionare immediatamente le parti di un'unità d'informazione che gli interessano è assicurata se le diverse informazioni che fanno parte dell'unità sono ben organizzate e connesse le une con le altre in maniera coerente. Queste caratteristiche di un'unità d'informazione di tipo "ogni pagina è la prima" non solo non sono per niente di ostacolo, ma anzi aiutano il lettore a posizionarsi e concentrarsi sulle informazioni che cerca.

Qui evidentemente entra in gioco un compromesso fra il numero di oggetti in cui il lettore deve fare le sue ricerche per riuscire a trovare l'argomento che gli interessa e il tempo richiesto per identificare una specifica informazione all'interno di uno degli oggetti. Una ricerca a livello di dettaglio, cioè l'esame dei contenuti vicini per trovare indizi utili, è efficiente solo se l'area di ricerca è piccola e ben strutturata. All'altro estremo, suddividere contenuti strettamente correlati in parti separate può complicare le ricerche a livello più generale: occorre trovare tutti i pezzi e potrebbe essere difficile localizzare quelli più piccoli. Progettare unità d'informazione di tipo "ogni pagina è la prima" ha molto a che fare con il dimensionamento delle informazioni a misura della comprensione umana.

Un'unità d'informazione di tipo "ogni pagina è la prima" ben fatta va bene sia per una ricerca di dettaglio sia per una lettura estensiva. Credo che questo approccio supporti al meglio lo scopo del minimalismo: far sì che l'esperienza d'uso della documentazione sia meno estranea ai lettori di quanto lo può essere un libro, da una parte, o un Frankenlibro, dall'altra.

Minimale *versus* esauriente

C'è una sorta di paradosso nell'approccio minimalista. Esso cerca di rendere il lettore libero di seguire un proprio personale percorso nella documentazione, di incoraggiare l'apprendimento per tentativi e di dare supporto per rimediare agli errori. Però, rinunciando ad essere esauriente, corre il rischio di non fornire contenuti che il lettore potrebbe volere sul suo percorso, o informazioni necessarie per riuscire ad identificare e risolvere gli errori. Nel mondo della carta, la mole in sé della documentazione può costituire un ostacolo alla libertà dell'utente di costruirsi il proprio percorso.

Come scrive Carroll:

> L'idea chiave dell'approccio minimalista è ridurre al minimo gli ostacoli con i quali si scontrano gli sforzi di chi sta imparando, nonché adeguarsi (persino sfruttandole) alle strategie di apprendimento che causano problemi quando si ha a che fare con materiale didattico di tipo sistematico. L'obiettivo è mettere chi sta apprendendo nelle condizioni di sfruttare meglio l'esperienza dell'addestramento fornendogli un ambiente in cui farlo che risulti meno costrittivo. Questo approccio non risolve il paradosso dell'apprendimento; è piuttosto un compromesso che va nella direzione di fare concessioni al desiderio di fare esperienze significative proprio di chi apprende, e questo a spese della sequenza delle istruzioni, che risulterà meno esauriente.
>
> — *The Nurnberg Funnel*[8, pp. 77–78]

Nel mondo dei libri, fornire un ambiente di addestramento meno costrittivo comporta fornire una sequenza di istruzioni meno esauriente. Essere meno esaurienti non è l'obiettivo, ma un effetto secondario inevitabile di una minore strutturazione delle informazioni.

Il rischio che si corre è noto da tempo. David K. Farkas, nel saggio "Layering as a Safety Net of Minimalist Documentation" ("Informazioni di supporto come rete di sicurezza nella documentazione minimalista") (in *Minimalism Beyond the Nurnberg Funnel*)[10, p. 249], ha scritto:

> Il minimalismo non è esente da rischi. Diversi commentatori hanno espresso perplessità riguardo alla riduzione delle informazioni date all'utente (Brockmann 1990, Farkas e Williams 1990, Redish, qui, capitolo 8) Lo stesso Carroll riconosce che potrebbe essere un problema: "chi sta apprendendo potrebbe non avere accesso ad informazioni sufficienti per trarre

conclusioni e potrebbe diventare ansioso a causa delle responsabilità di cui si sente investito" (qui, capitolo 1). A mio parere, i rischi sono questi:

1. L'utente potrebbe non essere in grado di eseguire il compito con successo.
2. L'utente potrebbe completare il compito ma in più tempo e con uno sforzo maggiore di quelli previsti.
3. Nel mentre che esegue il compito (o prova a farlo), l'utente potrebbe formarsi un modello mentale sbagliato del sistema, modello che potrebbe causare problemi in seguito.

Su carta, contenuti esaurienti comportano necessariamente grossi libri o grosse serie di libri. I libri, poi, essendo di carta, devono essere organizzati in senso top-down, perché l'organizzazione e la navigazione di tipo bottom-up non funzionano bene sulla carta. Non si possono avere più informazioni se non si accetta che siano sempre più strutturate.

Sul web, invece, le cose non vanno così. Come vedremo nel Capitolo 22, la documentazione sul web può presentarsi compatta ma essere in realtà ampia, esauriente e facilmente navigabile al suo interno. La navigazione di tipo bottom-up implica che il lettore è libero di andare dove vuole. Non gli viene mai imposto un ambiente di apprendimento costrittivo e si offre supporto al suo desiderio di costruirsi un percorso personale.

Farkas è della stessa opinione:

> Possiamo... usare la tecnica retorica delle informazioni di supporto per fornire all'utente informazioni in più di cui potrebbe avere bisogno se la documentazione minimalista non fosse sufficiente...
>
> I mezzi di comunicazione online sono diventati quelli principali e... la natura dinamica dei testi e della grafica online è più adatta della stampa ad attuare la tecnica delle informazioni di supporto.
>
> — *Beyond the Nurnberg Funnel*[10, p. 247]

Sul web, o persino in un sistema di help di tipo "ogni pagina è la prima", è possibile lasciare le persone libere di muoversi come meglio credono senza dover rinunciare ad essere esaurienti. Si può anche fare in modo che, ovunque finiscano, trovino contenuti in grado di fornir loro supporto ogni volta che gli serve.

CAPITOLO 18

La redazione strutturata

Nel Capitolo 9 ho affermato che un modello di unità d'informazione definisce tre caratteristiche: il contenuto, l'ordine e la forma di un'unità d'informazione. È di questo che si tratta quando parliamo di redazione strutturata: mettere per iscritto, organizzare e convalidare il contenuto, l'ordine e la forma delle informazioni. Le regole da applicare a contenuto, ordine e forma delle unità d'informazione possono essere descritte in un documento e poi controllate e verificate dai revisori, oppure possono essere trasformate in strutture di dati informatici e convalidate dai computer. In entrambi i casi l'obiettivo è assicurare il più possibile coerenza e affidabilità nel processo di creazione e nell'utilizzo del contenuto.

Molti redattori hanno delle riserve riguardo alla redazione strutturata. Temono di essere limitati da regole senza senso e modelli non adeguati alle loro esigenze di scrittura. Scrivere in modo strutturato, però, non deve per forza significare che qualsiasi cosa deve obbedire alle regole. Segno distintivo di un professionista è invece il fatto che ha il controllo del proprio lavoro perché definisce strutture personalizzate. I professionisti, dopo tutto, non sono dilettanti o semplici appassionati. La loro vera soddisfazione non sta nel pasticciare con i programmi software o con le parole (senza togliere che potrebbero trovarlo piacevole), ma nel fornire un prodotto professionale che risponde ai bisogni dei loro clienti. Il vero professionista non è indulgente con sé stesso né si illude. Sa che è un essere umano e che se non gestisce, disciplina e verifica il proprio lavoro in base a modelli coerenti e ben fatti, non produrrà risultati di qualità e utilità ad un livello adeguato.

La redazione strutturata non è perciò nemica dei redattori professionisti, ma fa di per sé, e con ragione, parte della cassetta degli attrezzi della loro professione. Inoltre per i redattori occasionali (cioè coloro che fanno altro per lavoro, ma che devono ogni tanto scrivere) la redazione strutturata può essere una manna dal cielo, se adottata nel modo corretto. Essa fa da guida agli autori e li rende consapevoli di cosa è necessario scrivere e di quando il loro compito può essere considerato finito.

Non voglio dire che tutti i redattori hanno avuto una bella esperienza con la redazione strutturata. Come può succedere con qualsiasi altro metodo, se essa non è adottata in maniera appropriata può rivelarsi peggiore del modo di lavorare non strutturato che dovrebbe rimpiazzare. E la triste verità è che la redazione strutturata spesso è stata adottata nel modo sbagliato. Le esigenze dell'economia moderna, però, non ci permetteranno certo di andare avanti per sempre con contenuti e processi di lavoro non strutturati. Malgrado le disastrose esperienze passate, dobbiamo adottare al meglio la redazione strutturata.

Indipendentemente dal vostro ruolo e grado di responsabilità, se siete redattori professionisti e lavorate in aziende moderne, le competenze in redazione strutturata sono di fondamentale importanza per la vostra carriera, tanto quanto lo erano le competenze nei programmi di redazione editoriale negli anni Ottanta e Novanta del secolo scorso.

Le diverse forme della redazione strutturata

Ci sono molti modi di specificare contenuto, ordine e forma delle informazioni e, di conseguenza, molte forme di redazione strutturata. Se avete avuto esperienza di redazione strutturata o avete letto un libro sull'argomento, magari vi siete fatti l'idea che si tratti di una certa serie di regole, un certo strumento, un certo standard o un certo schema XML, come DocBook o DITA. Niente di più falso. La redazione strutturata copre un'ampia varietà di metodi, pratiche, strumenti e tecnologie.

Per prima cosa occorre distinguere due diversi (ma correlati) tipi di redazione strutturata, che chiamo redazione *strutturata su base retorica* e *strutturata su base informatica*.

Redazione strutturata su base retorica

Uso l'espressione *strutturata su base retorica* per indicare sistemi e approcci che danno una definizione formale di come realizzare contenuto, ordine e forma delle informazioni al fine di renderle più facili da utilizzare e comprendere. Ecco alcuni esempi di strutture retoriche:

- la tradizionale piramide invertita del linguaggio giornalistico;
- la struttura classica del saggio articolata in introduzione, svolgimento e conclusione;
- la forma tipica di una ricetta;
- la forma tipica di una API reference;
- Information Mapping, in quanto tipo di documento efficace che consiste in un insieme di blocchi di informazioni definiti da modelli.

Anche il principio per cui un'unità d'informazione di tipo "ogni pagina è la prima" dovrebbe cominciare stabilendo il proprio contesto è un esempio di struttura retorica.

Una struttura retorica comprende artifici retorici applicabili a molti tipi di scrittura. Per esempio, Information Mapping definisce sei tipi di informazione che possono essere combinati in "mappe di informazione" (cioè documenti) le quali sarebbero in grado di trattare qualsiasi tipo di contenuto su qualsiasi argomento. La redazione strutturata su base retorica, comunque, comprende anche strutture che sono più specifiche per certi tipi di contenuto, come quelli che abbiamo visto nel Capitolo 9. La struttura tradizionale di una ricetta è una struttura retorica pensata per facilitare la comprensione di come si prepara un certo piatto, ma è una struttura retorica specifica per le ricette. Non avrebbe senso usare quella stessa struttura per dare informazioni su come rifornire di carburante un missile balistico o fare a maglia una presina da cucina (Figura 18.1, «Struttura retorica per il lavoro a maglia »), anche se sono entrambe procedure.

Figura 18.1. Struttura retorica per il lavoro a maglia[1]

Non serve alcun strumento o tecnica particolare per adeguare un contenuto ad una struttura retorica. Potete scrivere uno qualunque dei sei tipi di blocco di Information Mapping con carta e penna. Se volete, potete anche creare modelli retorici ancor più specifici per ricette, schemi di lavoro a maglia o API reference usando Word, Excel o PowerPoint. Finché seguite un modello retorico coerentemente state facendo redazione strutturata (su base retorica), e questo è positivo.

---

[1] the Editors of Publications International, Ltd. "Free Knitting Patterns for Beginners." 16 maggio 2007. HowStuffWorks.com. http://tlc.howstuffworks.com/home/free-knitting-patterns-for-beginners.htm 10 giugno 2013.

Redazione strutturata su base informatica

Uso l'espressione *strutturata su base informatica* per descrivere sistemi nei quali i contenuti sono codificati in un formato leggibile da computer così da poter essere usati in diversi modi, una volta che sono stati scritti. Anche le strutture di tipo informatico gestiscono contenuto, ordine e forma delle informazioni, ma differiscono molto nelle definizioni, più o meno costrittive, che ne danno. Alcune strutture hanno regole molto semplici, del tipo "ogni parte deve cominciare con un titolo", mentre altre adottano la struttura retorica di modelli di informazione specifici.

A meno che non scriviate a mano su carta, battiate a macchina o incidiate tavolette di pietra, i contenuti che producete sono attualmente acquisiti e archiviati in un formato strutturato per computer. La struttura e la semantica del formato determina ciò che si può fare con quel contenuto.

In senso stretto, qualsiasi formato di dati è strutturato per un computer. Tutti i dati presenti in un sistema informatico sono strutturati in qualche modo, altrimenti sarebbero inutilizzabili per un computer. Però di solito l'espressione *redazione strutturata* viene usata in riferimento a formati definiti indipendentemente dai programmi software che li creano o li utilizzano.

Programmi come Word e PowerPoint non sono fatti per condividere dati con altri programmi (a parte i loro compagni nella suite Office). Di solito si sceglie un programma del genere in base alle funzioni che offre. Se lo si sceglie per le sue funzioni, normalmente non interessa quale sia la struttura del formato dei suoi file, per cui non si sta facendo redazione strutturata su base informatica nel senso che stiamo trattando qui (per quanto possa essere molto strutturata dal punto di vista retorico). Non usiamo il formato dei file di Word per le sue caratteristiche, lo usiamo di fatto perché abbiamo comprato Word.

Invece, se si comincia dalla scelta (o ideazione) di un formato di file e poi ci si procura uno strumento software che possa creare o utilizzare quel formato, si sta facendo redazione strutturata nel senso di strutturata su base informatica (per quanto possa essere completamente priva di struttura dal punto di vista retorico). Se si decide di adottare DocBook o DITA, o di sviluppare il proprio schema XML o una struttura di database personalizzata, di solito si prende anzitutto questa decisione e poi si cerca uno strumento software.

Se consideriamo le cose da questo punto di vista, usare XML non implica di per sé la redazione strutturata. Per esempio, XML è usato per codificare i file da molti programmi proprietari, come Microsoft Word. Di fatto, un programma proprietario potrebbe utilizzare DocBook o DITA come formato interno senza dichiararlo e ci si potrebbe comunque trovare a non fare redazione strutturata se non si è consapevoli della presenza del formato e non si ha intenzione di utilizzare i file al di fuori del programma.

Fondamentalmente, si fa redazione strutturata su base informatica se si è consapevoli della struttura a disposizione, la si adotta secondo le proprie esigenze e si specifica come verrà usata. Se anche usate strumenti non per specialisti e buona parte della struttura sottostante non è visibile agli autori, il fatto di assumere il controllo della struttura dei dati e del suo uso vi pone di diritto nel campo della redazione strutturata su base informatica.

Nella comunicazione tecnica il modo più diffuso di creare strutture dati per contenuti è tramite l'XML. I comunicatori tecnici usano schemi XML standard (come DocBook, DITA e S1000D), schemi specializzati per settori produttivi o schemi personalizzati.

Sul web, nel mondo dei sistemi di gestione dei contenuti web (WCMS), il modo usuale di creare una struttura manipolabile dai computer è usare database relazionali. Le piattaforme web di gestione dei contenuti più diffuse, come WordPress e Drupal, usano di default proprie strutture di database per i contenuti, mentre gli sviluppatori che sviluppano a partire da queste piattaforme spesso creano schemi specifici per tipi di contenuto particolari. I comunicatori tecnici in genere usano sistemi di gestione dei contenuti (CMS) o sistemi di gestione modulare dei contenuti (CCMS) per gestire pezzi di contenuto strutturati in XML, ma non usano il database sottostante per variare la struttura dei contenuti. Altri sistemi di redazione strutturata usano un sistema di controllo di versione o un sistema basato su semplici file di testo per archiviare i file XML. È in corso qualche tentativo di unire i due approcci, quello della comunicazione tecnica e quello del web. Al momento in cui scrivo, è ancora presto per dire dove porteranno queste proposte.

Le strutture dati potrebbero supportare e costringere ad applicare una certa struttura retorica o non farlo. Per esempio, DocBook supporta alcune delle strutture comunemente utilizzate nei documenti tecnici, ma non pone condizioni al loro utilizzo. In DocBook si può scrivere un documento strutturato su base informatica completamente privo di struttura retorica. Possiamo ancora definirla redazione strutturata (su base informatica), però non ha nulla a che fare con la redazione strutturata su base retorica.

Qualche cenno su SPFE

Sto lavorando ad un progetto che ho chiamato architettura SPFE[2], un'architettura per la redazione strutturata concepita appositamente per supportare la creazione e la gestione delle unità d'informazione di tipo "ogni pagina è la prima". Per essere precisi, SPFE non fa concorrenza a DITA o DocBook. Anzi, è possibile usare sia DITA sia DocBook come parte di un sistema SPFE. SPFE non è neppure uno schema, ma un'architettura il cui fine è rendere efficiente la creazione di schemi personalizzati per modelli di unità d'informazione da usare per i contenuti che volete creare. L'architettura SPFE è progettata anche per supportare nativamente l'organizzazione di tipo bottom-up e la tecnica dei collegamenti ipertestuali dinamici descritta nel Capitolo 20. Un Open Toolkit per SPFE è in corso di sviluppo. Se vi interessa, potete seguire gli sviluppi su SPFE.info[3] e SPFEOpenToolkit.org[4].

Altre forme di struttura su base informatica

Non tutti i generi di redazione strutturata su base informatica usano XML o database relazionali. Per esempio, il sistema di documentazione del codice JavaDoc aggiunge tag di marcatura alla sintassi già disponibile per i commenti in Java. I commenti JavaDoc cominciano con /** e possono contenere alcuni marcatori HTML, così come alcuni marcatori speciali, come, per esempio, @author, @version, @param, @return e @exception. I marcatori speciali contrassegnano l'inizio delle parti che dovrebbero essere presenti in ogni voce di una API JavaDoc. In altre parole questi marcatori definiscono la struttura retorica di una voce di una API reference e lo fanno in un modo che rende possibile una gestione automatizzata. Ciò permette ad un processore JavaDoc di organizzare, formattare e dotare di collegamenti ipertestuali una API reference per Java in base alla segnatura delle funzioni e ai commenti del codice.

Anche questa è redazione strutturata. Nello studiare la vostra strategia di redazione strutturata è importante che non sottovalutiate l'importanza dei materiali esistenti già strutturati, solo perché non sono in XML. E neppure dovreste pensare che, se richiedete del materiale strutturato ai vostri collaboratori, devono per forza farvelo avere in XML. Qualunque formato che sia in grado di descrivere contenuto, ordine e forma in modo utilizzabile da un computer andrà bene; inoltre spesso formati diversi da XML sono più semplici da apprendere ed usare per i vostri collaboratori.

---

[2] Il nome SPFE è un acronimo che sta per i quattro strati dell'architettura SPFE: Synthesis, Presentation, Formatting e Encoding (N.d.T.: risp. sintesi, presentazione, formattazione e codifica). Si pronuncia "spiffy".

[3] http://spfe.info/

[4] http://spfeopentoolkit.org/

Formati aperti e proprietari

La Figura 18.2, «Griglia dei tipi di struttura», mostra alcune delle diverse forme assunte dalla redazione strutturata, considerando sia quelle su base retorica sia quelle su base informatica. Ho dato una definizione ampia dei tipi di struttura distinguendo fra generale, formale e tematica.

	Formato proprietario	Struttura retorica	Formato aperto
Generale	MS Word FrameMaker	Testo generico	DocBook Markdown Wikitesto
Formale	PowerPoint WordPress	Information Mapping DITA*	DITA EPPO-simple
Tematica	TurboTax Intwined Pattern Studio	Ricette API reference "ogni pagina è la prima"	MathML RecipeML Personalizzata

Figura 18.2. Griglia dei tipi di struttura

Uso tali termini nel senso specificato di seguito (non è detto che siano definizioni condivise da altri):

■ **Generale:** Una struttura di tipo generale indica che il contenuto è strutturato secondo le comuni categorie applicate ai documenti in generale. Libri, articoli e pagine web che non hanno una struttura particolare si riconoscono in fin dei conti in quanto strutturati come libri, articoli e pagine web. Programmi proprietari che creano contenuti strutturati in modo generico sono, per esempio, Word e FrameMaker, quest'ultimo se usato senza applicare schemi.[5] Linguaggi basati su formati aperti che fanno lo stesso sono per esempio DocBook,[6] HTML5, wikitesto e Markdown.[7]

■ **Formale:** Una struttura di tipo formale descrive contenuti che sono strutturati in base a regole più specifiche di quelli a struttura generale. Per esempio, Information Mapping è un sistema formale per creare documenti a partire da blocchi di informazioni standard (nel senso che sono definiti in modo preciso). DITA fornisce una struttura retorica, pur essendo anche un formato di dati. DITA prevede tre strutture di base di unità d'informazione, ovvero concept, task e reference, che forniscono strutture formali che possono essere adottate anche senza utilizzare lo schema di marcatura XML proprio di DITA. Di fatto, la suddivisione dei contenuti di help in concept, task e reference è piuttosto comune. Programmi proprietari che creano strutture formali sono per esempio PowerPoint, che suddivide i contenuti in diapositive con struttura prestabilita, e WordPress, che adotta un formato prestabilito per i post. (Il formato del database usato da WordPress per i post non è strettamente proprietario, ma, non essendo stato creato per essere usato al di fuori di WordPress, possiamo considerarlo proprietario ai fini di questa trattazione.) Formati aperti che creano strutture formali sono per esempio DITA (nei suoi aspetti di base) ed EPPO-simple (N.d.T.: "ogni pagina è la prima" in versione base), che è un insieme di componenti per schemi XML attualmente (al momento della scrittura di questo libro) in sviluppo come parte dell'SPFE Open Toolkit. Quest'ultimo è pensato per creare a sua volta formati "ogni pagina è la prima" specifici per argomento, ma lo si potrà anche usare da solo come formato "ogni pagina è la prima" di primo livello.

■ **Tematica:** Una struttura tematica è usata solo per scrivere di un certo tipo di argomento. Il formato ricetta è tematico. La stessa cosa si può dire del formato API reference. I formati specifici adottati da Wikipedia per città, attori, politici eccetera sono formati tematici. Se si adottano delle regole per scrivere di un argomento specifico, allora si sta utilizzando un formato retorico tematico. L'approccio "ogni pagina è la prima" fa parte anche di questo gruppo perché il modo in cui è concepito tale approccio implica l'uso di modelli specifici per argomento. È difficile trovare esempi di programmi proprietari e tematici (ne ho trovato giusto uno, Intwined Pattern Studio[8], che trasforma schemi di lavoro a maglia in istruzioni scritte), mentre ce ne sono molti dedicati alla gestione di dati. Per esempio, TurboTax è un

---

[5] Naturalmente FrameMaker supporta anche formati strutturati aperti come DITA.

[6] Alcuni elementi di DocBook sono specifici per l'utilizzo nella comunicazione tecnica, in particolare per la documentazione per software, ma nel complesso la sua struttura è generica. Questo libro è stato scritto in DocBook.

[7] Markdown è un linguaggio semplificato per scrivere pagine web che utilizza un tipo di marcatura modellata sulle convenzioni comuni di formattazione in uso nelle email di solo testo. Vedi http://daringfireball.net/projects/markdown/.

[8] http://intwinedstudio.com/

programma creato specificamente per la dichiarazione dei redditi. Esistono alcuni formati di dati standard che sono tematici, come MathML e RecipeML, nonché alcuni formati per settori produttivi, ma la maggior parte dei formati di dati di questo genere sono creati su misura dalle aziende che li usano. In alcuni casi sono derivati da DITA, in altri sono schemi XML personalizzati, mentre altri sono strutture personalizzate di database. EPPO-simple è pensato per creare blocchi modulari per formati tematici di tipo "ogni pagina è la prima". La maggior parte dei formati di dati tematici includono alcuni elementi della struttura che sono di tipo generale o formale, da usare per dati che non richiedono strutture tematiche. Ne sono esempi DITA in versione base (senza specializzazione) e EPPO-simple. Un altro esempio potrebbe essere l'uso di Markdown in un sistema di gestione dei contenuti web per campi che contengano una descrizione generale.

Qualsiasi documento che potete creare al computer può essere assegnato ad uno dei gruppi di classificazione delle strutture retoriche e al gruppo dei formati aperti o proprietari. Per esempio, se avete scritto una ricetta con Word potreste mapparla sulla griglia come mostrato in Figura 18.3, «Una ricetta scritta con Word».

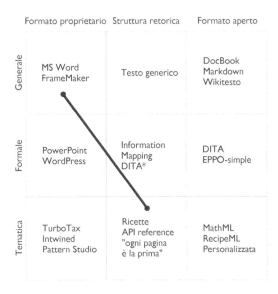

Figura 18.3. Una ricetta scritta con Word

Volendo scrivere unità d'informazione di tipo "ogni pagina è la prima" avete a disposizione molte possibilità, come si può vedere in Figura 18.4, «Opzioni di creazione per unità d'informazione di tipo "ogni pagina è la prima"».

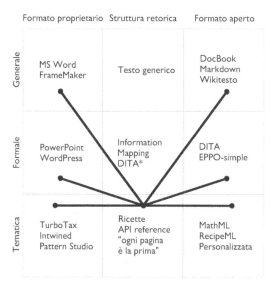

Figura 18.4. Opzioni di creazione per unità d'informazione di tipo "ogni pagina è la prima"

"Ogni pagina è la prima" è una filosofia di design, non un formato prestabilito, per cui è possibile scrivere un'unità d'informazione di tipo "ogni pagina è la prima" usando qualsiasi programma di redazione. Ci sono molte buone ragioni per scegliere un approccio strutturato ai dati, e i formati strutturati tematici in particolare possono fornire un ottimo ausilio all'attività di redazione, alla validazione dei contenuti ed alla creazione automatica di collegamenti ipertestuali (vedi Capitolo 20). Potete cominciare a scrivere unità d'informazione di tipo "ogni pagina è la prima" subito nel sistema che state già utilizzando, qualunque esso sia.

Gamma delle strutture su base informatica

I sistemi di redazione strutturata su base informatica suddividono i contenuti in parti separate e le contrassegnano, in modo che un computer possa trovare e trattare ogni parte individualmente. Di seguito alcuni esempi di diversi sistemi di redazione e del relativo processo che ciascuno di essi supporta.

```
<recensione-film>
  <titolo>Rio Lobo</titolo>
  <recensione>
    <p>L'ultimo film di <regista nome="Howard Hawkes">Hawkes</regista>
    è un western ironico nello stile di <film>Rio Bravo</film>, con
    <attore nome="John Wayne">il Duca</attore> nella parte di un
    ex-colonnello dell'Unione in cerca di vendetta. </p>
  </recensione>
</recensione-film>
```

Figura 18.5. Esempio di contenuto strutturato su base informatica

La Figura 18.5, «Esempio di contenuto strutturato su base informatica» mostra un esempio di contenuto strutturato su base informatica in XML. I marcatori XML suddividono il contenuto in elementi distinti in modo che un programma possa individuarli singolarmente. Si tratta di un formato tematico per recensioni di film. Il suo elemento radice (quello che racchiude tutto il resto e identifica il tipo di documento) è "recensione-film". Il documento contiene anche altri elementi specifici sull'argomento dei film, come "regista", "attore" e "film". In questo modo è possibile utilizzare i contenuti in base alle caratteristiche delle recensioni cinematografiche. Per esempio, supponiamo di avere un insieme di informazioni relative a film, come recensioni, biografie di attori eccetera. Un programma potrebbe ricavare una lista di tutti i film recensiti presenti nella raccolta in base all'elemento "titolo". Oppure, tenendo conto dei contenuti raccolti sotto l'elemento "attore", potrebbe creare una raccolta di tutti i film nei quali è citato John Wayne.

Al contrario, la Figura 18.6, «Contenuto strutturato in HTML» mostra lo stesso testo, ma in un formato generico che non specifica il proprio argomento. In questo caso l'elemento radice è "html" e non c'è nulla nella marcatura che sia specifico dell'argomento delle recensioni cinematografiche. Non c'è modo per un programma di estrarre una lista dei titoli di tutti i film recensiti di una raccolta a partire da questo tipo di marcatura, perché la raccolta non contiene i necessari marcatori specifici dell'argomento.

```
<html>
  <h1>Rio Lobo</h1>
  <p>L'ultimo film di Hawke è un western ironico nello stile di Rio Bravo,
  con <a href="http://johnwayne.com">il Duca</a> nella parte di un
  ex-colonnello dell'Unione in cerca di vendetta. </p>
</html>
```

Figura 18.6. Contenuto strutturato in HTML

Un ulteriore esempio è mostrato in Figura 18.7, «Contenuto strutturato in DocBook», che mostra lo stesso testo contrassegnato con la marcatura di DocBook.

```
<article xmlns="http://docbook.org/ns/docbook"
        xmlns:xl="http://www.w3.org/1999/xlink" version="5.0">
  <title>Rio Lobo</title>
      <para>L'ultimo film di Hawkes è un western ironico nello stile di
          <citetitle>Rio Bravo</citetitle>, con
          <link xl:href="http://johnwayne.com">il Duca</link>
          nella parte di un ex-colonnello dell'Unione in cerca di vendetta.
      </para>
</article>
```

Figura 18.7. Contenuto strutturato in DocBook

DocBook è un po' più preciso riguardo alla struttura del documento. Identifica l'elemento radice, "article", e fornisce altri elementi di tipo semantico, come "citetitle". Questa è comunque ancora una struttura generica, non specifica di un qualche argomento. La struttura di DocBook è ancor più generica, anche se di poco, della marcatura HTML. HTML è fatto per il web, mentre DocBook è progettato per qualsiasi tipo di articolo su qualsiasi mezzo di comunicazione.

Le funzionalità di HTML sono state fortemente aumentate da HTML5. HTML5 aggiunge ad HTML una marcatura di base per la strutturazione di documenti, come per esempio i marcatori "article" e "section", avvicinandosi così un poco alle caratteristiche di DocBook, anche se quest'ultimo rimane comunque molto più ricco a livello semantico. HTML5 supporta anche i microformati e i microdati, che permettono di aggiungere ad un documento HTML qualche informazione semantica relativa all'argomento. Queste innovazioni possono essere utili per gli utenti di contenuti in HTML5, però esse forniscono annotazioni semantiche relative a strutture generiche piuttosto che un mezzo per applicare delle strutture retoriche. Dunque HTML5 non è un buon candidato per un formato di redazione strutturata, ma è certamente un formato di uscita che un sistema di redazione strutturata dovrebbe supportare.

I vantaggi della redazione strutturata su base informatica

La redazione strutturata, in particolare se su base informatica, offre parecchi vantaggi, alcuni dei quali dipendono dal formato adottato. Ogni vantaggio descritto di seguito è ottenibile con il giusto formato, ma non tutti i formati danno tutti i vantaggi. Inoltre questi vantaggi non sono specifici delle unità d'informazione di tipo "ogni pagina è la prima", ma riguardano qualsiasi tipo di design dell'informazione.

Miglioramento della qualità dei contenuti

Il primo e più importante motivo per adottare la redazione strutturata è il miglioramento della qualità dei contenuti. La definizione di chiare strutture retoriche per tutti i contenuti può essere d'aiuto per fare in modo che i contenuti siano completi, coerenti e ricercabili. L'uso di strumenti per la redazione strutturata su base informatica per adottare le strutture retoriche migliora ulteriormente la qualità perché guida il redattore mentre scrive.

Supporto al redattore

La scrittura è essenzialmente un processo artigianale. Si basa sulla qualità dell'esperienza del singolo redattore, che decide cosa scrivere e il modo migliore di farlo. Però, come succede ai professionisti in altri settori di attività artigianale, il redattore può migliorare la qualità e la coerenza del proprio lavoro grazie all'uso di guide e modelli. Schemi ben progettati e strutturati sia dal punto di vista retorico sia dal punto di vista informatico fanno da guida e da modello, così permettendo di migliorare coerenza ed accuratezza, mentre, allo stesso tempo, il redattore riesce a lavorare più rapidamente e con più sicurezza.

Conformità e qualità

Una caratteristica fondamentale dell'unità d'informazione di tipo "ogni pagina è la prima" è che essa si conforma ad un modello. Si può utilizzare la redazione strutturata su base informatica per fare in modo che i contenuti siano conformi ai propri modelli.

Quando si sostiene l'opportunità di investire in comunicazione tecnica, spesso si fanno notare i problemi relativi a questo campo che portano di solito a consistenti complicazioni. L'utilizzo di uno schema che controlli che ogni componente sia presente aiuta a prevenire errori ed omissioni che potrebbero causare frustrazione nell'utente (come minimo) o perdite ben più gravi (nel caso peggiore).

Implementando il vostro schema nel vostro strumento di redazione fornirete a redattori e revisori un modo diretto ed immediato per ottenere feedback dal sistema, il che li può aiutare ad essere più produttivi nel loro lavoro, sia in termini di velocità sia in termini di qualità.

Collegamenti ipertestuali

Le unità d'informazione di tipo "ogni pagina è la prima" hanno molti collegamenti ipertestuali che seguono le linee dell'affinità di contenuto. Si può usare la marcatura strutturata per contrassegnare le affinità di contenuto all'interno dei contenuti ed usarle per generare automaticamente collegamenti ipertestuali. Vedi il Capitolo 20 per ulteriori informazioni.

Manipolazione dei contenuti

I contenuti strutturati su base informatica possono essere considerati come un database, cioè possono essere oggetto di interrogazioni di ricerca. Si possono quindi fare ricerche di questo genere: fammi vedere tutte le recensioni cinematografiche che citano sia John Wayne sia Howard Hawkes, oppure dammi una lista di tutte le procedure API che accettano o restituiscono la struttura dati di una certa configurazione. Supponiamo che stiate scrivendo un'unità d'informazione sulla struttura dati di una certa configurazione: l'interrogazione di ricerca potrebbe essere usata per inserire in quell'unità un elenco delle procedure API correlate e, a differenza di una lista compilata a mano, esso verrebbe aggiornato automaticamente se ci fossero cambiamenti nelle API.

Ci sono ampie possibilità per manipolare i contenuti con profitto. Più il formato di dati che usate è tematico, meglio sarete in grado di manipolare i vostri contenuti.

Disponibilità nel tempo

Usare un formato aperto può essere utile per rendere i contenuti accessibili ed utilizzabili nel tempo. Non si tratta semplicemente di scegliere un certo formato di dati. Il fatto in sé che un formato sia aperto non significa che sarà in uso per sempre. Di fatto, i formati aperti sono soggetti ai mutamenti tecnologici e di mercato allo stesso modo dei formati proprietari. Un buon esempio è SGML, il progenitore di XML, che venne largamente adottato come formato destinato a durare, mentre oggi è generalmente caduto in disuso.

Però, se un formato aperto non viene più usato, questo non significa che i contenuti sono persi. (I contenuti non si perdono neanche se succede con un formato proprietario, dato che i programmi più recenti di solito sono in grado di leggere i vecchi formati in modo da incoraggiare la migrazione.) Si possono sempre trasferire i contenuti da un vecchio formato a quello nuovo. Ma la domanda da farsi è: i contenuti hanno la struttura che servirà anche in futuro?

Ai fini della disponibilità nel tempo, le questioni fondamentali cui prestare attenzione sono le due seguenti:

- **Semantica:** Occorre mantenere la semantica dei contenuti in una forma utilizzabile. Per esempio, potete migrare i vostri vecchi file in WordPerfect a DITA, ma la migrazione sarà imperfetta, perché DITA richiede di aggiungere informazioni semantiche, come la marcatura precisa delle procedure, che non sono presenti nei file di WordPerfect. Dovrete perciò fare un po' di pulizia, il che vi costerà tempo e denaro. In generale, più informazioni semantiche sono presenti nei contenuti, più sarà facile migrarli ad un nuovo formato in seguito.

■ **Mezzo di comunicazione:** Il mezzo di comunicazione in uso influenza il grado di facilità con la quale si potrà lavorare coi contenuti in futuro. Indipendentemente dal formato di file in uso, i libri non si adattano bene al web. Non è possibile far passare contenuti lunghi e sequenziali ad un ambiente caratterizzato da contenuti brevi e interconnessi. In fin dei conti, il tipo di mezzo di comunicazione per il quale i contenuti sono stati scritti e le sue caratteristiche organizzative sono un ostacolo ben più grande del formato dei file per quanto riguarda l'utilizzo dei contenuti nel tempo. Anche se oggi non vi occupate di creare contenuti per il web, creare unità d'informazione di tipo "ogni pagina è la prima" invece di scrivere libri a struttura lineare è il modo migliore per assicurare la disponibilità nel tempo dei vostri contenuti.

Single sourcing

Una delle espressioni più usate per descrivere la redazione strutturata è "separazione del contenuto dalla formattazione". Questa espressione si riferisce alla capacità di creare il contenuto una sola volta, indipendentemente dalla sua formattazione, e poi pubblicarlo a misura di vari mezzi di comunicazione aggiungendo la formattazione adeguata ad ogni mezzo. In altre parole, il contenuto di per sé non specifica tipi di carattere, margini eccetera, ma ha una struttura articolata negli elementi tipici del documento, come i titoli o le tabelle. Questo scopo si può ottenere usando un formato con struttura generica, come DocBook (Figura 18.7, «Contenuto strutturato in DocBook»).

La separazione del contenuto dalla formattazione non è però sufficiente per permettere di strutturare i contenuti in modo diverso per i diversi mezzi di comunicazione. C'è più della formattazione a fare la differenza fra la strutturazione lineare di un libro e la struttura ad accesso casuale del web. La separazione del contenuto dalla formattazione non è sufficiente a modificare l'organizzazione da top-down a bottom-up.

Vale anche la pena notare che qualsiasi programma di elaborazione testi o di desktop publishing che utilizzi fogli di stile è in grado di separare il contenuto dalla formattazione. Non serve l'XML o un database relazionale per farlo.

Riutilizzo

Mentre il single sourcing ha per scopo pubblicare uno stesso documento secondo diverse formattazioni, il riutilizzo si occupa di inserire un singolo contenuto in diversi documenti o visualizzarlo in contesti differenti. Il riutilizzo di solito dipende dalla disponibilità di piccoli pezzi di contenuto che sono stati creati appositamente per essere riutilizzati. Lo si può fare con sistemi basati su regole precise, come le unità d'informazione di tipo concept, task e reference di DITA, o con sistemi basati sull'argomento (vedi il Capitolo 21 per altre informazioni).

Trasmissione del contenuto

Per trasmettere contenuti ad altre persone occorre fornirglieli in un formato che essi possano leggere. Il modo più semplice per farlo è che sia il mittente sia il destinatario usino lo stesso formato. Se entrambi usano Word, FrameMaker, DocBook o DITA in versione base, la trasmissione del contenuto è relativamente semplice.

Il problema è che non a tutti va bene ricevere i contenuti nel formato di partenza. Ci saranno dunque casi in cui è necessario trasformare i contenuti nel formato richiesto dal destinatario. Come nel caso della disponibilità nel tempo, il punto fondamentale qui non è scrivere o archiviare i contenuti usando la stessa sintassi che si vuole usare per la trasmissione (è facile adattare la sintassi dei contenuti).[9] Il punto chiave è la semantica. È sempre possibile trasmettere i contenuti (o dati) se i dati utilizzati dalla controparte hanno la stessa semantica di quelli da trasmettere (indipendentemente dalla sintassi) o se i dati da trasmettere sono semanticamente più complessi dei contenuti del destinatario (sono *a monte*). Vale a dire che il contenuto può essere trasmesso se la semantica di partenza può essere trasformata nella semantica di arrivo senza perdite. Questo si può fare se la semantica di partenza è più ricca di quella di arrivo, ma non se è più semplice. Prendiamo ad esempio i casi della recensione cinematografica di Figura 18.5, «Esempio di contenuto strutturato su base informatica» e di Figura 18.7, «Contenuto strutturato in DocBook». La marcatura specifica della recensione cinematografica può essere facilmente trasformata in marcatura DocBook, per trasmettere il contenuto a qualcuno che usa DocBook, o trasformata in HTML5, con microformati specifici per una API per contenuti, ma la versione DocBook o HTML5 non può essere trasformata altrettanto facilmente nella marcatura della recensione cinematografica. Dal punto di vista semantico, la marcatura per la recensione cinematografica è a monte di quella di DocBook e HTML5.

Certo, creare una marcatura specifica per un certo argomento ha anch'esso un costo, per cui occorre considerare pro e contro. I vantaggi in termini di conformità e qualità sono però evidenti, specialmente nel caso delle unità d'informazione di tipo "ogni pagina è la prima", che funzionano al meglio quando sono scritte seguendo una struttura ben definita. Inoltre, avendo la possibilità

---

[9] Nel caso della creazione di una *API per contenuti*, potete fare in modo che la API possa fornire il contenuto in formati diversi.

di passare i contenuti ad un formato più generico come DocBook, si ha il vantaggio di avere a disposizione tutti gli strumenti di pubblicazione disponibili per DocBook.

Se si usa DITA, si può utilizzare il suo meccanismo di specializzazione per creare una marcatura specifica per l'argomento che permetta di mantenere le informazioni semantiche del contenuto, che saranno utili anche nel caso di un successivo abbandono di DITA.

Redazione strutturata e organizzazione di tipo bottom-up

Abbiamo visto nel Capitolo 5 quanto importanti siano la strutturazione e la navigazione di tipo bottom-up nel caso di contenuti ai quali le persone arrivano spesso facendo ricerche o seguendo collegamenti ipertestuali. Abbiamo anche visto che il problema principale da affrontare quando si crea una struttura e una navigazione di tal tipo è che la struttura di tipo bottom-up del web non può essere appropriatamente utilizzata in senso top-down.

Il punto è: come è possibile pianificare, attuare, controllare e validare uno schema organizzativo e di navigazione che non si può visualizzare in senso top-down? Le strutture create sul modello del manuale tendono ad avere problemi perché siamo Decisamente dipendenti dalla nostra capacità di fare un passo indietro e visualizzare il quadro generale. Invece, nel caso di una rete, il quadro generale è solo un'accozzaglia di correlazioni incrociate (Figura 5.2, «Mappa di una rete complessa»). Una struttura di tipo bottom-up può essere visualizzata e compresa partendo dal fondo.

Ciò non significa che è impossibile creare intenzionalmente una struttura. Wikipedia lo fa grazie a migliaia di collaboratori e ad una squadra di revisori. Però ogni collaboratore crea contenuti e li organizza in senso bottom-up.

Alcune delle correlazioni più interessanti fra argomenti diversi non sono inquadrabili chiaramente in classificazioni o gerarchie. Esse nascono invece dalle stesse correlazioni specifiche e particolari esistenti nel mondo reale. Queste correlazioni particolari fra i contenuti sono spesso le più importanti, perché risolvono situazioni in cui il compito o il prodotto non corrispondono ad un modello mentale corrente, per cui è probabile che l'utente incorra in qualche difficoltà. Si tratta però di affinità di contenuto particolari che sono anche difficili da individuare e da gestire, se ci si pone dal punto di vista top-down.

L'organizzazione e la navigazione di tipo bottom-up e le affinità di contenuto particolari sono difficili da gestire manualmente, mentre lo si può fare bene se se ne occupa un algoritmo. Ma, per usare un algoritmo, è necessario che i contenuti siano strutturati su base informatica. La redazione strutturata su base informatica può essere di grande utilità per organizzare i contenuti in senso bottom-up.

CAPITOLO 19

I metadati

I metadati giocano diversi ruoli nella creazione e gestione delle unità d'informazione di tipo "ogni pagina è la prima". Se redazione strutturata è un'espressione che crea confusione, metadati lo è ancor più. I metadati sono usati in tanti modi e per scopi diversi, ma spesso sono considerati da un solo punto di vista: un'aggiunta di informazioni ad un documento o ad una pagina web al fine di renderli più facili da trovare. Questo utilizzo dei metadati è essenzialmente lo stesso di un'etichetta sulla confezione di un prodotto, come quella di Figura 19.1, «Etichetta di un vasetto di sugo».

Se create un documento con uno degli strumenti della colonna "formato proprietario" (Figura 18.2, «Griglia dei tipi di struttura») e poi lo caricate in un sistema di gestione dei contenuti web, probabilmente dovrete compilare i metadati per completare il processo di caricamento. Il sistema di gestione dei contenuti web utilizzerà alcuni o tutti quei metadati per il sistema di navigazione del sito web. Il sistema di gestione dei contenuti web mette un'etichetta su quel documento del genere dell'etichetta sul vasetto del sugo, cioè un'etichetta che descrive i contenuti del documento.

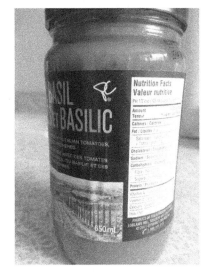

Figura 19.1. Etichetta di un vasetto di sugo

Se invece usate un metodo di redazione di quelli della colonna "formato aperto" vi troverete a creare molti più metadati, dei quali la maggior parte, o tutti, saranno creati prima o durante il processo di creazione del contenuto, e non dopo. Per esempio, la marcatura specifica per il cinema della Figura 18.5, «Esempio di contenuto strutturato su base informatica» contiene parecchi metadati specifici, appropriatamente contrassegnati, come parte della marcatura stessa. Anche se non scrivete seguendo un metodo strutturato, i metadati possono giocare un ruolo ugualmente importante nel processo di creazione di contenuti che abbiano una struttura retorica precisa o tematica. Per dirla in poche parole, la struttura è definita dai metadati. Però i metadati che definiscono una struttura non sono esterni al documento, come l'etichetta del barattolo di sugo, ma sono al suo interno e ne etichettano le singole parti.

Il significato dei metadati

I metadati sono semplicemente informazioni sui dati o, per usare parole diverse, dati che descrivono altri dati. L'etichetta sul vasetto di Figura 19.1, «Etichetta di un vasetto di sugo» rappresenta solo dati, perché il contenuto del vasetto non sono dati, ma sugo per la pasta. L'etichetta su un documento presente in un sistema di gestione dei contenuti web rappresenta metadati, perché il documento è costituito da dati.

I metadati sono dappertutto. In effetti, la maggior parte dei dati non servono a niente se non sono accompagnati da metadati che ci indichino il loro significato. E poiché anche i metadati sono dati, ci servono metadati per indicare il significato dei metadati.

Prendiamo per esempio un documento XML. Un documento XML contiene marcatura, che è una forma di metadati. Per esempio, in questo frammento:

```
<p>La libreria
    <nome-libreria>x()</nome-libreria> contiene le procedure
    <nome-procedura>x()</nome-procedura> e
    <nome-procedura>y()</nome-procedura>.
</p>
```

Tutte la parti in grassetto sono metadati. Il marcatore <p>è un metadato che ci dice che la stringa di caratteri contenuta fino al marcatore di chiusura </p> è un paragrafo. I marcatori <nome-libreria> e <nome-procedura> sono metadati che ci dicono che le stringhe da essi delimitate sono rispettivamente un nome di libreria e nomi di procedure.

I marcatori ammessi in un documento XML sono specificati in uno schema. Uno schema che descrivesse i marcatori usati in questo frammento conterrebbe righe come queste:

```
<xs:element name="nome-libreria" type="xs:string"/>
<xs:element name="nome-procedura" type="xs:string"/>
```

Queste righe sono metadati che descrivono gli elementi <nome-libreria> e <nome-procedura>. Esse indicano, per esempio, che un elemento <nome-procedura> non può contenere nessun altro elemento, ma solo dati costituiti da stringhe di caratteri. Quindi uno schema è costituito da metadati che descrivono un linguaggio di marcatura e un linguaggio di marcatura è costituito da metadati che descrivono contenuti.

Gli indici generali e quelli analitici sono metadati. Lo stesso sono titoli, sottotitoli, didascalie, nonché intestazioni e piè di pagina. Tutti questi sono dati che descrivono il contenuto di un libro (che è costituito da dati) e quindi sono metadati.

Lo stesso succede con altri tipi di dati. Troverete diversi livelli di metadati ovunque guardiate. Nel mondo dei database ci sono i nomi delle colonne, che sono metadati, e i data dictionary, che sono metadati che descrivono le colonne e le relazioni esistenti fra di esse.

Non tutte le forme assunte dai metadati sono indicate col termine "metadati". Molte forme di metadati hanno da molto tempo un nome specifico: indice, schema, data dictionary, indice generale, catalogo, marcatore, etichetta e così via. Sul web e nei sistemi di gestione dei contenuti si ha l'impressione che la proliferazione di nuove forme di metadati e di nuovi modi per acquisirli e usarli abbia superato la nostra capacità di dare un nome a tutti. O forse molti hanno già un nome (come "indice analitico"), ma le loro connotazioni sono state considerate poco comprensibili alla luce delle necessità del nuovo ambiente.

Qualunque sia il motivo, si è cominciato ad usare il termine generico metadati per indicare nuovi tipi/forme/rappresentazioni di metadati. Dunque, ora ci sono molte forme di metadati con un proprio nome e molte altre, spesso molto simili a quelle che già esistevano, che vanno tutte sotto l'appellativo di metadati. Ecco dov'è l'equivoco: "metadati" può riferirsi ad un gruppo di cose che condividono questo appellativo e ad un altro gruppo di cose che di solito non sono chiamate in quel modo, ma che comunque sono metadati.

Le unità d'informazione dovrebbero guadagnarsi i propri metadati

In *Everything Is Miscellaneous*[27, p. 105], David Weinberger osserva che il segreto per rendere le informazioni ricercabili non è la loro strutturazione, ma sono i metadati. In altre parole, come abbiamo visto nel Capitolo 3, le pagine web vengono organizzate dinamicamente dal web stesso e ciò che permette al web di selezionare accuratamente i contenuti sono i metadati (sia quelli creati dagli autori mentre scrivono i contenuti sia quelli creati dai lettori aggiungendo tag, cliccando like o inserendo collegamenti ipertestuali ai contenuti). Se i metadati non sono espliciti, i motori di ricerca tentano di ricavarli direttamente dal contenuto. Il web è governato dai metadati.

Non è difficile aggiungere metadati, ma è difficile aggiungerne di qualità. Se volete che i vostri contenuti passino la selezione quando e dove vorreste, i relativi metadati devono esprimere accuratamente l'argomento trattato. Se i metadati non sono quelli giusti faranno torto al filtro e i vostri contenuti verranno penalizzati.

Il punto è che non si possono appicciare a piacere metadati ad un oggetto che non se li merita. Non potete aggiungere metadati senza criterio ad un oggetto, senza tener conto delle sue caratteristiche, perlomeno non se volete ottenere risultati affidabili. Se le porzioni di informazione che state etichettando sono troppo piccole o se la loro ampiezza è mal definita, i metadati non risulteranno ottimali.

Pensate all'etichetta su un barattolo di gelato. Se il gusto è alle nocciole, sul contenitore ci dovrebbe essere un avviso che dice "contiene nocciole". Questo è il giusto livello in cui usare questa etichetta. Se mettessimo l'etichetta "contiene nocciole" sulla gelateria sarebbe formalmente corretto, ma ciò provocherebbe l'esclusione senza motivo degli allergici alle nocciole dal consumo del gelato di qualsiasi gusto, persino alla fragola. Al livello opposto, potremmo mettere l'etichetta "contiene nocciole" su ogni singola nocciola, ma in questo caso i clienti allergici alle nocciole potrebbero ordinare un gusto che le contiene e non rendersene conto finché stanno per mangiarsele. Il livello più adatto nel quale mettere le etichette per il gelato non è la gelateria o il singolo ingrediente, ma il barattolo o la porzione.

Lo stesso vale per i contenuti. L'obiettivo è usare i metadati per contrassegnare la giusta porzione di contenuto che il lettore intende consumare. Questo non è sempre facile da farsi nel caso dei libri scomposti in unità d'informazione o assemblati usando frammenti modulari riutilizzabili. Tom Johnson ha trattato questo caso sul suo blog, nel post "The Importance of Chunking for Sorting" ("L'importanza della granularità per l'ordinamento"). Egli constata che suddividere i contenuti in parti troppo piccole può creare dei problemi quando poi si tenta di richiamare quei contenuti con una interrogazione di ricerca.

> Se si estraggono tutte assieme le informazioni contrassegnate da certi metadati, per esempio tutte quelle relative alla schedulazione degli eventi, si rischia di ottenere un insieme disordinato di risultati. L'ordine delle informazioni potrebbe non riflettere alcun tipo di lettura in sequenza o secondo una qualche logica. La lista delle informazioni non costituisce più quasi un capitolo, ampio e ben scritto, che fornisce un contesto ad ogni singola informazione, ma può dare l'impressione di tanti piccoli pezzi sparsi qua e là.
>
> —Tom Johnson, "The Importance of Chunking for Sorting." [1]

---

[1] http://idratherbewriting.com/2011/04/18/the-importance-of-chunking-for-sorting/

Il problema descritto da Johnson deriva dal fatto che tutti quei pezzi così piccoli non si meritano più i relativi metadati. Immaginiamo, per esempio, di smontare un apparecchio, per esempio una sveglia di vecchio tipo.

Possiamo etichettare la sveglia in sé con parecchi utili metadati. È un apparecchio che indica l'ora. È un apparecchio che ci sveglia. Può (anche) fare da soprammobile. Potrebbe fare da oggetto di scena per un dramma storico. Sono tante le caratteristiche utili che si possono assegnare e che tornerebbero utili per trovarla quando ci fosse bisogno di assolvere ad una di queste funzioni.

Ora, proviamo a smontarla. Cominciamo col separare i diversi pezzi: la cassa, il meccanismo dell'orologio e la campanella. Ad alcuni di questi pezzi si potrebbero ancora attribuire metadati significativi. Però, se continuiamo a smontarli, alla fine ci ritroveremo fra le mani viti, ruote dentate e pezzi lavorati di metallo. A questo punto non serve più a nulla aggiungere metadati per indicare che facevano parte di una sveglia.

Figura 19.2. Pezzi di una sveglia[2]

Viti e ruote dentate di Figura 19.2, «Pezzi di una sveglia », potrebbero avere altri metadati, che li descrivano in quanto singoli pezzi. Come singoli pezzi essi hanno precise caratteristiche, come il passo della filettatura, la circonferenza o il numero e il passo dei denti. Nessuno di questi metadati è appropriato per la sveglia e nessuno dei metadati della sveglia si applica in senso stretto alle singole ruote dentate e viti. I metadati relativi ai pezzi potrebbero essere riutilizzati per progetti di vario tipo completamente estranei ad una sveglia. Aggiungere i metadati della sveglia alle ruote

---

[2] Foto di Vassil, Wikimedia Commons, Public domain.

dentate ed alle viti avrebbe il solo effetto di rendere meno efficaci quelli propri di questi pezzi e potrebbe ostacolare il loro riutilizzo per altri scopi.

Immaginiamo di usare i metadati della sveglia per questi pezzi. Facendo una ricerca con quei metadati otterremmo non una sveglia, ma un mucchio di ruote dentate, viti e pezzi lavorati di metallo. Non è una sveglia, non ha a che fare con l'utilità di una sveglia e non si merita i metadati di una sveglia. Quei metadati usati in questo modo non sono né accurati né affidabili. Non servono a nessuno che abbia bisogno di una sveglia.

Questo discorso non riguarda solo i metadati aggiunti ad un'unità d'informazione presa come un tutt'uno. Riguarda anche i metadati usati al suo interno. Una volta che ruote dentate e meccanismi vari sono stati assemblati in un orologio ne diventano parte in un senso diverso da quando si trovavano nei cassetti. Un qualcosa come "6 uova" non è un ingrediente di un'omelette finché non è incluso nella ricetta dell'omelette. Di per sé potrebbe benissimo far parte di una lista della spesa o di un problema di matematica. Se invece fa parte di una ricetta ne diventa un ingrediente e può essere identificato come tale in modo affidabile.

I metadati sono utili solo se possono essere attribuiti a cose che siano utili. I metadati per contenuti sono utili solo se possono essere attribuiti ad unità di contenuto che siano utili. Se suddividete i contenuti in parti troppo piccole per essere utili ad un certo lettore non riuscirete ad aggiungere ad essi dei metadati che siano utili per quel lettore.

Se il contenuto è stato scomposto senza pensarci troppo in piccoli frammenti per poterli riutilizzare al massimo o ottimizzare la memoria di traduzione, frammenti del genere di solito non si meritano metadati che si userebbero per unità d'informazione di tipo "ogni pagina è la prima". Sono frammenti che dovrebbero avere i loro propri metadati, allo stesso modo di molle e ruote dentate di un orologio smontato, i cui metadati non sono gli stessi usati per l'orologio intero. Se poi questi frammenti venissero assemblati a formare unità d'informazione di tipo "ogni pagina è la prima", le unità d'informazione dovrebbero avere, a loro volta, i propri metadati su misura.

Dunque, se volete che le vostre unità d'informazione abbiano metadati in grado di essere d'aiuto ai lettori quando cercano e filtrano i vostri contenuti, dovete creare unità d'informazione che si meritino davvero una serie di metadati appropriati. L'approccio "ogni pagina è la prima" ha a che fare con la creazione di singole porzioni di informazioni che si meritano ricchi metadati in grado di rendere quelle informazioni facili da trovare e utili quando vengono individuate.

Le qualità che i contenuti utili devono avere per meritarsi i propri metadati sono le stesse tipiche delle unità d'informazione di tipo "ogni pagina è la prima":

- **Autonomia:** Per poter essere etichettato accuratamente, un oggetto deve essere autonomo. Se l'oggetto è un componente di qualcosa di più grande, l'etichetta va posta al livello dell'oggetto di cui è componente.

- **Scopo specifico e delimitato:** I metadati sono essenzialmente una descrizione di cosa un dato fa. Se il contenuto non ha uno scopo specifico non c'è modo di attribuirgli metadati specifici. Se lo scopo non è definito neppure i metadati richiesti possono essere definiti, e metadati indefiniti sono dannosi tanto quanto non avere metadati per nulla.

- **Conformità ad un modello:** Un modello di contenuto ben fatto definisce ogni aspetto del contenuto ed ogni aspetto del contenuto può essere contrassegnato da metadati. Se gli aspetti del contenuto non sono coerenti neanche i metadati possono esserlo. E metadati incoerenti sono ben poco utili. Non poter contare sui metadati significa non poter trovare, creare, gestire o aggiornare i contenuti.

- **Contestualizzazione:** Quando un'unità d'informazione stabilisce esplicitamente il contesto per il lettore, essa fornisce una conferma della correttezza dei metadati. Mostrare i metadati nell'unità d'informazione stessa, come abbiamo visto nel caso dell'unità dedicata alla sula piediazzurri in *All About Birds* (Figura 10.4, «Sula piediazzurri (Blue-footed Booby)»), è uno dei modi più efficaci per stabilire il contesto.

- **Il lettore deve essere considerato come competente:** Ogni unità d'informazione è scritta per qualcuno. I metadati dovrebbero identificare i destinatari, esplicitamente o implicitamente. Se l'unità d'informazione non è coerente con ciò che viene offerto o è implicito, non si merita i metadati.

- **Mantenersi su un unico livello:** Come nel caso della competenza del lettore, i metadati dovrebbero identificare il livello appropriato, esplicitamente o implicitamente. Se l'unità d'informazione non è coerente con il livello identificato, non si merita i metadati.

Se volete creare unità d'informazione di tipo "ogni pagina è la prima" a partire da moduli più piccoli, fatelo pure. Però dovete essere consapevoli che, allo stesso modo in cui i metadati appropriati per i singoli pezzi raccolti nei cassetti non sono la stessa cosa dei metadati appropriati per una sveglia funzionante, così i metadati appropriati per etichettare i vostri pezzi di contenuto riutilizzabili non sono la stessa cosa dei metadati applicabili ad un'unità d'informazione di tipo "ogni pagina è la prima" costruita a partire da quei pezzi.

I metadati prima di tutto

Per creare contenuti che si meritino davvero i propri metadati la cosa migliore da fare è cominciare dai metadati stessi. Ovvero: definite anzitutto i metadati (e definiteli tutti) e poi scrivete un'unità d'informazione che se li meriti.

Di fatto questa è un'ottima definizione di cosa sia la redazione strutturata, sia su base retorica sia su base informatica, o entrambe: quando fate redazione strutturata, create prima i metadati e poi i contenuti.

Questo approccio è simile alla prassi dello sviluppo guidato dai test (test-driven development[3]) che è parte dello sviluppo agile del software. Nello sviluppo guidato dai test non si comincia con lo scrivere una procedura per poi pensare a come testarla, ma si scrive prima il test e poi il codice da sottoporre al test. Scrivere prima il test è un ottimo modo per assicurarsi di aver veramente capito quale deve essere lo scopo del codice. Questo metodo si è rivelato capace di produrre software di miglior qualità e con meno difetti.

Sotto molti punti di vista, i metadati sono per un'unità d'informazione come un test per il contenuto dell'unità. Essi definiscono lo scopo, il modello e il livello del contenuto in un modo che chiarisce al redattore, al curatore ed ai revisori precisamente quali sono le esigenze. Se si fa redazione strutturata su base informatica, i metadati possono essere usati anche per verificare le singole unità d'informazione e la raccolta delle unità d'informazione.

Il primo e più importante metadato per un'unità d'informazione di tipo "ogni pagina è la prima" è il modello. Il primo fondamentale passo nel processo della definizione iniziale dei metadati è scegliere il modello dell'unità d'informazione prima di cominciare a scrivere. Se fate redazione strutturata su base informatica ciò significa scegliere subito lo schema adatto. Se il modello richiede altri metadati, come termini per la classificazione o l'indice analitico, scriveteli subito. Questo vi aiuterà ad essere sicuri di sapere esattamente qual è il contenuto che dovete creare.

---

[3] https://it.wikipedia.org/wiki/Test_driven_development

CAPITOLO 20

Aggiungere i collegamenti ipertestuali

I collegamenti ipertestuali sono una caratteristica importante della concezione delle unità d'informazione di tipo "ogni pagina è la prima". Purtroppo molti programmi di uso comune creano e gestiscono i collegamenti ipertestuali in maniera inefficiente. Non passerò in rassegna i sistemi disponibili per farlo in tutti i programmi che ci sono (la relativa documentazione è facile da trovare). Descriverò invece due metodi alternativi: i collegamenti ipertestuali comunitari (N.d.T.: orig. *crowdsourced links*) e la tecnica dei collegamenti ipertestuali dinamici (N.d.T.: orig. *soft linking*).

I collegamenti ipertestuali comunitari

I collegamenti ipertestuali comunitari sono creati da una comunità piuttosto che da autori e revisori. Gli articoli di Wikipedia di solito hanno molti collegamenti ipertestuali perché Wikipedia ha migliaia di collaboratori che aggiungono e aggiornano continuamente materiali. Se utilizzate un wiki e lasciate l'accesso ragionevolmente aperto, potreste pensare di affidare una parte dei vostri collegamenti ipertestuali ad una comunità. Anche le piattaforme social permettono di farlo con il sistema dei commenti, per cui potreste chiedere agli utenti di suggerire nei commenti risorse interessanti.

La partecipazione di una comunità può essere gestita anche con altri strumenti. La difficoltà maggiore è coinvolgere le persone in questa attività. Il punto fondamentale è rendere le persone consapevoli dell'importanza dei collegamenti ipertestuali e di una solida organizzazione dei contenuti di tipo bottom-up. Mi piacerebbe che mi faceste sapere se, nella vostra azienda, avete svolto delle attività per coinvolgere una comunità nel lavoro sui collegamenti ipertestuali.

La tecnica dei collegamenti ipertestuali dinamici basata sulle affinità di contenuto

La tecnica dei collegamenti ipertestuali dinamici si basa sulle affinità di contenuto. La maggior parte dei programmi non la supporta di default, anche se in alcuni casi è possibile trovare degli add-on che supportano tale tecnica o una simile. Ci sono anche molti casi di contenuti basati su database che la utilizzano, creando collegamenti ipertestuali che si basano su interrogazioni di ricerca dei database. Secondo la tecnica dei collegamenti ipertestuali dinamici i collegamenti ipertestuali sono creati automaticamente in base alle affinità di contenuto archiviate in strutture di dati. Questa tecnica non è difficile da adottare. Il segreto è disporre di contenuti che identificano appropriatamente il proprio scopo e vi si adeguano, in modo che il sistema possa creare collegamenti ipertestuali utili che puntano ai contenuti giusti.

L'Esempio 20.1, «Marcatura dell'affinità di contenuto», mostra un passaggio di una recensione cinematografica nella quale gli elementi importanti (le affinità di contenuto) sono contrassegnati.

Esempio 20.1. Marcatura dell'affinità di contenuto

```
<p>L'ultimo film di <regista nome="Howard Hawkes">Hawkes</regista>
    è un western ironico nello stile di <film>Rio Bravo</film>,
    con <attore nome="John Wayne">il Duca</attore> nella parte
    di un ex-colonnello dell'Unione in cerca di vendetta.
</p>
```

Le affinità di contenuto (gli elementi importanti presenti nel testo) qui sono: il regista (Howard Hawkes), l'attore (John Wayne) ed il film (Rio Bravo). Ci sono altre affinità che meriterebbero di essere contrassegnate, come il genere del film, ma mi limito a queste tre per semplicità.

Come abbiamo visto nel Capitolo 5, i collegamenti ipertestuali nelle unità d'informazione di tipo "ogni pagina è la prima" di solito non sono usati per riferirsi esplicitamente a determinati documenti. Per lo più sono usati per fornire accessi a contenuti correlati seguendo linee di affinità di contenuto. Nel caso della tecnica dei collegamenti ipertestuali dinamici, gli autori non devono individuare una specifica risorsa come punto di arrivo del collegamento ipertestuale. L'unica cosa che devono fare è contrassegnare le affinità di contenuto. Dopodiché ci pensano degli script a trovare unità d'informazione sugli argomenti correlati, come una biografia di John Wayne o recensioni di Rio Bravo.

Di seguito i vantaggi che si hanno se non si chiede agli autori di occuparsi della ricerca delle fonti:

- Si risparmia tempo. Se gli autori possono limitarsi ad aggiungere una nota ad un certo elemento per segnalare un'affinità di contenuto, possono lavorare più speditamente che se dovessero fermarsi e capire qual è la risorsa cui deve puntare il collegamento ipertestuale. Più tempo un autore ci mette a creare i collegamenti ipertestuali, meno collegamenti ipertestuali riesce a creare.

- Nel mentre che le informazioni vengono scritte, le risorse cui puntare potrebbero non essere ancora state create. Mentre non è possibile creare un collegamento ipertestuale fisso ad una risorsa che non esiste, si può invece annotare un'affinità verso quel contenuto.

■ Affidarsi agli autori perché trovino risorse da collegare può portare a risultati incoerenti. Autori diversi possono pensarla diversamente riguardo a quali siano le risorse migliori da collegare, e comunque possono collegare solo le risorse che riescono a trovare, per cui può andare a finire che colleghino solo alcune risorse che gli sono già note piuttosto che risorse migliori di cui non sono a conoscenza. Il comportamento degli autori tende ad accontentarsi del minimo richiesto, come fanno i lettori. In generale, gli autori non continuano a cercare la risorsa migliore se ne hanno una a portata di mano che sembra fare al loro caso. Sceglieranno la prima risorsa sufficientemente adeguata e questo produrrà collegamenti ipertestuali ad un livello appena sufficiente, e non di eccellenza. Più ampia è la documentazione, più tempo ci vorrà per trovare le risorse giuste e più probabilmente si troveranno risorse meno appropriate, che faranno calare la qualità e la quantità dei collegamenti ipertestuali. Il costo della creazione dei collegamenti ipertestuali aumenta con l'aumento dei contenuti anche se si usa un sistema di gestione dei contenuti.

■ Se il contenuto viene riutilizzato in diversi prodotti informativi può succedere che, se contiene collegamenti ipertestuali fissi, tali collegamenti non funzionino, perché i contenuti cui puntano non sono stati inclusi in quella particolare selezione di contenuti. Un modo per risolvere questo problema è usare riferimenti indiretti (cioè usare dei file che riportano il collegamento appropriato in base alle informazioni utilizzate), ma questo significa altro lavoro. Se ci si limita a contrassegnare le affinità di contenuto, i collegamenti ipertestuali dinamici possono essere creati al volo durante la compilazione in modo che puntino alle risorse disponibili nel prodotto informativo in uso.

La tecnica dei collegamenti ipertestuali dinamici basata sulle affinità di contenuto non richiede necessariamente l'uso di XML. Si può usare qualsiasi formato di dati che permetta di contrassegnare le affinità di contenuto su base informatica.

Se poi si riuscisse ad identificare le affinità di contenuto con processi automatici basati sul linguaggio naturale o sulla corrispondenza con strutture-modello, non ci sarebbe neppure bisogno del lavoro manuale degli autori. Ho usato questa tecnica in diversi progetti per trovare i nomi di procedure API nel codice e generare collegamenti ipertestuali che dal codice puntavano alla API reference.

I collegamenti ipertestuali dinamici non sono collegamenti indiretti

Quel che segue è la parte più tecnica dell'intero libro. L'ho inserita perché è importante non fare confusione fra la tecnica dei collegamenti ipertestuali dinamici e un'altra tecnica conosciuta come tecnica dei "collegamenti indiretti". Entrambe le tecniche hanno una loro utilità e ciascuna ha pro e contro, ma sono diverse e si rischia di non apprezzare le potenzialità di quella dei collegamenti ipertestuali dinamici se la si confonde con quella dei collegamenti ipertestuali indiretti.

Il modo più semplice per distinguerle è controllare il testo. Per usare la tecnica dei collegamenti ipertestuali indiretti si crea un collegamento ipertestuale nel testo, mentre nel caso della tecnica dei collegamenti ipertestuali dinamici no. Vediamo qualche esempio di collegamenti ipertestuali diretti, indiretti e dinamici.

Come primo esempio, ecco un collegamento ipertestuale diretto:

```
<p>L'ultimo film di Hawke è un western ironico nello stile di Rio Bravo,
    con <a href="http://johnwayne.com">il Duca</a> nella parte
    di un ex-colonnello dell'Unione in cerca di vendetta.
</p>
```

In questo caso vediamo il solito elemento HTML <a> con l'attributo href che contiene l'indirizzo diretto della risorsa collegata. Questo è un collegamento ipertestuale diretto. Ecco un collegamento ipertestuale indiretto:

```
<p>L'ultimo film di Hawke è un western ironico nello stile di Rio Bravo,
    con <link idref="john-wayne">il Duca</link> nella parte
    di un ex-colonnello dell'Unione in cerca di vendetta.
</p>
```

Nel caso di un collegamento ipertestuale indiretto, l'elemento <link> contiene l'attributo idref nel quale è inserito un identificativo per il collegamento ipertestuale. Tale identificativo è poi messo in corrispondenza con il collegamento ipertestuale in questa forma:

```
<link id="john-wayne" href="http://johnwayne.com"/>
```

L'effettivo punto di arrivo del collegamento ipertestuale è registrato in questo schema di corrispondenza invece che nel documento stesso. Questo dà un paio di vantaggi. Il primo è la possibilità di cambiare il punto di arrivo di un collegamento ipertestuale modificando lo schema di corrispondenza, invece di dover aggiornare il documento stesso. Il secondo è che, se il documento viene utilizzato in posizioni diverse e si desidera che i punti di arrivo cambino, è possibile scrivere uno schema di corrispondenza per ogni posizione.

La tecnica dei collegamenti ipertestuali indiretti è certo utile, ma non è uguale a quella dei collegamenti ipertestuali dinamici. Rivediamo l'esempio della tecnica dei collegamenti ipertestuali dinamici:

```
<p>L'ultimo film di <regista nome="Howard Hawkes">Hawkes</regista>
    è un western ironico nello stile di <film>Rio Bravo</film>,
    con <attore nome="John Wayne">il Duca</attore> nella parte di
    un ex-colonnello dell'Unione in cerca di vendetta.
</p>
```

In questo testo non ci sono collegamenti ipertestuali. Invece è stata evidenziata la semantica (il significato) del testo. Il sistema di compilazione sa che il marcatore <attore> contrassegna il nome di un attore. In altre parole, quel marcatore contrassegna un'affinità di contenuto. Per creare un collegamento ipertestuale nel testo dell'elemento "il Duca", il sistema esegue una ricerca per trovare unità d'informazione o pagine su John Wayne. La ricerca può essere eseguita ovunque, in qualsiasi fonte. Non è importante il modo in cui le fonti si presentano o la struttura informatica in base alla quale sono costruite. L'unica cosa che conta è che il sistema di compilazione sappia come trovare le risorse pertinenti.

Nel caso dei collegamenti ipertestuali diretti c'è un puntatore che collega un'unità d'informazione ad un'altra. Nel caso dei collegamenti ipertestuali indiretti c'è un puntatore verso un elemento di una lista che contiene i puntatori alle unità d'informazione d'arrivo. Nel caso dei collegamenti ipertestuali dinamici non ci sono puntatori. Al loro posto, ci sono le informazioni necessarie per eseguire ricerche semantiche basate sulle affinità di contenuto.

La tecnica dei collegamenti ipertestuali dinamici e la generazione di elenchi

Avrete capito che, quando si parla di collegamenti ipertestuali dinamici, le ricerche eseguite su un certo argomento contrassegnato dalla marcatura relativa ad un'affinità di contenuto possono produrre più di un risultato. Mentre normalmente i collegamenti ipertestuali del web portano ad una singola pagina, come ci si comporta quando i punti di arrivo sono più di uno?

Per rispondere dobbiamo tornare alla trattazione degli elenchi nel Capitolo 5. Come abbiamo visto, gli elenchi sono comuni sul web. Sul web quasi sempre ci sono molte fonti per qualsiasi argomento, per cui, quando si cercano unità d'informazione seguendo un'affinità di contenuto, è probabile che si otterrà un elenco di risorse. Il punto è: come va presentato un elenco del genere?

È un problema che capita spesso di affrontare quando ci si occupa di siti web creati dinamicamente. Le pagine di Amazon sono piene di elenchi generati al volo ed il layout della pagina è pensato su misura per essi. Quindi, un modo per gestire una serie di risorse è creare su una pagina un elenco di collegamenti ipertestuali, Nel bel mezzo di un testo si potrebbe anche pensare di presentare l'elenco con una finestrella a comparsa di un qualche tipo, attivata da un collegamento ipertestuale aggiunto ad una parte del testo.

Una terza possibilità è creare più pagine separate che contengano gli elenchi. La pagine dedicate agli elenchi possono essere utili anche per altri scopi. Per esempio, gli utenti potrebbero raggiungerle facendo una ricerca oppure metterle nei preferiti, se riguardano un argomento che consultano spesso.

CAPITOLO 21

Il riutilizzo

Il riutilizzo è l'argomento del momento nel campo della gestione dei contenuti e della comunicazione tecnica. Dunque, come possiamo gestire il riutilizzo nel caso delle unità d'informazione di tipo "ogni pagina è la prima"?

Per cominciare, occorre chiarire che il riutilizzo è cosa diversa nel mondo della carta rispetto al mondo del web. Nel mondo della carta, riutilizzare equivale di solito a prendere una certa parte di un contenuto ed usarla in diverse pubblicazioni. Lo stesso contenuto può così essere usato in una guida utente, in una scheda di consultazione rapida, in una brochure commerciale, in un comunicato stampa e sulla confezione di un prodotto. Inoltre il contenuto può essere riutilizzato nei manuali per diversi prodotti simili o per versioni successive di un prodotto.

Questo approccio può portare notevoli vantaggi in termini di riduzione del tempo richiesto per la redazione, maggior coerenza, facilità nel trovare e correggere gli errori e risparmi nei costi di traduzione. Esso può anche comportare costi rilevanti per la gestione dei contenuti, necessità di formazione e un aumento delle attività richieste dal processo di redazione. Per compensare questi costi di solito si cerca di riutilizzare il più possibile, in modo da aumentare il risparmio. A questo fine le aziende spesso suddividono i contenuti in parti molto piccole, le unità d'informazione di tipo modulare di cui abbiamo parlato nel Capitolo 6.

Questi moduli sono spesso più piccoli delle unità d'informazione di tipo "ogni pagina è la prima", per cui, volendo creare queste ultime a partire dai primi, occorre pianificarlo in anticipo. Senza un'apposita pianificazione ci si può ritrovare con il genere di risultati frammentari di cui abbiamo parlato nel Capitolo 19 (ovvero ruote dentate e viti invece di una sveglia).

Il riutilizzo sul web

Usare uno stesso contenuto in diverse pubblicazioni può comportare un problema nel mondo del web. Nel web, o anche in un sistema di help, una delle cose più importanti da tener presente è che si tratta di un ambito informativo piatto. Nel mondo della carta duplicare le informazioni ha senso perché ogni documento cartaceo vive nella sua piccola valle ed è separato dagli altri documenti da alte montagne. Il contenuto viene ripetuto in diversi libri cartacei in modo che il lettore non debba scalare la montagna che separa un libro dall'altro.

Il web non è una valle. È un'unica, ampia pianura. Di regola, ogni ricerca viene fatta dappertutto. Riutilizzare sul web allo stesso modo del mondo della carta comporta distribuire un certo numero di oggetti identici, o quasi, in uno spazio informativo indifferenziato. È una cosa che non piace ai motori di ricerca.

Peter J. Meyers commenta:

> Uno dei problemi [della SEO] è la ripetizione dei contenuti. La presenza di contenuti ripetuti è un problema per la SEO da tempo, ma il modo in cui è affrontato da Google è cambiato molto e sembra diventare sempre più complesso ad ogni aggiornamento.
> —Peter J. Meyers, "Duplicate Content in a Post-Panda World" [1] ("La duplicazione dei contenuti al tempo dell'algoritmo Panda")

Non mi addentrerò in dettagli tecnici (leggete il blog di Meyers per saperne di più), ma il punto è che i contenuti ripetuti o quasi uguali sono un guaio per la SEO. Come minimo, alcuni dei vostri contenuti, se sono ripetuti, non compariranno nei risultati delle ricerche e il fatto che sono ripetuti può far sì che i motori di ricerca non procedano ad un'accurata indicizzazione del vostro sito web.[2] Cosa più importante, anche se tutti i contenuti ripetuti, o quasi uguali, fossero indicizzati da Google o dal motore di ricerca interno del sito web, la probabilità che una ricerca trovi un collegamento ipertestuale appropriato per lo scopo del lettore o per una certa versione del prodotto è inversamente proporzionale al numero di varianti esistenti. Un buon sistema di navigazione contestuale può aiutare un po', ma la soluzione migliore è evitare le ripetizioni.

Secondo Jakob Nielsen, il riutilizzo dei contenuti sul web è un'abitudine più degli utenti che degli autori. Nel post "Write for Reuse"[3] ("Scrivere per riutilizzare") egli afferma: "Le persone useranno i contenuti che avete ripetuto in modo diverso da quello che vi aspettate, per cui dovreste tentare di scrivere tenendo presente questo fatto, tipico dei comportamenti online". I principi che suggerisce per scrivere contenuti che gli utenti possano riutilizzare in diversi casi sono: dare per scontato che le informazioni saranno utilizzate fuori dal loro contesto, modularizzare le informazioni e usare un linguaggio specializzato, tutte caratteristiche tipiche di un'unità d'informazione di tipo "ogni pagina è la prima" ben scritta.

---

[1] http://moz.com/blog/duplicate-content-in-a-post-panda-world

[2] Cosa significhi fare cattiva o buona SEO è un argomento in continua evoluzione e molto dibattuto. Le cose potrebbero essere cambiate nel momento in cui leggete questo libro. Però ottenere da una ricerca una lista di risultati quasi identici non è mai una cosa particolarmente utile.

[3] https://www.nngroup.com/articles/write-for-reuse/

Ho scritto che è meglio pensare al web come ad un gigantesco filtro delle informazioni che funziona su più dimensioni e raggruppa i contenuti in maniera dinamica in base al loro argomento. Perciò il web riutilizza i contenuti continuamente, man mano che le ricerche e le attività di selezione sui social raggruppano i contenuti in aggregati semantici in base alle necessità ed interessi di diversi tipi di lettore.

Le singole aziende possono sfruttare l'azione di filtraggio che il web svolge di suo mettendo a disposizione i loro contenuti tramite una API. Una API per contenuti rende questi ultimi disponibili sotto forma di oggetti di dati strutturati che è possibile richiamare in diversi modi e manipolare a piacere. La pubblicazione dei contenuti attraverso una API mette i contenuti a disposizione per un loro riutilizzo versatile. Sara Wachter-Boettcher spiega bene questo meccanismo nel libro *Content Everywhere*, dove annota:

> Come nel caso spesso citato della NPR (N.d.T.: "National Public Radio", organizzazione no-profit statunitense che raggruppa circa 900 stazioni radio), potreste avere bisogno di distribuire contenuti a diversi prodotti e destinazioni. Oppure magari non vi serve pubblicare i contenuti subito, ma piuttosto creare un archivio di informazioni da usare in futuro secondo il bisogno, o anche selezionate e ordinate dagli utenti, che potrebbero crearsi delle raccolte personalizzate di contenuti a misura delle proprie specifiche necessità. È un mondo in cui il contenuto può essere riutilizzato e riorganizzato: è un tipo di contenuto che si può estrarre da più fonti in un colpo solo, assemblare e unire ad altri bit di informazione al volo, visualizzare in modi diversi per scopi diversi e che può essere assemblato dai suoi stessi fruitori.
>
> — *Content Everywhere*[26]

La grande differenza sta nel fatto che, mentre nel mondo della carta si sottolinea il ruolo degli autori che riutilizzano i contenuti direttamente (di solito manualmente) per creare diverse pubblicazioni statiche, sul web si tratta invece di mettere i lettori in grado di riutilizzare i contenuti dinamicamente a proprio uso e consumo e usando sistemi automatizzati.

In alcuni casi questi sistemi basati sul web richiedono un accesso riservato (sono necessarie alcune informazioni sull'utente per personalizzare i contenuti). Ciò significa che i contenuti non sono direttamente visibili ai motori di ricerca, il che evita il problema di SEO relativo alla presenza di diverse pagine che siano simili. Un sistema del genere richiede però che l'utente sia disposto ad effettuare un accesso riservato, cioè a lasciare le ampie possibilità offerte dal web aperto per accedere al servizio personalizzato offerto da quel particolare sito web. Non è una cosa da poco e serve una strategia ben ponderata riguardo ai contenuti per essere certi che questo sistema funzioni.

Una delle conseguenze dell'importanza data al riutilizzo automatizzato sul web è che ogni blocco di contenuto che si vuole sia riutilizzato deve essere autonomo o deve essere accompagnato da sufficienti metadati da rendere possibile la sua integrazione o inclusione in un blocco autonomo di contenuto in base ai soli metadati, senza intervento umano.

Riutilizzo statico *versus* riutilizzo dinamico

Essenzialmente ci sono due forme di riutilizzo, che potremmo definire riutilizzo statico e riutilizzo dinamico.[4] Nel riutilizzo statico si crea un contenuto una sola volta e poi gli si assegnano una o più funzioni diverse. In seguito l'autore, o qualcun altro, può assegnare il contenuto ad un ruolo diverso, o anche a più ruoli diversi[5] in pubblicazioni diverse su carta, mezzi elettronici e sul web. Il riutilizzo statico di solito si esegue a mano. Nel caso di DITA, che è il sistema più usato per il riutilizzo, lo si fa creando della mappe.[6] Una mappa DITA può essere usata per assemblare un'unità d'informazione di tipo "ogni pagina è la prima", un libro, un sistema di help o un Frankenlibro. Il riutilizzo dinamico, invece, è più simile al caso di un singolo contenuto creato per ricoprire un unico ruolo che gli permette di comparire in diversi contesti. Ogni volta che un'unità d'informazione finisce in una certa posizione, non succede perché c'è stata un'analisi e decisione da parte di un umano. Succede perché è una conseguenza del particolare ruolo attribuito specificamente a tale unità d'informazione.

Non è detto che le unità d'informazione di tipo modulare create per il riutilizzo statico siano adatte al riutilizzo dinamico. Abbiamo già visto alcuni esempi di unità d'informazione in sistemi di help che evidentemente non sono autonome nel senso dell'approccio "ogni pagina è la prima" (Figura 4.3, «Esempio della pagina Deleting Object Types» e Figura 10.1, «Unità d'informazione sulla modifica di un ruolo»). Dato che nella maggior parte dei sistemi di help c'è un indice generale nel pannello di sinistra, è probabile che il lettore riesca a dare un senso a queste unità d'informazione di tipo modulare. Ora, immaginatevi che un'unità d'informazione di questo

---

[4] Ann Rockley e Charles Cooper usano i termini "riutilizzo manuale" e "riutilizzo automatizzato" all'incirca nello stesso senso.[24] Personalmente preferisco il termine "dinamico" perché esprime il tipo di riutilizzo che è conseguenza dell'aggregazione semantica dinamica che avviene sul web, senza alcuna azione o pianificazione da parte dell'organizzazione in cui avviene.

[5] Per "ruolo" intendo che un'unità d'informazione potrebbe essere creata pensando alla descrizione generale di un prodotto su una brochure e, in seguito, avere la stessa funzione di descrizione generale di un prodotto in una guida rapida. Naturalmente, cambiare ruolo non significa cambiare il modello dell'unità d'informazione. In entrambi i ruoli quell'unità d'informazione rimane una descrizione generale di prodotto.

[6] Questo non significa che non sia possibile creare mappe DITA automaticamente in base a metadati. Esistono implementazioni di DITA in grado di farlo.

genere sia richiamata da una API per contenuti e compaia senza alcun riferimento all'indice generale. Probabilmente sarebbe poco utile per il lettore.

Perciò un'unità d'informazione di tipo "ogni pagina è la prima" è più adatta per essere collegata ad una API per contenuti. Le unità d'informazione di tipo "ogni pagina è la prima", essendo autonome e in grado di stabilire il proprio contesto, sono in grado di risultare significative e utili indipendentemente da dove compaiono. (Da questo punto di vista è indifferente che esse vengano individuate e raggruppate con altre in seguito a ricerche, selezione sui social o perché collegate ad una API.)

Non voglio dire che informazioni più specifiche non possano essere collegate ad una API per contenuti, purché possano essere utilizzate per assemblare un'unità d'informazione di tipo "ogni pagina è la prima" che sia utile per il lettore. Se le unità d'informazione di tipo "ogni pagina è la prima" sono create applicando ad uno specifico argomento la redazione strutturata su base informatica, è possibile manipolarle per adattarne l'uso alla API o permettere agli utenti di manipolare essi stessi questi contenuti. Potete usare questo tipo di manipolazione per aggiungere informazioni o adattare i contenuti a contesti diversi.

Anche nel caso di una semplice pagina web, lasciando stare il caso di una API per contenuti, è conveniente adottare un approccio al riutilizzo diverso da quello del mondo dei libri. Sul web di solito ha più senso aggiungere collegamenti ipertestuali che puntano ad un contenuto piuttosto che ripetere quel contenuto, ed inoltre questo è meglio per i motori di ricerca.

Tutto questo non implica necessariamente che occorra scegliere una tecnica di riutilizzo e scartare l'altra. Se si adotta un approccio corretto alla redazione strutturata potrebbe essere possibile riutilizzare lo stesso contenuto per i prodotti cartacei secondo lo stile tradizionale e per il web secondo le regole del web. Può succedere che sia necessario decidere qual è il mezzo di comunicazione principale (dato che è oggettivamente difficile usare uno stesso contenuto per creare unità d'informazione di tipo "ogni pagina è la prima" per il web e una documentazione sequenziale da stampare), ma sarete comunque in grado di applicare una valida strategia di riutilizzo al mezzo di comunicazione scelto, piuttosto che applicarla ad entrambi.

Altre forme di riutilizzo

Ci sono altre forme di riutilizzo, oltre a quella che consiste nell'usare una stessa unità d'informazione in più pubblicazioni. Si può usare la sostituzione di variabili, simile al meccanismo usato nella stampa unione, per creare diverse versioni di un'unità d'informazione. I segnaposto del testo condizionale sono utili per nascondere o mostrare singole parti di testo all'interno dell'unità d'informazione in base a certe condizioni.

Su carta questi sistemi richiedono la creazione di diverse unità d'informazione simili da usare per diverse pubblicazioni. Sul web si può fare così, oppure si possono far scattare variabili e condizioni al volo, in base alle informazioni già disponibili o alle scelte effettuate dall'utente. Tenendo conto dei problemi di SEO che possono essere causati dalla ripetizione dei contenuti, quest'ultima soluzione è probabilmente la migliore. Queste tecniche sono valide sia con le unità d'informazione di tipo "ogni pagina è la prima" sia con contenuti di qualsiasi altro genere.

Riutilizzo, aggiunta di collegamenti ipertestuali e pagine interattive

Come accennato prima, aggiungere collegamenti ipertestuali può essere un'alternativa al riutilizzo. Per esempio, secondo il modello del libro le informazioni riguardo a un compito possono finire per essere incluse nella descrizione di diversi flussi di lavoro. Nel caso dell'approccio "ogni pagina è la prima" è possibile gestire questo caso scrivendo diverse unità d'informazione di tipo workflow, ognuna contenente collegamenti ipertestuali alle unità d'informazione specifiche per un certo compito o procedura.

Tuttavia, la distinzione fra aggiunta di collegamenti ipertestuali e riutilizzo può essere sfumata. Se il contenuto che viene visualizzato dall'utente è un semplice file statico inviato da un server web, la differenza è chiara. O il contenuto è incluso in diversi file oppure è incluso in un solo file al quale sono collegati gli altri.

Invece nel caso di contenuti interattivi, che possono comprendere sia pagine con elementi interattivi in JavaScript sia pagine generate dinamicamente da una API per contenuti, i contenuti possono essere inseriti nella pagina quando la pagina viene caricata oppure quando si clicca un collegamento ipertestuale. In quest'ultimo caso, se, mentre state leggendo il flusso di lavoro, cliccate il collegamento ipertestuale che punta ad un compito o procedura particolare, il risultato potrebbe essere che il compito o procedura compare direttamente all'interno della pagina, piuttosto che portarvi in una pagina diversa.

Queste tecniche sono utilizzabili in qualsiasi tipo di design dell'informazione, compreso "ogni pagina è la prima".

CAPITOLO 22

Le ragioni a favore dell'approccio "ogni pagina è la prima"

In questo libro ho cercato di dimostrare che l'approccio "ogni pagina è la prima" è il modello di design dell'informazione adatto a la maggior parte dei casi della comunicazione tecnica. Il cuore di questa tesi è che le persone imparano tramite l'esperienza e le informazioni che ottengono nel contesto dell'esperienza e che quel che vogliono sono brevi contenuti utili al loro specifico scopo.

In effetti è sempre stato così e il modello del libro di testo non è mai stato adatto per la comunicazione tecnica. È stato l'avvento del web a rendere più urgente la necessità di un design dell'informazione di tipo "ogni pagina è la prima", perché ha annullato la distanza fra le fonti di informazione ed ha permesso a chi è a caccia di informazioni di spostarsi senza sforzo dall'una all'altra. Il lettore oggigiorno consuma i contenuti nel contesto del web, secondo comportamenti e aspettative modellate dal web. Il modello del libro di testo, che non è mai stato il migliore, ormai è impraticabile.

I lettori hanno abbandonato i prodotti tradizionali della comunicazione tecnica per rivolgersi all'ecosistema web della comunicazione tecnica sui social. Il mutamento non è avvenuto ovunque (ci sono settori in cui gli utenti hanno cambiato più velocemente che in altri), ma, man mano che l'uso dei computer si sposta dalle scrivanie e si diffonde ovunque, questo mutamento riguarderà ogni settore. Passare al design dell'informazione di tipo "ogni pagina è la prima" e spostare la vostra comunicazione tecnica sul web sono modi per riconquistare i lettori che i comunicatori tecnici stanno perdendo.

Spesso si fanno calcoli del ROI (N.d.T.: *return on investment*, ovvero "indice di redditività del capitale investito") come se la situazione corrente fosse stabile e fosse possibile calcolare i guadagni futuri a fronte dei costi affrontati per i cambiamenti. La comunicazione tecnica di oggi, però, non ha un fondamento stabile. Il ROI di qualsiasi cambiamento che venga attualmente apportato ad un'azienda che si occupa di pubblicazioni tecniche consiste innanzitutto nel cercare di non cedere terreno.

Questa è la ragione principale a favore dell'approccio "ogni pagina è la prima". Ma rimangono tanti altri problemi pratici da risolvere. Questo capitolo porterà ragioni a favore dell'approccio "ogni pagina è la prima" a livello dei problemi pratici e delle sfide quotidiane tipiche di un gruppo di lavoro che si occupa di pubblicazioni tecniche.

L'approccio "ogni pagina è la prima" e la mancanza di risorse

Negli ultimi anni gli uffici di documentazione tecnica hanno dovuto affrontare la sfida di limitazioni sempre più stringenti riguardo alle risorse disponibili. I bilanci sono magri e la crescita del personale per la comunicazione tecnica raramente può tenere il passo con l'aumento del personale tecnico. I comunicatori tecnici devono trovare il modo di lavorare in maniera più efficiente.

La produzione di quasi qualsiasi prodotto complesso è più efficiente se procede per piccole unità, piuttosto che per grandi unità, in gran parte perché la creazione in sé è più facile, gli errori vengono individuati prima e il processo produttivo scorre con meno intoppi.[1] Lavorare per piccole unità permette anche di gestire meglio le risorse. In particolare, permette ai redattori di specializzarsi in determinate aree tecnologiche, mettendoli in grado di produrre contenuti migliori più velocemente per diversi prodotti invece di dover scrivere l'intera documentazione su un solo prodotto. Ulteriori ottimizzazioni sono possibili grazie al riutilizzo. Come detto nel Capitolo 21, la creazione di unità d'informazione di tipo "ogni pagina è la prima" renderà possibile il riutilizzo in diverse linee e generazioni di prodotto. Usando le funzionalità presenti nei programmi che usate, potrete essere in grado di utilizzare variabili e testi condizionali nelle unità d'informazione di tipo "ogni pagina è la prima" e riuscire quindi a sfruttarle meglio. Probabilmente non raggiungerete lo stesso livello di riutilizzo complessivo che sarebbe possibile con un vero e proprio sistema di gestione modulare dei contenuti e con unità d'informazione di tipo modulare, però potrete ottenere risparmi significativi senza affrontare i grossi investimenti richiesti da una strategia di riutilizzo basata su una granularizzazione spinta.

Un altro caso di limitazione delle risorse disponibili è quando il ciclo di produzione viene accorciato. Quando i prodotti vengono sviluppati più rapidamente e rilasciati con maggior frequenza, c'è meno tempo per creare i contenuti. Anche in questo caso, lavorare per unità più piccole, specialmente se non sono in stretta relazione e non richiedono un assemblaggio complicato, può essere d'aiuto per gestire cicli di produzione più brevi.

---

[1] Per approfondimenti su questo punto, vedi *Lean Thinking*[29] di James P. Womack e Daniel T. Jones.

Grazie alla possibilità di lavorare per unità più piccole, l'approccio "ogni pagina è la prima" consente di maneggiare i contenuti in meno tempo. È possibile fare ricerche, scrivere, revisionare, approvare e pubblicare velocemente ogni singola unità d'informazione. Lavorare per unità d'informazione consente di evitare i momenti in cui il lavoro si ingolfa tipici di quando si tenta di portare un libro in una condizione pubblicabile. Invece di affrontare una fase di revisione complessiva alla fine del ciclo di produzione (proprio quando le persone che dovrebbero farla sono occupatissime con il loro proprio lavoro) si riesce a distribuire il lavoro di revisione lungo l'intero processo di sviluppo. Ciò porta ad un processo di sviluppo che avanza ad un passo ancor più costante e, di conseguenza, a meno stress e maggiore qualità.

Tutti questi vantaggi non richiedono grandi investimenti strutturali, ma semplicemente di progettare e assemblare i contenuti a partire da unità più piccole.

L'approccio "ogni pagina è la prima" e l'aggiornamento continuo della documentazione

Gran parte della documentazione necessaria per usare e collegare un prodotto e per individuare e risolvere i problemi viene creata dopo il rilascio del prodotto. Questo è ancor più vero nell'epoca del web. Mentre prima la maggior parte dei prodotti erano isolati, al giorno d'oggi tutti, dal software all'elettronica di consumo, ai personal computer e fino ai robot industriali, sono connessi con database ed altro software e macchine su reti intranet e sul web.

Il problema oggi più che mai non è come far funzionare un certo programma o apparecchio, ma come farli dialogare con gli altri. Dato che molti degli oggetti ai quali le persone tentano di collegarsi sono comparsi sul mercato dopo il dispositivo o programma che le persone stanno usando, non c'è alcuna possibilità di trovare una risposta a questo genere di domande nella documentazione, che è stata scritta e completata ancor prima che il prodotto venisse rilasciato.

Di regola le pubblicazioni tecniche hanno sempre fornito solo le informazioni che erano disponibili prima del rilascio di un prodotto. Il motivo principale era la limitazione pratica di dover fornire fisicamente la documentazione assieme al prodotto sotto forma di manuali cartacei o di supporti informatici come un CD-ROM. Dopo il rilascio del prodotto, senza contare il caso in cui erano previsti aggiornamenti della documentazione in base a leggi o norme contrattuali, ulteriori informazioni venivano passate direttamente all'ufficio assistenza. (È interessante notare che le *knowledge base* create dagli uffici assistenza adottano spesso un formato simile a quello del tipo "ogni pagina è la prima", anche se spesso non seguono una struttura precisa e non contengono collegamenti ipertestuali.)

Per molte ragioni questo modello di pubblicazione puntuale nel momento del rilascio è impraticabile:

- Le aspettative del cliente attualmente sono determinate dal web. Il cliente si aspetta che la documentazione sia sempre aggiornata e non capisce perché dovrebbe consultare due distinte fonti (la documentazione e la *knowledge base*) per ricavare informazioni sullo stesso prodotto.

- I prodotti software (ed anche quel tipo di apparecchi, come smartphone e tablet, che sono gestiti da un software) si stanno sempre più allontanando dal modello del rilascio vero e proprio verso una distribuzione più intermittente di funzionalità. È necessario aggiornare le informazioni allo stesso ritmo.

- La diffusione del software come servizio implica che le aziende possono mettere sul mercato nuovi servizi appena sono pronti. Anche qui, la distribuzione delle informazioni deve stare al passo.

Per tutti questi casi di aggiornamento continuo, l'approccio "ogni pagina è la prima" è l'ideale. Dato che le unità d'informazione di tipo "ogni pagina è la prima" non hanno rapporti di dipendenza sequenziali, esse possono fondamentalmente essere usate al volo. È possibile aggiungere e togliere un'unità d'informazione dalla documentazione in qualsiasi momento senza creare problemi. (Certo, in tal caso occorre stare attenti ai collegamenti ipertestuali.) L'approccio "ogni pagina è la prima" permette di gestire l'aggiornamento continuo delle informazioni meglio dell'approccio modulare, che richiede ogni volta di assemblare in sequenza i moduli in prodotti informativi più ampi e/o organizzati gerarchicamente

L'approccio "ogni pagina è la prima" e la gestione delle modifiche

I comunicatori tecnici hanno continuamente a che fare con il problema delle modifiche. Non si tratta semplicemente di aggiornamenti del contenuto fra un rilascio e l'altro. Nella maggior parte dei casi la documentazione viene progettata per la prima versione di un prodotto, e in questo caso risulta piuttosto breve e semplice. Il prodotto però cresce nel tempo. Vengono aggiunte nuove funzionalità e il prodotto viene modificato per nuovi utilizzi. La struttura che era adeguata per documentare un alberello non va più bene per un albero vero e proprio. Però il susseguirsi delle stagioni, con le loro fasi di crescita e i termini di consegna, lasciano poche possibilità per una revisione generale.

Ho scritto nel Capitolo 12 che i libri prodotti dagli uffici di documentazione tecnica tendono a cambiare livello più spesso dei libri scritti da autori esterni. Questo succede principalmente perché tali libri passano da una versione all'altra gestiti da diversi autori che devono accontentare le richieste e i suggerimenti di innumerevoli sviluppatori, responsabili di prodotto e personale sul campo, che insistono tutti sull'assoluta necessità di inserire nella documentazione una certa informazione che ritengono importante.

È raro che i redattori tecnici abbiano il tempo e la possibilità di progettare un libro dopo aver maturato una visione complessiva dell'argomento. Anche se avete il pieno controllo del lavoro da fare e partite da zero, invece di dover aggiornare un libro esistente, vi trovate pur sempre a documentare qualcosa di sfuggente dovendo rispettare una scadenza irragionevole. Non è una situazione lavorativa che favorisca la creazione di una sequenza documentale progettata brillantemente.

Certo, capita più di frequente di occuparsi di libri che si sono complicati nel tempo o la cui strutturazione d'origine non è più adeguata all'ampiezza e funzione acquisita dal prodotto. Tutte le persone coinvolte, dal redattore ai responsabili ai vari livelli, ammettono che occorre davvero risistemare tutto, ma il ciclo di produzione non lascia mai tempo per farlo, e cominciare a farlo senza poi finire può peggiorare ulteriormente le cose. Così il problema, compresi i tanti cambiamenti di livello sbrigativi e incoerenti, continua a peggiorare e il manuale diventa sempre meno utilizzabile ad ogni ciclo di produzione.

Al contrario, nel caso delle unità d'informazione del tipo "ogni pagina è la prima" si lavora sempre con unità maneggevoli. Magari non c'è tempo durante un ciclo per sistemare tutte le unità d'informazione, ma c'è sempre tempo per sistemare quella su cui si sta lavorando. Non siete costretti a rimanere invano in attesa di avere abbastanza tempo per riorganizzare tutto. Potete mantenere certe unità d'informazione in buone condizioni e, se capita un giorno o una settimana scarica, potete avanzare nella lista delle altre che hanno bisogno di un intervento. Sistemare singole unità d'informazione vi permetterà di progredire con sicurezza nel processo di miglioramento della qualità e della strutturazione della documentazione.

L'approccio "ogni pagina è la prima" e l'obsolescenza dei contenuti

Uno dei maggiori problemi nella gestione dei contenuti sia della documentazione sia dei siti web è l'obsolescenza dei contenuti. Ad un certo punto i contenuti diventano obsoleti ed inutili e dovrebbero essere eliminati. Se non vengono eliminati possono complicare la navigazione, compromettere la trovabilità dei contenuti aggiornati e fuorviare il lettore. Eliminare i contenuti obsoleti non è però semplice. Se i contenuti sono organizzati in sequenza o secondo una gerarchia, quelli obsoleti sono spesso connessi a quelli aggiornati. Se ci si limita ad eliminarli si rischia di aprire dei buchi nella struttura o di guastare i collegamenti ipertestuali fra diverse pagine. Trovare e sistemare i buchi può aumentare di molto il costo dell'eliminazione dei contenuti obsoleti, il che spesso significa che questa attività viene messa da parte, col risultato che i contenuti obsoleti sono sempre più connessi con quelli validi e il problema di fare pulizia è sempre più scoraggiante.

Il design dell'informazione del tipo "ogni pagina è la prima" aiuta a ridurre questo problema perché riduce o elimina le connessioni fra i contenuti vecchi e quelli nuovi. Certo, un'unità d'informazione di tipo "ogni pagina è la prima" ha molti collegamenti ipertestuali in uscita e in arrivo verso e da altre unità d'informazione e occorre sistemare queste connessioni. Se però la strategia che avete adottato per aggiungere i collegamenti ipertestuali si basa sulle affinità di contenuto e sui collegamenti ipertestuali dinamici, i collegamenti ipertestuali fra le unità d'informazione non sono fissi. Potete eliminare l'unità d'informazione e creare nuovi collegamenti ipertestuali nelle altre unità che puntavano ad essa, basando questi nuovi collegamenti ipertestuali sull'argomento e sulle affinità di contenuto delle unità d'informazione valide. Se utilizzate la tecnica dei collegamenti ipertestuali dinamici descritta nel Capitolo 20 i collegamenti ipertestuali saranno creati automaticamente e potete limitarvi ad eliminare l'unità d'informazione obsoleta senza preoccuparvi delle sue connessioni.

Per esempio, prendiamo il caso di un testo che contenga un collegamento ipertestuale alla conferenza annuale per sviluppatori che vi interessa. Ci si aspetterebbe che questo collegamento ipertestuale punti ad una pagina dedicata all'edizione in corso. Se il testo contiene un collegamento ipertestuale fisso, il testo diventerà obsoleto nel giro di un anno. Invece di usare un collegamento ipertestuale fisso sarebbe meglio contrassegnare l'affinità di contenuto, per esempio nel modo seguente:

```
<evento>conferenza annuale per sviluppatori</evento>
```

In questo modo il sistema di compilazione potrà generare automaticamente un collegamento ipertestuale alla pagina aggiornata della conferenza.

Per essere sicuri che l'automatismo selezioni l'unità d'informazione sulla conferenza giusta, si possono aggiungere dei metadati nelle unità d'informazione che descrivono l'evento in modo da specificarne titolo e data. Il sistema di compilazione seguirà una regola che dice: aggiungi sempre un collegamento ipertestuale all'evento citato nel testo che punti all'unità d'informazione sull'evento che riporta la prossima data più vicina (oppure, se non sono previste date future, la data più vicina nel passato).

Grazie a questa regola basterà aggiungere un'unità d'informazione che descrive l'evento della conferenza del prossimo anno per fare in modo che tutte le citazioni contrassegnate dell'evento siano collegate a quella pagina (a meno che la conferenza dell'anno corrente ancora non sia stata tenuta, per cui i collegamenti ipertestuali punteranno ad essa finché non si conclude per poi immediatamente passare a puntare a quella dell'anno seguente).

Un altro aspetto dell'obsolescenza dei contenuti è l'identificazione delle unità d'informazione che sono obsolete. L'identificazione dipende essenzialmente dai metadati che vengono aggiunti all'unità d'informazione quando viene creata. I metadati dovrebbero includere le informazioni necessarie per mettere in atto una strategia adeguata di gestione dell'obsolescenza. L'approccio "ogni pagina è la prima" non offre alcun contributo specifico alla definizione e gestione di questi metadati. Però questo approccio è effettivamente efficace nell'assicurarsi che le unità d'informazione si meritino davvero i metadati che vengono applicati ad esse (Capitolo 19), il che significa che potrete contare su quei metadati con maggior sicurezza quando adotterete una strategia per l'obsolescenza. Questo può portare vantaggi notevoli. Per esempio, se usati assieme alla tecnica dei collegamenti ipertestuali dinamici i metadati possono offrirvi una solida base per automatizzare completamente l'eliminazione dei contenuti, per cui essi vengono direttamente eliminati man mano che risultano scaduti in base alle regole, senza intervento umano.

Nell'esempio della pagina dedicata alla conferenza per sviluppatori la vecchia pagina potrebbe essere eliminata da un algoritmo non appena si verificano due condizioni:

- L'evento è passato.
- È disponibile una pagina che descrive lo stesso evento, ma con una data futura.

L'approccio "ogni pagina è la prima" e le metodologie agili

L'adozione di metodologie agili da parte delle aziende di software ha posto una sfida per la comunicazione tecnica. I tempi di lavoro e le necessità dei comunicatori tecnici spesso non sono considerati quando un'azienda adotta una metodologia agile.

Di solito quel che si fa per includere la comunicazione tecnica in un processo agile è inserire il redattore nel gruppo *scrum* e poi definire gli obiettivi della documentazioni ad ogni *sprint*. Mentre però il passaggio ad una metodologia agile può ben comportare cambiamenti importanti nel modo di progettare e realizzare il software, di solito non ci si preoccupa allo stesso modo di adattare la progettazione e realizzazione della documentazione. I redattori tecnici rimangono spesso con i loro soliti documenti e strumenti, mentre scadenze e metodologia vengono imposte dagli sviluppatori.

Le aziende che adottano processi agili dovrebbero consegnare frequentemente il software ai loro clienti per raccogliere i loro commenti, che sono richiesti dallo sviluppo del prodotto. La documentazione, ugualmente, dovrebbe essere fornita ai clienti assieme al software per dar loro supporto durante i test e raccogliere i loro commenti sulla documentazione stessa. Ora, se il gruppo che si occupa della documentazione continua ad usare strumenti e processi pensati per un ritmo di pubblicazione modellato su rilasci definitivi, lo sviluppo agile non fa che aggravare i problemi che molti gruppi di lavoro già hanno a causa dei processi che prevedono un aggiornamento continuo.

I gruppi che seguono la comunicazione tecnica devono cambiare i processi di lavoro e il tipo di prodotti informativi per essere efficaci in un sistema agile. Invece di tentare di adottare il processo agile del gruppo degli sviluppatori, il mio consiglio è che i gruppi che si occupano di comunicazione tecnica creino un proprio processo di lavoro snello (N.d.T.: orig. *lean*)[2] e lo integrino nel processo agile del gruppo degli sviluppatori. In ogni caso, anche per gruppi che scelgono di lavorare seguendo il processo di sviluppo agile, adottare unità d'informazione di tipo "ogni pagina è la prima" aiuta a fare la propria parte in maniera efficace in un ambiente di lavoro agile. In un

---

[2] Lean (https://it.wikipedia.org/wiki/Produzione_snella) indica un insieme di regole il cui scopo è eliminare gli sprechi nei processi produttivi. Sebbene i due metodi siano stati creati indipendentemente, l'agile potrebbe essere considerato un'applicazione dei principi snelli alla produzione del software; inoltre fra i due metodi c'è una crescente reciproca influenza (https://it.wikipedia.org/wiki/Lean_software_development). Mentre l'agile è pensato in maniera specifica per lo sviluppo software (e non è necessariamente adatto alla creazione di contenuti), il metodo snello può essere applicato a molti processi di tipo diverso, inclusa la creazione di contenuti.

processo agile le unità d'informazione di tipo "ogni pagina è la prima" possono essere consegnate ad ogni sprint senza doversi preoccupare del loro inserimento in una struttura più ampia. Se poi, dopo il rilascio, viene richiesta altra documentazione, è possibile aggiungere unità d'informazione del tipo "ogni pagina è la prima" all'insieme senza bisogno di fare modifiche o eseguire una nuova pubblicazione.

Una delle caratteristiche dello sviluppo agile è che i progetti non vengono specificati nei minimi dettagli prima dell'inizio dello sviluppo. Questo principio si basa sulla constatazione che tentare di specificare tutte le caratteristiche di un sistema sin dall'inizio di solito porta ad esagerare nella descrizione di alcune e a dimenticarsi di altre. Sviluppare il sistema in diversi cicli e consegnare il software frequentemente ai clienti è una strategia per evitare i problemi che sorgono con le specifiche di tipo tradizionale, previste all'inizio dello sviluppo.

Il processo di sviluppo è pensato in questo caso per soddisfare le necessità degli utenti facendo testare dei prototipi funzionanti sia al gruppo di sviluppo sia ai clienti. A questo proposito torna utile richiamare le ricerche di John Carroll sul paradosso del dare senso alle cose (Capitolo 14). Gli utenti di un nuovo sistema hanno bisogno di provarlo per adeguare il loro approccio mentale. Chi si occupa di definire un nuovo sistema ha ugualmente necessità di farne esperienza.

Questo processo di graduale individuazione delle funzionalità necessarie adottato per lo sviluppo riguarda allo stesso modo la comunicazione tecnica (ed è il motivo per cui si dovrebbero fornire le informazioni ai clienti più spesso, come fanno gli sviluppatori). Ciò significa trovarsi a lavorare senza una pianificazione completa e dettagliata della documentazione (d'altra parte non c'è una pianificazione del genere per il prodotto su cui basarsi).

Poiché le unità d'informazione di tipo "ogni pagina è la prima" dovrebbero essere sempre organizzate in senso bottom-up, la gestione delle affinità di contenuto è una parte importante della loro creazione. Una volta intrapresa, la gestione delle affinità di contenuto vi farà presto capire quanto essa sia utile al fine di pianificare quali contenuti siano necessari e per aggiornare e implementare una pianificazione della documentazione adatta al processo di sviluppo agile.

L'approccio tradizionale consiste nel tentare di pianificare la documentazione in senso top-down, preparando una lista delle unità d'informazione da scrivere o creando un indice generale, ma, anche nel migliore dei casi, questa strategia non copre tutte le necessità. Non appena si comincia a gestire le affinità di contenuto ci si rende conto dei contenuti che mancano. Scrivendo le unità d'informazione è normale fare riferimento ad altri argomenti. Però spesso non ci si rende conto che gli argomenti a cui rimandiamo non sono documentati. La gestione delle affinità di contenuto permette di avere una lista di tutti gli argomenti citati nei contenuti e di confrontare questa lista con la lista degli argomenti effettivamente documentati. È un metodo veloce per capire dove manca qualcosa.

Una gestione attenta della affinità di contenuto vi darà una mano nella pianificazione e per individuare più velocemente ciò che manca.

L'approccio "ogni pagina è la prima" e la gestione dei contenuti

Potete cominciare a creare contenuti di tipo "ogni pagina è la prima" subito, con gli strumenti che già avete, senza spendere un centesimo per nuovi programmi e senza interrompere il flusso di lavoro che state seguendo. Potete farlo con quello che state usando: un programma di elaborazione testi, un sistema di desktop publishing, un programma per la creazione di help, un wiki o un sistema di gestione dei contenuti per il web.

È anche vero che ogni strumento è più adatto per un certo tipo di design dell'informazione. Le persone non comprano strumenti tuttofare, perché uno strumento del genere non sarebbe ottimale per il lavoro specifico che devono svolgere. Gli strumenti che si impongono sul mercato sono quelli ottimizzati per le filosofie di lavoro e i processi realmente in uso. Perciò ogni strumento è tarato sulle necessità di una specifica filosofia di lavoro e uno specifico processo. Il campo della gestione dei contenuti è quello dove questa situazione è più evidente: ci sono innumerevoli sistemi di gestione dei contenuti, per tutti i gusti, che fanno tutti lo stesso lavoro ma sono ottimizzati ciascuno per uno specifico tipo di contenuti e per un determinato processo di creazione.

Ciò non significa che sia impossibile usare uno di questi sistemi in base ad una filosofia e ad un processo diversi dal suo proprio. Il punto è che uno strumento non funziona al meglio se lo si usa in un modo che non era previsto. Un sistema di gestione dei contenuti pensato per gestire unità d'informazione di tipo modulare e per assemblarle in libri o sistemi di help deve fornire strumenti per gestire le attività collaborative e di ricerca che tale approccio richiede. Al contrario, le unità d'informazione di tipo "ogni pagina è la prima" sono molto meno limitate dalle connessioni rispetto alle unità d'informazione di tipo modulare, per cui non necessitano di queste funzionalità, ma traggono grande vantaggio da quelle che permettono di automatizzare la creazione di collegamenti ipertestuali e di organizzare i contenuti in senso bottom-up.

Un tale cambiamento nella concezione degli strumenti è già in arrivo nel mondo della comunicazione tecnica. Sempre più programmi e tipologie di programma si contendono la nostra attenzione e sempre più voci si aggiungono al coro per affermare la necessità che gli uffici di documentazione tecnica si dotino di un sistema di gestione dei contenuti.

Passare ad uno strumento che offra un migliore supporto al design dell'informazione che volete adottare, in seguito o contemporaneamente alla sua adozione, è una cosa assolutamente sensata. Il rischio che si corre è che l'ufficio possa cedere alla pressione della richiesta di cambiare strumenti, specie a causa del bombardamento da parte dei sostenitori dei sistemi di gestione dei contenuti, senza considerare il tipo di design dell'informazione e il ritmo di consegna dei contenuti che saranno richiesti in futuro. Per esempio, se passate da un sistema di desktop publishing ad un sistema di gestione dei contenuti ma continuate a creare manuali tradizionali o sistemi di help gerarchici, è probabile che sceglierete un sistema di gestione dei contenuti concepito per questi tipi di prodotti informativi. Se poi, in seguito, passate ad un design dell'informazione di tipo "ogni pagina è la prima", vi renderete conto probabilmente che quel sistema di gestione dei contenuti non è la scelta migliore per il nuovo scopo.

Anche il processo di consegna dei contenuti ha un'importanza cruciale. Ogni strumento ha una certa predisposizione verso certi tipi di gestione delle consegne, così come verso certi tipi di prodotti informativi. Il tipico sistema di desktop publishing si basa sul modello tradizionale per cui la fase di pubblicazione arriva alla fine di un lungo processo di sviluppo e approvazione dei contenuti. Un wiki, invece, presuppone che il contenuto sia sempre in divenire e possa essere modificato da chiunque in qualsiasi momento. Un sistema di gestione dei contenuti può magari supportare un ritmo di pubblicazione più frequente e un wiki può essere in grado di mantenere un contenuto riservato in modo da poterlo revisionare prima di renderlo pubblico, però una certa predisposizione per un particolare processo è insita nel modo stesso in cui sono progettati.

In conclusione, se state pensando di adottare il design dell'informazione di tipo "ogni pagina è la prima" o di passare alla pubblicazione sul web, non acquistate nuovi programmi prima di aver ben chiari in mente il design dell'informazione e il metodo di pubblicazione che volete usare.

L'approccio "ogni pagina è la prima", i PDF e i sistemi di help

In molti casi di comunicazione tecnica si ha ancora bisogno di creare file in formato PDF e sistemi di help. Come ha scritto Alan Pringle sul suo blog in un post recente, non si dovrebbe abbandonare il formato PDF solo perché non è più di moda.

> Anche se non avete obblighi legali che vi costringano a fornire file PDF, è davvero da sfrontati (e stupidi) dare per scontato che i vostri clienti siano pronti ad accettare subito un cambio nel modo in cui ricevono la documentazione. Cercate invece di essere flessibili e di offrire al cliente diverse modalità di fruizione dei contenuti.
> — "'No PDF for you!' The destructive power of arrogant thinking"[3] ("'Basta con i PDF!' La potenza distruttiva di un atteggiamento arrogante")

Allo stesso tempo val la pena chiedersi seriamente se i file PDF sono effettivamente richiesti o no, come racconta JoAnn Hackos:

> Sappiamo che la gente dice di preferire i file PDF. Uno dei relatori alla nostra conferenza "Best Practices" di due anni fa, Bob Lee di Symantec, raccontò che avevano condotto una ricerca sui loro clienti che affermavano di preferire i file PDF. Davanti alla scelta fra file PDF e un sistema di assistenza online basato su unità d'informazione in HTML, però, il risultato fu che anche quelli che avevano sostenuto di preferire i file PDF finirono tutti col scegliere le pagine di documentazione in HTML in una proporzione di 26 a 1. Per cui, molto spesso, quando vi sentite dire dalla gente che preferiscono i file PDF il motivo è quasi sempre che quella è l'unica risposta che riescono a darvi.
> — "DITA Rockstar Summer Camp – DITA and Minimalism"[4] ("DITA Rockstar Summer Camp – DITA e il minimalismo")

L'osservazione della Hackos collima con i risultati della ricerca di John Carroll, nella quale gli utenti volevano le informazioni in una certa forma ma di fatto le utilizzavano in maniera decisamente diversa. Non sempre siamo bravi ad analizzare quali siano le nostre preferenze e in che modo ci comportiamo, e talvolta vogliamo la soluzione comune dal nome familiare invece di quella che sarebbe più adatta al nostro caso. Nelle note parole di Steve Jobs, "È davvero difficile progettare i prodotti in base alle richieste di un gruppo-campione di utenti. Spesso la gente non

---

[3] http://www.scriptorium.com/2013/06/no-pdf-for-you-the-destructive-power-of-arrogant-thinking/
[4] http://www.youtube.com/watch?feature=player_embedded&v=3wSybrSeEYQ

sa cosa vuole finché non glielo fai vedere".[5] Uno dei miei clienti si è chiesto perché i suoi clienti continuavano a chiedere file PDF ed ha scoperto che il motivo era che l'alternativa che gli avevano offerto, cioè un sistema di help creato con Eclipse, aveva un sistema di ricerca difficile da usare; inoltre molti utenti non utilizzavano l'ambiente di sviluppo aziendale delle interfacce, per cui non potevano accedere al sistema di help. Il formato PDF per loro non era il massimo, ma era preferibile all'unica alternativa che gli veniva offerta.

Un altro motivo da considerare, secondo me, è che le persone preferiscono utilizzare i contenuti nel formato per il quale essi sono stati ideati. Se scrivete sotto forma di libri e la versione help o web dei contenuti viene creata automaticamente semplicemente suddividendo i libri in blocchi di contenuto e trasformandoli in Frankenlibri, è probabile che le persone riterranno un file PDF più facile da usare perché mantiene intatta la struttura lineare d'origine dei contenuti.

Quindi può ben darsi che gli utenti della vostra documentazione vogliano attualmente file PDF non perché ne sono entusiasti, ma perché conoscono solo quelli, perché sono meglio delle alternative che offrite loro o perché sono più adeguati al design dell'informazione che avete adottato. Se applicaste il design dell'informazione di tipo "ogni pagina è la prima" ai vostri contenuti e li forniste in un mezzo di comunicazione che offra un buon supporto alla ricerca e alla navigazione di tipo bottom-up, gli utenti sarebbero felici di non usare più i file PDF e smetterebbero di chiederli. Però, finché non avete la ragionevole certezza che i tempi siano maturi, è saggio, come suggerisce Pringle, continuare ad usare il formato PDF.

La domanda da porsi allora diventa: "I clienti vogliono i file PDF perché vogliono un manuale lineare?". È di sicuro una bella domanda, al di là della risposta che ho dato nella Parte I, «Il contenuto nel contesto del web», e cioè che i lettori che vivono e lavorano nel contesto del web in genere preferiscono contenuti di tipo "ogni pagina è la prima". Certamente ci sono persone che preferiscono ancora forme di organizzazione dei contenuti risalenti all'epoca del libro, per cui è giusto chiedersi se essi non costituiscano una parte cospicua del pubblico della vostra documentazione. Ma, anche se la risposta è sì, per quanto tempo ancora le cose andranno in questo modo?

La maggior parte delle persone sono ormai avvezze al web e al modo in cui le informazioni sono organizzate sul web. Di sicuro la prossima generazione sarà poco propensa a sentirsi a proprio agio usando la strutturazione tipica di un libro. Come si rammarica Brian S Hall:

---

[5] https://www.helpscout.net/blog/why-steve-jobs-never-listened-to-his-customers/

> Non sono sicuro di chi è la colpa. Forse di sua madre, o della scuola pubblica. Però è saltato fuori che mio figlio, a pochi giorni dal diploma di scuola superiore, non è capace di spedire una lettera per posta.
>
> Non riesco a farmene una ragione.
>
> Il ragazzo ha uno smartphone, un tablet ed un computer portatile, conosce un po' di programmazione, è bravino con la grafica al computer ed ha ottimi voti. Può sparare qualcosa come sessanta parole al minuto usando solo i pollici. Ma una lettera? Manco a pensarci! Non sa neppure come si scrive l'indirizzo sulla busta.
> — "My Teenage Son Does Not Know How To Mail A Letter, And I Blame Technology" [6]
>   ("Il mio giovane figlio non è capace di spedire una lettera, e secondo me la colpa è della tecnologia")

Se nella vita di questo ragazzo la carta gioca un ruolo così piccolo da non fargli imparare a scrivere una lettera, è probabile che egli non si aspetti che la documentazione del suo computer portatile sia strutturata come un libro.

Per farla breve, sia che le persone vogliano ancora i file PDF e i sistemi di help sia che le aziende vogliano tenere la loro documentazione alla larga dal web, non c'è più alcuna ragione di pensare che il lettore sia culturalmente vincolato al vecchio, sistematico formato da libro di testo del manuale utente. Persino gli studi condotti da John Carroll negli anni Ottanta del secolo scorso hanno verificato che le persone non utilizzavano i manuali nel modo previsto.

Dunque, se non siamo più culturalmente legati al formato del libro di testo e siamo consapevoli che non ha funzionato per almeno l'ultimo quarto di secolo, non dobbiamo sentirci in colpa se ce ne allontaniamo.

Se proprio ce n'è bisogno, è pur sempre possibile creare file PDF e i tipici sistemi di help a tre pannelli a partire da unità d'informazione di tipo "ogni pagina è la prima". I dettagli possono cambiare in base agli strumenti adottati, però, in quanto modello di design dell'informazione, l'approccio "ogni pagina è la prima" fornisce contenuti utilizzabili sia per un sistema di help sia per un manuale in PDF.

Non c'è proprio nulla di nuovo da dire riguardo all'assemblaggio di un manuale a partire da unità d'informazione del tipo "ogni pagina è la prima". E neppure c'è alcunché di insolito riguardo

---

[6] http://readwrite.com/2013/05/27/my-teenage-son-does-not-know-how-to-mail-a-letter

all'assemblaggio di libri che non sono progettati per una lettura in sequenza. Ho citato un caso del genere nel Capitolo 4, il *Popular Mechanics Complete Car Care Manual*, che è una serie di articoli dedicati alla manutenzione dell'auto, tutti presumibilmente apparsi sulla rivista. In quel caso c'è un indice generale strutturato in base alle parti di un'auto per aiutare il lettore a trovare gli articoli che descrivono le operazione che vogliono eseguire.

Questo è essenzialmente tutto quello che serve per costruire un manuale a partire da unità d'informazione di tipo "ogni pagina è la prima". Scegliere le unità d'informazione da includere, capire quali caratteristiche degli argomenti trattati sono più adatte per contrassegnare stabilmente le informazioni e creare un indice generale. Con programmi come Word o FrameMaker è facile farlo. Basta usare le funzionalità dedicate alla strutturazione di un libro per generare l'indice generale e quello analitico, aggiungere la parte introduttiva, ed il libro è fatto.

Non fatevi tentare dall'idea di aggiungere alle unità d'informazione testi o parole di collegamento per ricreare un documento sequenziale. Non serve. Saranno pochi, ammesso che qualcuno lo faccia, quelli che leggeranno il libro dall'inizio alla fine (anche se dicono che lo faranno, come ha scoperto Carroll). Ed anche se lo fanno, la maggior parte delle persone salta comunque le parti di connessione. Non c'è bisogno che predisponiate una lettura sequenziale. La gente non legge i manuali in quel modo.[7] Se ci sono unità d'informazione dedicate al quadro generale o con funzioni di guida potreste valutare di raggrupparle all'inizio dell'indice generale. Il motivo non è che ci si possa aspettare che le persone le leggano in quell'ordine, ma che unità d'informazione di questo genere possono aiutarle ad orientarsi in modo da poter poi leggere i contenuti in ordine sparso.

Allo stesso modo di un assemblaggio in libri, le unità d'informazione di tipo "ogni pagina è la prima" possono anche essere assemblate in un sistema di help organizzato gerarchicamente. Naturalmente, queste unità d'informazione non si affidano all'indice generale come fanno quelle pensate per una struttura gerarchica, ma questo è un aspetto positivo, dato che i lettori in genere non le leggeranno in quel modo. Va anche ricordato che occorrerà mantenere attivi i collegamenti ipertestuali fra unità d'informazione anche nel sistema di help, per agevolare la navigazione in senso bottom-up.

---

[7] Naturalmente leggono in quel modo altri tipi di libri, per cui, se nel vostro caso è necessario scrivere un'unica lunga sequenza narrativa, fatelo. Ne parlerò ancora nel Capitolo 23.

L'approccio "ogni pagina è la prima" e il marketing dei contenuti

Dal punto di vista della comunicazione tecnica mettere informazioni tecniche su un sito web è chiaramente una buona strategia per gestire i contenuti, perché è sul web che le persone cercano risposte alle loro domande tecniche. Però, a differenza della carta, il web è un ambito informativo piatto e non è facile nascondere certe informazioni a qualcuno per mostrarle a qualcun altro. Quello che mostrate lo state mostrando a tutti. Persone diverse usano filtri diversi per scopi diversi, per cui persone con intenzioni diverse vedono contenuti diversi. In ogni caso, se mettete la vostra documentazione sul web, il web diventa parte della vostra strategia di marketing dei contenuti, volenti o nolenti.

Un vantaggio immediato è che ci saranno più pagine con i vostri contenuti a disposizione dei motori di ricerca e delle persone che cercano quelle informazioni. Ma è questa una cosa sempre positiva? Se sono i contenuti che attraggono le persone verso il vostro sito web, allora si può presumere che più contenuti siano una cosa positiva. Se poi teniamo presente quello che abbiamo visto a proposito del fenomeno della coda lunga nel Capitolo 2 sembrerebbe che disporre di tanti contenuti possa aiutare ad attrarre più clienti perché possono trovare più contenuti che gli interessano nello stesso posto.

Eppure molti strateghi del contenuto la pensano in modo opposto e invitano a ridurre drasticamente i contenuti inseriti nei siti web. Gerry McGovern scrive:

> Spinti da un'attenzione ai contenuti non ben ponderata, gli addetti al marketing e i comunicatori stanno producendo enormi quantità di notizie ed articoli originali. È una cosa che può far decollare il traffico nel breve termine. Però le notizie di oggi sono la spazzatura di domani. È sempre più difficile navigare e fare ricerche nei siti web perché contengono troppa roba...
>
> Ogni volta che eliminiamo il 90% di un sito web aziendale, le vendite aumentano in maniera spettacolare, le richieste all'assistenza calano e il livello generale di soddisfazione dei clienti aumenta.
>
> — "Communications and marketing professionals at a crossroads" [8] ("I professionisti della comunicazione e del marketing a un bivio")

---

[8] http://gerrymcgovern.com/new-thinking/communications-and-marketing-professionals-crossroads

Tuttavia, immagino che se dicessimo a Jeff Bezos che Amazon migliorerebbe eliminando il 90% delle sue pagine web ci riderebbe in faccia! Allo stesso modo, se dicessimo a Jimmy Wales che Wikipedia sarebbe più popolare ed utile se il 90% degli articoli venisse eliminato, sono sicuro che non sarebbe d'accordo. È una situazione paradossale.

In parte la si può spiegare semplicemente perché parecchi contenuti dei siti web aziendali sono spazzatura. Il web è un filtro, per cui una parte della spazzatura verrà esclusa. Però il filtro non funziona perfettamente. Un po' di spazzatura supera la selezione. Ancor peggio, la presenza di molta spazzatura sul sito web può far sì che i contenuti validi siano scartati dalla selezione. Questo può spiegare l'osservazione di McGovern che le vendite salgono quando i contenuti inutili vengono eliminati. In questo caso la spazzatura è effettivamente d'ostacolo. Non fa altro che intasare il filtro:

> I clienti trovano sempre più difficile fare acquisti e completare delle procedure perché finiscono su pagine di contenuti che li distraggono, mentre vorrebbero trovare la pagina giusta di quel tal prodotto.

In altre parole, la spazzatura prende il posto dei contenuti validi, cioè le pagine che servono davvero alla gente per fare cose ed effettuare acquisti. Ma non può essere la quantità di contenuti di per sé la causa di questo effetto, altrimenti da molto tempo Amazon avrebbe già raggiunto il limite massimo per cui l'aggiunta di altre pagine avrebbe reso difficile alle persone fare acquisti. Non è quello che è successo. Anzi, è successo il contrario. Amazon continua a soddisfare la coda lunga con titoli ancora più sconosciuti e la richiesta di questi libri non ha fatto che aumentare.

Certo, su Amazon qualsiasi pagina è buona per fare acquisti. Non c'è quasi nessuna pagina su Amazon dove non si possa fare un clic per comprare qualcosa. Ma non è questo il punto. Su Amazon ci sono milioni di pagine dedicate ad oggetti che non ci interessano e solo alcune per quello che vogliamo comprare, eppure riusciamo a trovare queste ultime e a fare i nostri acquisti. Allo stesso modo, non sembra che l'aggiunta di articoli su Wikipedia renda più difficile trovare quelli che ci interessano. Semmai potrebbe essere un vantaggio, perché significa che ci saranno più collegamenti ipertestuali per aiutarci a raggiungerli.

Un indizio per spiegare il paradosso può venire dal post di Bruce Tognazzini sull'interfaccia grafica di Apple "The Third User, or Exactly Why Apple Keeps Doing Foolish Things"[9] ("Il terzo utente, ovvero perché Apple continua a fare stupidaggini"):

---

[9] http://asktog.com/atc/the-third-user/

Apple continua a fare cose nel sistema operativo MAC OS che lasciano interdetta la comunità degli specialisti di esperienza d'uso, cose come nascondere le barre di scorrimento e piazzare controlli invisibili all'interno dell'area dei contenuti delle finestre sui personal computer.

Ancora peggio sui dispositivi mobili di Apple: ci vogliono fino a cinque secondi perché l'utente riesca a portare il cursore del testo esattamente dove serve, ma Apple si rifiuta di aggiungere i tasti freccia che sono sempre esistiti sulle tastiere.

La strategia di Apple è giusta (fino ad un certo punto). Le decisioni di Apple possono sembrare stupide agli specialisti di esperienza d'uso, ma occorre considerare il fatto che Apple puntualmente guadagna più dei maggiori concorrenti messi assieme. È vero che ad Apple sfugge qualcosa (i tasti freccia), ma anche a noi della comunità degli specialisti di esperienza d'uso sta sfuggendo qualcosa, ovvero l'attenzione estrema di Apple per un tipo di utente che spesso molti di noi neppure considerano: l'utente potenziale, cioè il cliente.

—Bruce Tognazzini

Tognazzini spiega che Apple, concentrata sul cliente, non dirige la sua attenzione sul rendere i propri prodotti i più facili possibili da usare, ma sul farli sembrare i più facili possibili da usare alla persona che li guarda in negozio. Per farlo, nasconde diversi tipi di componenti utili dell'interfaccia per far sembrare il prodotto più facile da usare, anche se, nascondendoli, lo rende in realtà più difficile da usare.

Resta da vedere se questa impostazione reggerà nel tempo, dato che gli acquirenti di smartphone e tablet stanno diventando più esigenti e più interessati alla funzionalità del prodotto, ma questa osservazione dà un ottimo contributo a spiegare il paradosso che ci interessa. Un sito web ricco di buoni contenuti può in effetti essere utilissimo e offrire il meglio per un'ampia gamma di utenti, ma se appare vasto e complesso ed è difficile da navigare può spaventare e allontanare i clienti.

Tenendo conto di questa considerazione, mettere contenuti tecnici sul web aumenta o diminuisce l'attrattività di un prodotto? Due punti sono chiari:

- Occorre evitare che i contenuti tecnici siano d'intralcio alle operazioni svolte dai visitatori, incluse le procedure di acquisto.
- Occorre evitare che il prodotto dell'azienda sembri difficile da usare, il che è esattamente l'impressione che si trasmette quando si fa vedere qualcosa di simile alla Figura 22.1, «Una documentazione troppo estesa fa sembrare il prodotto difficile da usare».

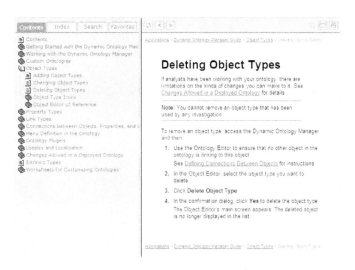

Figura 22.1. Una documentazione troppo estesa fa sembrare il prodotto difficile da usare

Mettere assieme un sistema di help tradizionale, con un indice generale visibile su ogni pagina, non fa altro che ricordare all'utente quanto sia vasta la documentazione. Poche persone si compiacciono per una cosa del genere, mentre nel complesso è assolutamente controproducente.

Una delle prime pubblicità di Apple è basata esattamente su questo concetto. La pubblicità cominciava con l'immagine di un PC accompagnata da una voce che diceva: "Questo è un computer da ufficio molto sofisticato [compare il PC] e, per usarlo, devi solo imparare questo. [tre pesanti fascicoli cadono sul ripiano di fianco al PC] Questo è il Macintosh di Apple [inquadratura sul Mac], anch'esso un computer da ufficio molto sofisticato. Per usarlo, devi solo imparare questo. [alcuni fogli di carta cadono sul ripiano]".[10]

---

[10] http://www.youtube.com/watch?v=VaZgtQRmunA. Potete trovare la pubblicità al minuto 2:35 di questa raccolta su YouTube.

Figura 22.2. Una pagina di partenza della documentazione che fa meno paura

Però anche qui c'è qualcosa di paradossale. Le persone vogliono risposte alle loro domande e si lamentano se non le ricevono. Avere sott'occhio l'intera documentazione li spaventa. Allo stesso tempo ogni tanto ne vogliono piccole parti ed ognuno cerca una parte diversa. Quel che serve è allora una documentazione che appaia poco estesa e semplice (per evitare di far scappare i clienti) ma sia in realtà completa (in modo che le risposte siano disponibili quando sono richieste).

Come si può fare? Basta imitare Amazon e Wikipedia: con una navigazione di tipo bottom-up. La navigazione di tipo bottom-up non esagera mai col lettore mostrandogli quante informazioni sono disponibili, ma offre una facile navigazione lungo diverse linee di affinità di contenuto.

Confrontate la Figura 22.1, «Una documentazione troppo estesa fa sembrare il prodotto difficile da usare» con la Figura 22.2, «Una pagina di partenza della documentazione che fa meno paura». Vi suggerisce in qualche modo che dietro le scene è presente una enorme documentazione? No, fa sembrare tutto tranquillo e semplice. In realtà si tratta di una documentazione davvero ampia, però, una volta entrati, ci sono tanti collegamenti ipertestuali che puntano alle pagine che servono.

Il design dell'informazione di tipo "ogni pagina è la prima" supporta la navigazione di tipo bottom-up, che è in grado di nascondere l'ampiezza reale della documentazione. Non importa dove il lettore finisce: ci sono abbondanti collegamenti ipertestuali per condurlo alle pagine correlate. Eppure al lettore non viene continuamente fatto notare quanto estesa sia la documentazione o non ci si aspetta che la navighi (il che sarebbe ancora peggio).

Le unità d'informazione di tipo "ogni pagina è la prima" sono progettate per soddisfare necessità specifiche. Ancor più importante è forse il fatto che, poiché le unità d'informazione di questo genere supportano l'organizzazione di tipo bottom-up, non creano necessariamente quel genere di confusione presente sui siti web che ostacola le azioni degli utenti. La confusione non è una conseguenza della quantità dei contenuti presente nel sito web. Wikipedia non è confusa, né lo è Amazon. La confusione ha a che fare con il grado di difficoltà posto dai contenuti ai movimenti degli utenti, quando invece dovrebbero aiutarli a raggiungere le informazioni che cercano.

Anche dopo che il lettore ha comprato qualcosa è ancora un cliente delle vostre informazioni. Devono ancora acquisire il concetto che la documentazione che gli offrite è facile da utilizzare e contiene le informazioni che gli servono. Se gli mostrate un sistema di help di tipo Frankenlibro o un qualche sistema complesso di navigazione basato su una classificazione che loro ancora non conoscono, non state inviando il messaggio giusto. La vostra documentazione sarà pure vasta e complessa ma, indipendentemente da dove arriva il lettore, gli deve sembrare piccola e semplice.

Wikipedia trasmette l'impressione di essere piccola e semplice su ogni pagina, anche se in realtà è un gigante. E, malgrado sia un gigante, è facile navigarla. Lo stesso Amazon. Ed anche YouTube. Perché? Perché sono tutti casi in cui si usa una navigazione di tipo bottom-up e perché ogni pagina fa da centro di interconnessione delle informazioni correlate su quell'argomento. L'adozione del design dell'informazione di tipo "ogni pagina è la prima" vi consentirà di creare documentazione di enorme ampiezza in grado però di trasmettere l'impressione di essere limitata, rassicurante e confortevole.

L'approccio "ogni pagina è la prima" e DITA

In questo libro ho espresso alcune critiche su taluni aspetti di DITA, in particolare sull'idea, normalmente associata a DITA, che dividere i contenuti in unità d'informazione di tipo concept, task e reference costituisca un valido design dell'informazione modulare. Vi starete forse chiedendo se propongo l'approccio "ogni pagina è la prima" in alternativa a DITA. La risposta è che la strategia "ogni pagina è la prima" e DITA si collocano su piani diversi. "Ogni pagina è la prima" è un modello di design dell'informazione. DITA è, nelle parole di uno dei suoi creatori, Don Day, "essenzialmente uno standard di marcatura generico ma estensibile".[11] È possibile adottare l'approccio "ogni pagina è la prima" sia con DITA sia con altri strumenti. DITA può essere usato per creare unità d'informazione di tipo "ogni pagina è la prima" o per creare manuali, sistemi di help di tipo gerarchico o Frankenlibri. Adottare un metodo di redazione basato su unità

---

[11] Questa citazione su DITA deriva da un commento fatto da Don Day sul gruppo Google "Content Strategy". https://groups.google.com/d/msg/contentstrategy/XG5O1g4k1wk/nt8vsxfG208J.

d'informazione offre diversi vantaggi, sia in termini di strutturazione dei contenuti sia in termini di processo di lavoro. Si può guadagnare in efficienza di processo lavorando per piccole unità ed evitando i colli di bottiglia che si incontrano quando si tenta di traghettare un lungo manuale lungo le fasi di approvazione e pubblicazione previste dal sistema. Anche il riutilizzo dei contenuti è possibile. Però vantaggi e costi variano in base al tipo di redazione basata su unità d'informazione che viene adottata.

DITA supporta l'uso di unità d'informazione di tipo modulare e di altre tecniche che possono aumentare di molto il tasso di riutilizzo, ma con un costo molto alto in termini di infrastruttura e di manutenzione continua. Molti sostenitori di DITA sembrano concordare che è necessario che in azienda ci sia un gruppo di almeno cinque redattori e la possibilità di riutilizzare molti contenuti perché i risparmi giustifichino i costi. Invece, nel caso del design dell'informazione di tipo "ogni pagina è la prima", è possibile usarlo in un wiki con costi molto bassi e sfruttare molti dei vantaggi offerti dal lavoro per piccole unità, anche se senza raggiungere il livello di riutilizzo offerto da un sistema di gestione dei contenuti basato su DITA. Si potrebbe anche applicare l'approccio "ogni pagina è la prima" in un sistema di gestione dei contenuti basato su DITA utilizzando unità d'informazione di tipo modulare, nonché altre caratteristiche di DITA, per aumentare il livello di riutilizzo.

Mentre DITA è "essenzialmente uno standard di marcatura generico ma estensibile" e, perciò, può essere usato per creare un'ampia gamma di sistemi, ogni sistema di gestione dei contenuti basato su DITA che potete comprare avrà le sue particolarità in fatto di design dei contenuti e di processo di pubblicazione. Ci sono enormi differenze fra cosa un esperto può fare usando DITA, cosa il DITA Open Toolkit offre e cosa viene implementato da un determinato sistema commerciale di gestione dei contenuti basato su DITA. Controllate bene cosa un certo sistema fa effettivamente, invece di considerare le possibilità offerte da DITA in sé.

La maggior parte dei sostenitori di DITA concorderà sul fatto che, quando si passa a DITA, è necessario pensare bene al design della documentazione e delle unità d'informazione che si vuole ottenere. Se si salta questo passaggio, o ci si affida alla generazione automatica delle unità d'informazione a partire da materiale esistente strutturato come un libro, di solito si finisce col creare dei Frankenlibri.

Ciò non significa che c'è un solo design dell'informazione che possa funzionare con DITA. Per esempio, con una pianificazione e un design adeguati è possibile usare DITA per creare manuali e sistemi di help gerarchici ben fatti. Però, se usate DITA, vi suggerisco di scegliere un design dell'informazione di tipo "ogni pagina è la prima", anzitutto perché è il design giusto per la comunicazione tecnica moderna, poi perché fornisce il quadro complessivo di design che manca alla semplice classificazione concept/task/reference.

L'approccio "ogni pagina è la prima" e i wiki

I wiki sono di per sé un mezzo di comunicazione di tipo "ogni pagina è la prima". Wikipedia, che è l'esempio per eccellenza dell'applicazione del design di tipo "ogni pagina è la prima", dimostra chiaramente quanto questo design sia adatto a questo mezzo di comunicazione. I wiki non solo favoriscono il design di tipo "ogni pagina è la prima" per le singole unità d'informazione ma sono anche un mezzo di comunicazione fatto apposta per la navigazione di tipo bottom-up. Le pagine di Wikipedia si trovano tutte allo stesso livello. La loro organizzazione si basa su collegamenti ipertestuali e raggruppamenti per categoria (di fatto, degli elenchi). Qualunque cosa è una pagina, anche i raggruppamenti per categoria.

Per molte aziende, comunque, il fatto che i wiki siano un ottimo mezzo di comunicazione di tipo "ogni pagina è la prima" con un'impostazione bottom-up non è il motivo per installarne uno. Piuttosto, lo installano perché è un ambiente collaborativo non costoso e facile da manutenere che tutta l'azienda può usare per creare e condividere le informazioni. In molti casi i gruppi di documentazione finiscono con l'adottare un wiki non perché hanno scelto di utilizzare un design dell'informazione di tipo "ogni pagina è la prima", ma perché gli è stato detto di usare lo stesso strumento usato dal resto dell'azienda.

Dato che ogni strumento ha le sue preferenze, e i wiki sembrano fatti per il design dell'informazione di tipo "ogni pagina è la prima" e per la navigazione di tipo bottom-up, può essere difficile creare contenuti di tipo tradizionale per manuali ed help in un wiki. Alcuni tipi di wiki dispongono in effetti di add-on che supportano questo tipo di pubblicazioni, però non sono di per sé né adatti né completi da questo punto di vista come uno strumento progettato appositamente per il design e la navigazione di tipo top-down.

Se usate un wiki (o, ugualmente, un sistema di gestione dei contenuti per il web) per la vostra documentazione, passare all'approccio "ogni pagina è la prima" vi renderà immediatamente la vita più facile, perché userete il vostro strumento secondo la sua natura, anziché in modo inappropriato.

Se avete deciso di adottare il design di tipo "ogni pagina è la prima" (e spero che lo abbiate fatto, giunti a questo punto del libro!) allora usare un wiki è un'ottima scelta, se non volete intraprendere il percorso della scrittura strutturata.

Le buone ragioni per portare la comunicazione tecnica sul web

Ho insistito più volte in questo libro sul fatto che il modello offerto dall'approccio "ogni pagina è la prima" è appropriato per la maggior parte dei casi della comunicazione tecnica, che sia gestita sul web o no, perché l'approccio "ogni pagina è la prima" è adatto al modo che gli utenti hanno da sempre adottato per cercare aiuto e perché rappresenta un modo di utilizzare le informazioni che viene comunque applicato dai lettori che vivono e lavorano nel contesto del web.

Ho d'altra parte anche sottolineato i vantaggi che si ottengono mettendo a disposizione di tutti sul web le informazioni tecniche. In questa parte do alcuni suggerimenti su come potreste sostenere una proposta di migrazione della vostra documentazione sul web e rispondere a qualcuna delle obiezioni cui potreste andare incontro.

Dal punto di vista dell'incremento dell'efficacia della comunicazione tecnica la scelta del web è evidente. Però ci sono altre obiezioni che vengono fatte ai gruppi di lavoro che si occupano di comunicazione tecnica quando tentano di passare al web. Abbiamo già visto le obiezioni che potrebbero arrivare dall'ufficio marketing ed ho mostrato come l'approccio di tipo "ogni pagina è la prima" possa venire incontro a tali obiezioni. Di seguito altre obiezioni e come affrontarle.

I concorrenti ci ruberanno le idee

Questa obiezione mi è sempre sembrata strana, ma l'ho sentita fare molte volte. Ci sono aziende che temono che, se mettono la documentazione sul web, i concorrenti copieranno i loro prodotti. Di seguito alcuni modi per rispondere a questa obiezione:

- Anzitutto, assicuratevi che il vostro interlocutore abbia capito cosa si intende per *documentazione*. Se intende disegni tecnici o specifiche di prodotto allora è naturale che non voglia che si vedano sul web. Spiegategli che voi state parlando di documentazione per l'utente, che, di solito, non dovrebbe contenere segreti industriali. Ci sono alcune eccezioni da tenere presenti. Per esempio, le aziende che vendono componenti destinati ad essere integrati in prodotti venduti dai loro clienti potrebbero aver necessità di mostrare segreti industriali per permettere l'utilizzo dei componenti. In questo caso occorre prendere misure specifiche per assicurarsi che i clienti mantengano la documentazione confidenziale.

- In secondo luogo, chiedete quanto sarebbe difficile per un concorrente procurarsi la documentazione già ora. Nella maggior parte dei casi è estremamente facile. Anche quando si tratta di sistemi complessi e costosi, gli addetti alle vendite che lavorano per i concorrenti possono ottenere qualsiasi informazione tramite i propri promotori commerciali dall'interno dell'organizzazione del vostro cliente.

■ Mostrate cosa salta fuori quando la gente fa una ricerca sul web perché ha bisogno di aiuto per il prodotto. Le loro ricerche spesso li portano su siti web che i manager preferirebbero non vedessero, che siano di concorrenti, commenti critici o qualcuno che dà consigli sbagliati. Spiegate che, se la documentazione tecnica fosse sul web in un formato adatto, la gente non finirebbe così di frequente su quegli altri siti.

■ Elencate le aziende leader la cui documentazione è sul web. Cominciate da aziende del calibro di Google, Microsoft ed Apple e aggiungete tutte le aziende del vostro settore che possono fare impressione sui manager.

I nostri utenti preferiscono i file PDF

Non sono mai sicuro se questa è un'obiezione fatta seriamente o se è solo un modo per sbarazzarsi di una faccenda della quale ai manager in realtà non importa un granché. Se dietro c'è la sincera convinzione che gli utenti vogliono i file PDF, allora il sottocapitolo «L'approccio "ogni pagina è la prima", i PDF e i sistemi di help» fornisce qualche risposta. Il mio sospetto, però, è che questa obiezione non abbia a che fare esattamente con i file PDF, quanto con la convinzione che le cose vanno bene così come sono.

Ho più volte sottolineato che i destinatari della documentazione tecnica stanno cambiando. Le forme tradizionali di documentazione tecnica stanno perdendo lettori a favore del web. Se il manager sostiene che gli utenti sono soddisfatti della documentazione esistente, le argomentazioni presenti nella Parte I, «Il contenuto nel contesto del web» dovrebbero esservi d'aiuto a sostenere che le cose sono cambiate e che la situazione esistente non regge più.

Certo, rimane la possibilità che il manager non sia preoccupato dal fatto che la documentazione dell'azienda sta perdendo lettori, il che ci porta alla prossima obiezione.

Tanto nessuno legge la documentazione...

Se con "leggere la documentazione" il manager intende mettersi a sedere e leggersi il manuale come se fosse un romanzo, allora hanno completamente ragione. Ma non è questo il punto. Il punto è che le persone la documentazione la leggono (o, perlomeno, leggono le informazioni tecniche) quando sono in difficoltà ed hanno bisogno di aiuto. Se ne può avere una prova sicura dando un'occhiata ai forum esistenti sul web che coprono qualsiasi argomento immaginabile e nei quali la gente collabora per chiedere e fornire aiuto. Le persone si mettono a cercare e leggono le informazioni tecniche quando hanno un problema specifico e vogliono essere aiutate.

C'è da chiedersi allora se alla vostra azienda importa che le persone ottengano quell'aiuto dai vostri contenuti o da quelli di qualcun altro. La risposta d'impulso a questa domanda potrà essere no, ma fate qualcuna delle domande specifiche che seguono e potrebbe cambiare:

- Quando i clienti fanno una ricerca sul web sul nostro prodotto, di chi deve essere il contenuto nel quale vogliamo che arrivino?
- Quando i clienti fanno una ricerca sul web per risolvere un problema relativo al nostro prodotto, di chi deve essere il contenuto nel quale vogliamo che arrivino?
- Quando potenziali clienti fanno una ricerca sul web per tentare di risolvere il tipo di problemi che sono risolti dal nostro prodotto, di chi deve essere il contenuto nel quale vogliamo che arrivino?
- Quando i clienti di un concorrente fanno una ricerca sul web per tentare di risolvere un problema che riguarda il nostro settore, di chi deve essere il contenuto nel quale vogliamo che arrivino?
- Quando giornalisti tecnici o autori di blog fanno una ricerca sul web alla ricerca di informazioni sulle funzionalità dei prodotti del nostro settore, di chi deve essere il contenuto nel quale vogliamo che arrivino?

Usate questo genere di frasi e il manager col quale state parlando comincerà a collegare i vostri contenuti a tanti euro.

Naturalmente ci sarà bisogno che prepariate un bel caso aziendale specifico, il che è al di là dell'argomento di questo libro. Suggerirei comunque che, arrivati a questo punto, non è il caso di fare i modesti. Dal momento che gli utenti vivono e lavorano nel contesto del web e si aspettano di poter facilmente ottenere le informazioni di cui hanno bisogno quando ne hanno bisogno, la comunicazione tecnica professionale è più che mai importante e può generare più profitti che mai. Oppure può diventare irrilevante: tocca a voi deciderlo.

La situazione attuale nel design e nella distribuzione delle informazioni non è più sostenibile. Viviamo in un mondo nel quale ogni pagina è la prima. Non esagero se dico che dobbiamo adattarci o scompariremo.

CAPITOLO 23

Postfazione: "ogni pagina è la prima", ma non sempre

Quando si sostiene una causa c'è sempre il rischio di illudersi che la soluzione che si propone valga in ogni caso. Naturalmente non c'è quasi nulla che funzioni in qualsiasi caso, specialmente nel mondo degli affari, e personalmente sono sempre stato convinto che ogni singolo problema richieda una soluzione specifica.

Quando si parla molto di una certa cosa si corre anche il rischio che la gente pensi che si stia suggerendo che quella certa soluzione vada bene sempre, e proponga casi nei quali ciò che viene proposto non funzionerebbe giusto per dimostrare che è una soluzione sbagliata. La verità è che le soluzioni universali sono ben poche e di sicuro non ce n'è nessuna quando si parla di quella faccenda complicata che è la comunicazione umana.

L'approccio "ogni pagina è la prima" non è una soluzione universale.

In questo libro ho avanzato diverse critiche riguardo ai libri e ad altre forme di comunicazione che seguono quel modello, come i tipici sistemi di help costruiti a partire da libri. I libri non funzionano bene nella maggior parte dei casi di comunicazione tecnica, specialmente per quei lettori le cui aspettative in fatto di informazioni sono condizionate dall'esperienza di vita e di lavoro vissuta nel contesto del web. Però questo non significa che i libri non abbiano un loro posto nella comunicazione tecnica, né certamente che non ne abbiano uno in generale. Dopo tutto, è proprio un libro quello che state leggendo ora.

Documentare un prodotto e documentare un'idea sono due cose diverse. Buona parte della documentazione tecnica consiste nel documentare un prodotto o un servizio: cose concrete che è possibile verificare di persona. Parecchie altre cose che vengono cercate sul web sono dello stesso genere. Ma ci sono cose sulle quali è difficile mettere le mani e usare, o perché non sono alla nostra portata o perché sono immateriali.

È più difficile usare un'idea appena abbozzata che non un prodotto di cui non abbiamo capito alcune cose. Di conseguenza, l'opposizione verso nuove idee è più forte e non si può utilizzare un approccio per tentativi ed errori, perché nel caso delle idee non c'è garanzia di riuscire ad identificare gli errori. Un esempio di questo meccanismo è il minimalismo: come si fa a verificare di aver applicato il minimalismo in modo corretto? A meno che non facciate un test A/B (come ha fatto John Carroll)(N.d.T.: un test A/B consiste nel testare due diverse versioni dello stesso prodotto), è difficile capire se avete fatto centro o no. Anche per questo motivo le persone spesso tendono a tornare ad una versione più semplice di una certa idea e questo è il motivo per cui, sin da quando *The Nurnberg Funnel*[8] venne pubblicato, si è generato un flusso continuo di articoli e post basati su interpretazioni sbagliate del minimalismo.

Lo stesso vale per l'approccio "ogni pagina è la prima": è un'idea, anzi, per essere precisi, un modello di design. Certo, potete subito mettervi a scrivere unità d'informazione di tipo "ogni pagina è la prima". Anzi, è molto probabile che ne abbiate già scritta qualcuna. Ce ne sono anche parecchie da leggere. Però, se scrivete un'unità d'informazione del genere in modo sbagliato, il vostro programma di redazione non farà bip e non vi mostrerà un messaggio di errore. Una delle ragioni per cui mi piace utilizzare la redazione strutturata, su base retorica e su base informatica, quando scrivo unità d'informazione di tipo "ogni pagina è la prima" è che permette di predisporre un qualche sistema di verifica. E comunque è possibile verificare veramente la validità di un modello di design dell'informazione solo con un test A/B e farlo è costoso. Quindi non avete la possibilità di lasciar perdere questo libro dopo cinque minuti e riprenderlo in mano non appena compare un messaggio di errore.

Una parte di quello che ho scritto nella Parte II, «Le caratteristiche delle unità d'informazione di tipo "ogni pagina è la prima"» è una proposta di una serie di ragionevoli metodi di verifica con i quali potete esaminare le vostre unità d'informazione di tipo "ogni pagina è la prima". Ma tutti questi metodi sono basati, in una certa misura, su vostre decisioni. Sono la vostra esperienza e le indicazioni che ricevete dai vostri lettori che vi aiuteranno a perfezionare la capacità di giudizio su questa materia, ma vi serve una base teorica sufficiente per arrivare a questo livello.

Sono questi i casi in cui tornano comodi i libri. È per questo che John Carroll ha scritto un libro per spiegare come mai chi vuole imparare a fare qualcosa non legge i libri. È per questo che David Weinberger ha scritto due libri sul perché i libri non sono mezzi adeguati per la trasmissione della conoscenza. È per questo che ho scritto questo libro per spiegare come smettere di scrivere libri e cominciare a scrivere unità d'informazione di tipo "ogni pagina è la prima". È per questo che è ancora necessario scrivere un libro, se anche voi volete cimentarvi con questo genere di argomenti.

Ma la comunicazione tecnica, in particolare quella dedicata ad un prodotto, non fa di solito parte di questo genere di argomenti. Il lettore è un utente ed è alle prese con problemi pratici. La documentazione finisce inevitabilmente in secondo piano rispetto all'apprendimento con la pratica. Nell'ambiente informativo del web, ricco di risorse a disposizione, il normale bisogno delle persone per piccoli spuntini di informazione, specifici per i loro scopi, è ben soddisfatto, e questo condiziona le loro abitudini di lettura ed aspettative non solo quando si trovano nel web, ma in generale verso tutte le fonti di informazioni che usano (tutte usate, naturalmente, nel contesto del web).

Non intendo dire che qualsiasi trattazione di un'idea debba essere contenuta in un libro. Piuttosto, lo sviluppo delle idee richiede la cooperazione e il dibattito alimentato da menti diverse. Come sostiene David Weinberger "Sviluppare ampiamente i propri pensieri non è sufficiente per una riflessione approfondita: i grandi problemi e le grandi idee richiedono il concorso di molte menti, e non il monologo di una sola"[1]. Può essere necessario un intreccio di argomentazioni di diversi autori per sviluppare compiutamente una grande idea.

Non sarei riuscito a scrivere questo libro se non avessi esposto le mie idee sul mio blog negli ultimi due anni, o se non avessi ricevuto conferme, correzioni e critiche da parte dei lettori del blog. Allo stesso tempo, le idee esposte là erano frammentarie. Ad un certo punto ho sentito la necessità di dimostrare a me stesso che il discorso complessivo aveva un senso e che il tutto aveva una sua coerenza. Scrivere un libro era il modo giusto per farlo. Se poi avete seguito il mio blog negli ultimi due anni, certamente avrete trovato nel libro alcune cose diverse da quello che ho scritto nel blog e vi sarete accorti che ho rifinito e cambiato buona parte della terminologia che compare sul blog. Tenere un blog è un ottimo modo per sviluppare un'idea. Un libro è un ottimo modo per dare all'idea solide basi e verificarla.

Quando si sviluppa un pensiero è necessario anche fermarsi e fare il punto. Per quanto possa portare frutti, l'intreccio di menti diverse può sfociare nel caos. Può finire per ripetere sempre le stesse cose. Può sviluppare senza fine analisi brillanti, ma avere dei problemi a passare alla sintesi. In certi momenti dello sviluppo di una qualsiasi trattazione tutte le parti coinvolte possono trarre beneficio da un riepilogo che valuti tutto ciò che è stato detto, per poi passarlo al setaccio, ordinarlo e trarne una sintesi. Il momento del riepilogo non è il punto d'arrivo. Al contrario, è spesso un modo per far fare al dibattito un passo in avanti, stabilendo un nuovo punto di partenza o portando l'attenzione su un altro aspetto da discutere.

Fare il punto è importante anche per l'autore. Per quanto possiamo essere immersi in una rete di idee, è solo nel momento in cui gli diamo forma compiuta che possiamo capire se hanno un senso complessivo o se non c'entrano le une con le altre. Fermarsi a fare un riepilogo chiarisce e

---

[1] https://vimeo.com/48199408

rifinisce i pensieri dell'autore. Fornisce anche un preciso obiettivo da colpire se l'autore fallisce nel mettere le cose assieme.

Il riepilogo è utile anche per chi apprende, cioè per chi si interessa di quell'argomento o questione molto tempo dopo l'inizio della discussione. È raro che si cominci ad interessarsi ad un argomento con un fitto programma di letture in mente (anche se ci sono eccezioni). Piuttosto, dopo aver osservato l'argomento da lontano per un po', ci immergiamo nel punto preciso in cui vogliamo approfondire ciò che è stato pensato e detto al proposito, e per questo un riepilogo è quello che ci vuole. Così, dopo un po' di assaggi ed esplorazioni, ci procuriamo un libro per dedicarci anima e corpo a studiare l'argomento.

Non penso quindi che non si debbano più scrivere libri. Però, ora che viviamo e lavoriamo nel contesto del web, il ruolo delle unità d'informazione di tipo "ogni pagina è la prima" è diventato sempre più importante. Se i comunicatori tecnici professionisti vogliono continuare ad essere decisivi nel loro ambiente, devono scrivere più unità d'informazione di questo genere e meno libri e manuali.

Glossario

a monte

In questo libro l'espressione "a monte" è usata per descrivere un contenuto strutturato su base informatica che include informazioni semantiche sul proprio argomento in modo tale da permettere di trasformare il contenuto stesso in altri tipi di struttura dotati di più informazioni semantiche dedicate agli aspetti di presentazione (ma di solito meno informazioni semantiche dedicate all'argomento). È facile passare dalle informazioni semantiche dedicate all'argomento a quelle dedicate alla presentazione, ma non il contrario. Quindi un contenuto dotato di più informazioni semantiche dedicate all'argomento può essere descritto come a monte rispetto ad un contenuto che contiene meno informazioni semantiche di questo tipo, o nessuna. Più un contenuto è a monte, maggiori sono le possibilità di usarlo, trasformarlo e fornirlo sotto diverse forme.

affinità di contenuto

Un'affinità di contenuto è una correlazione fra l'argomento di una certa unità d'informazione e altri argomenti che vengono citati in tale unità d'informazione. Le affinità di contenuto non sono la stessa cosa dei collegamenti ipertestuali o delle unità d'informazione correlate. Esse indicano un'affinità esistente fra gli argomenti in sé, non fra i contenuti che si occupano di tali argomenti. La *redazione strutturata su base informatica* può essere utilizzata per stabilire le affinità di contenuto di un'unità d'informazione, che possono poi essere usate per la gestione del contenuto e l'impostazione di collegamenti ipertestuali.

aggregazione semantica dinamica

In questo libro un aggregato semantico si forma quando una ricerca fatta sul web o un contributo ad una raccolta radunano contenuti presi da posti diversi. L'aggregazione semantica dinamica indica quel che succede quando un utente esegue una ricerca o utilizza una API per contenuti. In questo caso diversi contenuti vengono raggruppati dinamicamente in base ai termini di ricerca usati dall'utente. Sempre più spesso le persone fanno esperienza del web non come di una serie statica di pagine o siti, ma come di una sequenza di aggregati semantici dinamici.

API per contenuti

Una API per contenuti è un'interfaccia utilizzata per trasmettere contenuti a programmi software, di solito su una rete (in particolare sul web). In un certo senso ogni URL è una API per contenuti, però l'espressione viene di solito usata per sistemi nei quali la URL contiene dei parametri che definiscono quali contenuti richiedere, invece di specificare un indirizzo statico. Twitter è un esempio di una API per contenuti che trasmette un flusso di tweet in arrivo dalle persone seguite, in base all'utente che si è loggato.

appena soddisfacente

L'espressione "appena soddisfacente" indica una strategia di processo decisionale secondo la quale si sceglie un'opzione che risulta accettabile in relazione allo sforzo richiesto piuttosto che una soluzione ottimale ma che richiederebbe un maggior sforzo. La maggior parte delle persone adotta tale strategia quando cerca informazioni: smettono di cercare appena trovano informazioni abbastanza buone piuttosto che continuare a spendere tempo e denaro alla ricerca di quelle ottimali.

blocco

In *Information Mapping* un blocco di informazioni è un'unità di contenuto di un certo tipo che può essere combinato con altri blocchi per creare documenti. I blocchi di informazioni sono simili (ma non sono necessariamente la stessa cosa) ai *topic* di DITA.

bursting (N.d.T: segmentazione)

Prima di essere archiviato in un sistema di gestione dei contenuti (CMS), il contenuto viene spesso suddiviso in singole parti. Questo processo di suddivisione di un contenuto nelle sue parti è chiamato segmentazione o *bursting* (secondo *Managing Enterprise Content: A Unified Content Strategy*[24]).

coda lunga

La coda lunga è una distribuzione statistica nella quale un gran numero di occorrenze si trovano lontano dal valore medio. Riguardo alle informazioni, essa descrive una situazione nella quale ci sono molte informazioni ognuna delle quali interessa solo a poche persone, ma che, considerate tutte assieme, sono richieste tanto quanto le altre poche informazioni singolarmente più richieste.

collegamenti ipertestuali dinamici

La tecnica dei collegamenti ipertestuali dinamici consiste nel generare i collegamenti ipertestuali durante il processo di pubblicazione a partire dalle *affinità di contenuto* contrassegnate nel testo di partenza. I contrassegni delle affinità di contenuto fissano la relazione fra una parola o gruppo di parole e un oggetto reale; non rappresentano un collegamento ipertestuale che punta ad una specifica fonte di informazioni. Dato che il testo di partenza non contiene collegamenti ipertestuali espliciti, non è necessario aggiornarli e non si corre il rischio che non funzionino più.

concept

In *DITA*, concept è uno dei tre tipi di topic di *base*, assieme a *task* e a *reference*. In *Information Mapping*, *concept* è uno dei sei tipi di blocco di informazioni. In questo libro un *concept* è un'idea basilare in un sistema o processo che l'utente deve comprendere per utilizzare quel sistema o processo.

database

Qualsiasi raccolta di dati su cui si possono fare ricerche affidabili. Il termine è spesso usato solo in riferimento a contenuti archiviati in un sistema specifico per la gestione di basi di dati e talvolta in particolare per indicare sistemi di tipo relazionale, però di fatto ogni archivio di dati su cui si possano fare ricerche è un database, incluso, per esempio, un documento XML.

DITA

DITA (Darwin Information Typing Architecture) è un'architettura in XML per la progettazione, redazione, gestione e pubblicazione delle informazioni (vedi dita.xml.org[2]).

foraggiamento delle informazioni

L'espressione "foraggiamento delle informazioni" descrive il modo in cui un lettore cerca le informazioni; essa prende a prestito l'esempio del comportamento degli animali selvatici quando si procurano il cibo. Vedi [9] e [21].

Frankenlibri

In questo libro uso il termine "Frankenlibro" in riferimento ad un sistema di help o documentazione online che è creato di solito a partire da diversi libri o da un gran numero di *unità d'informazione di tipo modulare*, ha un enorme indice generale (nel quale è difficile o impossibile muoversi a causa della sua vastità e disorganizzazione complessiva) e, in particolare, contiene unità d'informazione che non funzionano bene se considerate a sé.

funzioni di guida

In questo libro un'unità d'informazione con funzioni di guida indica un'unità d'informazione pensata per aiutare i lettori ad orientarsi in un processo o tecnologia, o a trovare correlazioni fra il processo o tecnologia e i loro obiettivi.

generica

In questo libro un'unità d'informazione generica è un'unità d'informazione che non ha una struttura retorica propria o specifica dell'argomento che tratta.

---

[2] http://dita.xml.org/

Information Mapping

Information Mapping® è un modello di design dell'informazione proprietario basato sull'idea che si possono creare contenuti di qualità assemblando blocchi di informazioni (definiti in base a modelli) in mappe che definiscono i documenti (vedi Information Mapping[15]).

motivazione

In questo libro il termine "motivazione" è usato per descrivere il motivo originario per cui un lettore vuole eseguire un certo compito.

ogni pagina è la prima

L'espressione "ogni pagina è la prima" indica un modello di design dell'informazione che prende le mosse dalla constatazione che i lettori si spostano spesso da una fonte di informazione all'altra. Tale modello di design dell'informazione cerca di favorire questo comportamento creando contenuti che funzionino come pagina iniziale per ogni singolo lettore, indipendentemente dal percorso dal quale il lettore arriva.

pagina

In questo libro una pagina è una quantità di informazione visualizzata assieme, come una pagina di un libro o una pagina di un sito web. Per contro, una quantità di informazione che interessa al lettore è chiamata *unità d'informazione*. Un'unità d'informazione può anche non occupare una sola pagina.

redazione strutturata

La redazione strutturata è una strategia di scrittura che prevede di definire contenuto, ordine e forma di un'unità d'informazione prima della fase di scrittura vera e propria. Essa include sia la strutturazione *su base retorica* sia quella *su base informatica*.

RTFM

Un'espressione comune nell'ambiente della comunicazione tecnica e dei servizi di assistenza. La versione educata dell'acronimo significa "leggiti il bel manuale". Sono comuni altre interpretazioni (N.d.T.: molto diffusa la versione volgare *Read the Fucking Manual*", "Leggiti il fottuto manuale").

scopo

In questo libro lo scopo è ciò che l'utente cerca di ottenere attraverso una ricerca di informazioni. In sostanza, se chiedete ad un utente cosa sta cercando di ottenere, di solito vi risponderà con il suo scopo. Lo scopo di norma è diverso dalla *motivazione*, dato che le persone normalmente rispondono alla domanda pensando al problema pratico ed immediato che stanno cercando di risolvere, piuttosto che al motivo che sta alla base delle loro azioni.

scopo derivato

In questo libro l'espressione scopo derivato è usata per descrivere uno *scopo* che un utente giudica necessario come parte del processo col quale si persegue un fine. Per esempio, si usa dire che all'utente non interessa il trapano, ma il buco. Però una persona che voglia fare un buco dovrà, come parte di questo fine, inserire una punta da trapano nel trapano. Inserire la punta da trapano è uno scopo derivato. Spesso le persone cercano aiuto per gli scopi derivati più che per il fine ultimo.

strutturat su base retorica

In questo libro l'espressione "strutturato su base retorica" indica un contenuto modellato in base ad un progetto o modello intenzionale il cui scopo è dare forma ad un'idea specifica o sviluppare un determinato argomento. Quasiasi contenuto ha una qualche forma di struttura retorica; qui però l'espressione è usata per indicare una struttura definita per un'intera classe di contenuti e utilizzata come modello per scrivere delle istanze di tale classe.

strutturato su base informatica

In questo libro l'espressione "strutturato su base informatica" si riferisce ad un formato di dati per contenuti che supporta il trattamento del contenuto a mezzo di algoritmi. Dal punto di vista tecnico, qualsiasi contenuto creato al computer è strutturato su base informatica, ma questa espressione viene qui usata in modo specifico per formati che sono progettati per supportare usi diversi dei contenuti e per essere indipendenti dal programma software usato.

unità d'informazione

L'espressione "unità d'informazione" (N.d.T.: orig. *topic*) è attualmente utilizzato nella comunicazione tecnica con due significati. Il primo significato è quello di unità d'informazione breve ed indipendente che non presuppone altri prodotti informativi. Esempi ne sono i post dei blog e gli articoli delle riviste. Questo tipo di unità d'informazione lo qualifico con l'espressione "*ogni pagina è la prima*". Il secondo significato si riferisce ad un blocco definito di contenuti pensato per essere assemblato in un contenuto più ampio. Per esempio, in un sistema come *DITA* è possibile creare un'unità d'informazione di questo genere da usare per assemblare uno o diversi libri. In questo libro, questo tipo di unità d'informazione lo qualifico con l'espressione *di tipo modulare*. Laddove uso il termine unità d'informazione da solo, intendo le unità d'informazione di tipo "ogni pagina è la prima", a meno che il contesto indichi chiaramente un significato diverso (N.d.T.: si riferisce al significato generico di "argomento" del termine inglese *topic*). Tenete conto che non affronto la questione di cosa sia veramente un'unità d'informazione. Mi limito ad usare la stessa parola per due concetti correlati ma diversi. Potete anche usare unità d'informazione di tipo modulare per costruire unità d'informazione di tipo "ogni pagina è la prima". Non dovete parteggiare per l'uno o l'altro significato: basta che abbiate presente la differenza di significato.

unità d'informazione di tipo modulare

In questo libro l'espressione "unità d'informazione di tipo modulare" (N.d.T.: orig. *building-block topic*) è usata nel senso di unità di contenuto progettata per essere combinata con altri contenuti per creare prodotti informativi, ma non necessariamente pensata o costruita in modo da funzionare come una fonte indipendente di informazioni per il lettore.

Bibliografia

[1] Anderson, Chris. "Consumer Surplus in the Digital Economy: Estimating the Value of Increased Product Variety at Online Booksellers." *Wired* 12, n. 10 (ottobre 2004). http://www.wired.com/wired/archive/12.10/tail.html.

[2] Anderson, Chris. *The Long Tail: Why the Future of Business is Selling Less of More.* Hyperion. 2006. Trad. it.: *La coda lunga: da un mercato di massa a una massa di mercati,* Codice, 2016.

[3] Arel, Ena. "Tips and Tricks: Getting from Obvious to Valuable Technical Content." 2012. http://techwhirl.com/obvious-to-valuable-technical-content/.

[4] Brooke, Andrew. "Topical Docs." *A Tech Writer's World: The science and philosophy of technical communication.* 2011. http://techwriters-world.blogspot.com/2011/06/topical-docs.html.

[5] Brynjolfsson, Erik, Yu (Jeffrey) Hu, and Michael D. Smith. "Consumer Surplus in the Digital Economy: Estimating the Value of Increased Product Variety at Online Booksellers." *Management Science* 49, n. 11 (novembre 2003). Versione di giugno 2003 disponibile su SSRN: http://papers.ssrn.com/sol3/papers.cfm?abstract_id=400940.

[6] Brynjolfsson, Erik, Yu (Jeffrey) Hu, and Michael D. Smith. "The Longer Tail: The Changing Shape of Amazon's Sales Distribution Curve." September 20, 2010. Disponibile su SSRN: http://papers.ssrn.com/sol3/papers.cfm?abstract_id=1679991.

[7] Carr, Nicholas. *The Shallows: What the Internet is Doing to Our Brains.* W.W. Norton. Trad. it.: Internet ci rende stupidi?, Raffaello Cortina Editore, 2011.

[8] Carroll, John. *The Nurnberg Funnel: Designing Minimalist Instruction for Practical Computer Skill.* Cambridge, MA: MIT Press, 2007.

[9] Chi, Ed H., Peter Pirolli, Kim Chen, and James Pitkow. "Using Information Scent to Model User Information Needs and Actions on the Web." http://www2.parc.com/istl/groups/uir/-publications/items/UIR-2001-07-Chi-CHI2001-InfoScentModel.pdf. 2001.

[10] Farkas, David K. "Layering as a Safety Net for Minimalist Documentation." In *Minimalism Beyond the Nurnberg Funnel,* a cura di John M. Carroll, 247–270. Cambridge, MA: MIT Press. 2003.

[11] Geiger, Brian J. "Tarragon Mac and Cheese Recipe." 2008. http://thefoodgeek.com/blog/2008/12/11/tarragon-mac-and-cheese.html. © 2008, The Food Geek, CC by 3.0.

[12] Gentle, Anne. *Conversation and Community: The Social Web for Documentation*. 2nd ed. Laguna Hills, CA: XML Press. 2012.

[13] Gladwell, Malcolm. *The Tipping Point*. Little-Brown. 2000. Trad. it.: *Il punto critico. I grandi effetti dei piccolo cambiamenti*, Rizzoli, 2006.

[14] Heath, Chip and Dan Heath. *Switch: How to change things when change is hard*. Random House Canada. 2010. Trad. it.: *Switch: come cambiare quando cambiare è difficile*, Rizzoli Etas, 2011.

[15] Information Mapping International. http://www.informationmapping.com.

[16] Levine, Rick, Christopher Locke, Doc Searls, and David Weinberger. *The Cluetrain Manifesto: The End of Business as Usual*. Basic Books. 2001. Disponibile online all'indirizzo: http://cluetrain.com/book/hyperorg.html.

[17] MacInnis, Peter. *The Speed of Nearly Everything: From Tobogganing Penguins to Spinning Neutron Stars*. Pier 9. 2008.

[18] Mamykina, Lena, et al. "Design Lessons from the Fastest Q&A Site in the West." Author's version: http://bid.berkeley.edu/files/papers/mamykina-stackoverflow-chi2011.pdf. 2011.

[19] Mayer-Schönberger, Viktor and Kenneth Cukier. *Big Data: A Revolution That Will Transform How We Live, Work, and Think*. Houghton Mifflin Harcourt. 2013. Trad. it.: *Big data: una rivoluzione che trasformerà il nostro modo di vivere e già minaccia la nostra libertà*, Garzanti, 2013.

[20] Nesbitt, Scott. "It's help, but not (quite) as we know it." *Communications from DMN*. 2011. http://www.dmncommunications.com/weblog/?p=2605. Articolo non più disponibile a questo indirizzo (10 agosto 2017).

[21] Nielsen, Jakob. "Information Foraging: Why Google Makes People Leave Your Site Faster." Nielsen Norman Group. 2003. http://www.nngroup.com/articles/information-scent.

[22] OASIS. *OASIS Darwin Information Typing Architecture (DITA) Technical Committee*. https://www.oasis-open.org/committees/tc_home.php?wg_abbrev=dita.

[23] Parnin, Chris, et al. "Crowd Documentation: Exploring the Coverage and the Dynamics of API Discussions on Stack Overflow." *Georgia Tech Technical Report*. GIT-CS-12-05. 2011. http://larsgrammel.de/publications/parnin_2012_crowd_documentation.pdf.

[24] Rockley, Ann and Charles Cooper. *Managing Enterprise Content: A Unified Content Strategy.* 2nd ed. New Riders Press. 2012.

[25] Statistic Brain. "Google Annual Search Statistics." 2013. http://www.statisticbrain.com/google-searches/.

[26] Wachter-Boettcher, Sara. *Content Everywhere: Strategy and Structure for Future-Ready Content.* Rosenfeld Media. 2012.

[27] Weinberger, David. *Everything Is Miscellaneous: The Power of the New Digital Disorder.* Holt Paperbacks. 2007. Trad. it.: *Elogio del disordine. Le regole del nuovo mondo digitale*, Rizzoli, 2010.

[28] Weinberger, David. *Too Big to Know: Rethinking Knowledge Now That the Facts Aren't the Facts, Experts Are Everywhere, and the Smartest Person in the Room Is the Room.* Basic Books. 2011. Trad. it.: *La stanza intelligente: la conoscenza come proprietà della rete*, Codice, 2012.

[29] Womack, James P. and Daniel T. Jones. *Lean Thinking.* 2nd ed. Simon & Schuster. 2003. Trad. it.: *Lean Thinking. Come creare valore e bandire gli sprechi*, Guerini e Associati, 2006.

Indice analitico

Colophon

L'autore

Mark Baker è un veterano della comunicazione tecnica con venticinque anni di esperienza alle spalle, specializzato nella creazione di contenuti orientati all'azione e modulari e nella progettazione e realizzazione di sistemi di redazione strutturata. Tiene anche molte conferenze sulla comunicazione tecnica e la redazione strutturata e scrive su diverse riviste del settore. Mark è attualmente Presidente e Principal Consultant per Analecta Communications, Inc. ad Ottawa, Canada.

Il suo blog Every Page is Page One è fondato sull'idea che, nel contesto del web, ogni pagina è la prima, il futuro della comunicazione tecnica è nel web e, per riuscire nel web, i comunicatori tecnici non possono limitarsi a pubblicare i tradizionali manuali e gli help online, ma devono creare contenuti che siano a misura del web.